普通高等教育本科数学基础课程教材

Advanced Mathematics
高等数学
上册

主　编◎丁　勇
副主编◎赵淑珍　胡志军　王孟雅

同济大学出版社
TONGJI UNIVERSITY PRESS
·上海·

内容提要

本书是按照教育部制定的“工科类本科数学基础课程教学基本要求”编写而成的.全书共9章,分上、下两册.此为上册,内容包括函数、极限与连续,导数与微分,中值定理与导数的应用,不定积分,定积分及其应用.书末还附有简单积分表和极坐标简介.本书语言通俗,条理清晰;内容由浅入深,循序渐进,重点突出;例题较多,典型性强,深广度恰当,便于自学.每章除了配有总习题外,还有单独配套的章节练习册.

本书可作为普通高等院校理工科,特别是独立院校或成人高校工科类本科或专升本各专业高等数学课程的教材,也可供其他从事相关领域工作者参考使用.

图书在版编目(CIP)数据

高等数学. 上册 / 丁勇主编. -- 上海:同济大学出版社,2021.8

ISBN 978-7-5608-9893-3

Ⅰ.①高… Ⅱ.①丁… Ⅲ.①高等数学—高等学校—教材 Ⅳ.①O13

中国版本图书馆CIP数据核字(2021)第177478号

普通高等教育本科数学基础课程教材

高等数学(上册)

主编 丁勇 **副主编** 赵淑珍 胡志军 王孟雅

责任编辑 陈佳蔚 **责任校对** 徐逢乔 **封面设计** 渲彩轩

出版发行 同济大学出版社 www.tongjipress.com.cn

(地址:上海市四平路1239号 邮编:200092 电话:021-65985622)

经　销 全国各地新华书店

印　刷 常熟市大宏印刷有限公司

开　本 787 mm×1092 mm 1/16

印　张 16

字　数 399 000

印　数 1—2100

版　次 2021年8月第1版 2021年8月第1次印刷

书　号 ISBN 978-7-5608-9893-3

定　价 46.00元

前　言

高等数学是高等院校理工类和经济管理类专业学科的重要基础数学课程.本书依照教育部制定的“工科类本科数学基础课程教学基本要求”编写而成的,体现了当前独立院校培养高素质应用型人才数学课程设置的发展趋势与教学理念.

全书共9章,分上、下两册.上册内容包括函数、极限与连续,导数与微分,中值定理与导数的应用,不定积分,定积分及其应用.下册内容包括常微分方程,向量代数与空间解析几何,多元函数微分法及其应用,重积分.每章除了配有总习题外,还有单独配套的章节练习册.本书可作为高等学校工科高等数学课程的教材或教学参考书使用,同时也对从事相关领域工作的工作者或自学人员有一定的参考作用.

高等数学广泛应用于自然科学、社会科学、工程技术及经济管理等各个领域,对培养学生的数值计算、逻辑推理和抽象思维能力以及综合运用知识分析解决实际问题的能力等方面起着重要作用,也为学生进一步学习后续课程打下良好的数学基础.在我国的高等院校中,独立院校与高职院校占了很大比例,同时高等数学教学学时偏少,这对教学就提出了更高的要求,针对独立院校应用型高等数学教材要满足高等教育改革的需求也就显得更为紧迫.

本书力求体现独立院校的教学特点,始终贯穿“以应用为目的,以必需够用为度”的原则,结构紧凑,简明清晰;少而精,通俗易懂.全书内容在编排上深入浅出,着重强调基本概念、基本技能、基本方法,并将抽象内容与具体实例相结合,对基本概念和定理的应用进行讲解,实用性较强.对于书中标有“*”内容,专科层次的教学可以不作要求,本科层次的教学可根据实际需要酌情选用.

全书共9章,第1章由长江工程职业技术学院赵成鳌编写,第2章由胡志军编写,第3章由王孟雅编写,第4章由丁勇编写,第5章由赵淑珍编写,第6章由于金金编写,第7章由戴海编写,第8章由文华学院孙慧编写,第9章由王亚雄编写.全书由丁勇统稿、定稿.本书的出版得到了武汉工程大学邮电与信息工程学院领导及相关管理部门的大力支持,在此表示诚挚而衷心的感谢!

由于编者水平有限,书中如有疏漏、不妥之处,敬请广大同仁及读者批评指正.

编　者

2021年8月

目　　录

前言

第1章　函数、极限与连续 …… 1
1.1　集合、映射与函数 …… 1
1.1.1　集合 …… 1
1.1.2　映射 …… 3
1.1.3　函数 …… 5
1.1.4　反函数与复合函数 …… 8
1.1.5　初等函数 …… 9
1.1.6　双曲函数与反双曲函数 …… 11
1.2　极限 …… 12
1.2.1　数列的极限 …… 12
1.2.2　函数的极限 …… 19
1.3　无穷大与无穷小 …… 25
1.3.1　无穷小 …… 25
1.3.2　无穷大 …… 25
1.3.3　无穷小的性质 …… 26
1.4　极限的运算法则 …… 26
1.5　两个重要极限 …… 29
1.5.1　$\lim\limits_{x \to 0}\dfrac{\sin x}{x}=1$ …… 29
1.5.2　$\lim\limits_{x \to \infty}\left(1+\dfrac{1}{x}\right)^{x}=\mathrm{e}$ …… 30
1.6　无穷小的比较 …… 32
1.6.1　无穷小比较的定义 …… 32
1.6.2　等价无穷小的性质 …… 33
1.6.3　等价无穷小的运算规则 …… 34
1.7　函数的连续性与间断点 …… 36
1.7.1　函数连续的概念 …… 36
1.7.2　函数的间断点 …… 39
1.8　连续函数的运算与初等函数的连续性 …… 40
1.8.1　连续函数的和、差、积、商的连续性 …… 40
1.8.2　反函数与复合函数的连续性 …… 40
1.8.3　初等函数的连续性 …… 41

1.9 闭区间上连续函数的性质 …… 43
1.9.1 最值定理 …… 43
1.9.2 介值定理 …… 44
1.10 极限与连续的应用 …… 44
1.10.1 经济应用 …… 44
1.10.2 工程应用 …… 45
总习题 1 …… 46
阅读材料 …… 49

第 2 章 导数与微分 …… 51
2.1 导数的概念 …… 51
2.1.1 引例 …… 51
2.1.2 函数的导数 …… 52
2.1.3 导数的几何意义 …… 56
2.1.4 函数的可导性与连续性的关系 …… 57
2.2 函数的求导法则 …… 57
2.2.1 函数的和、差、积、商求导法则 …… 57
2.2.2 反函数的求导法则 …… 59
2.2.3 复合函数的求导法则 …… 61
2.2.4 基本求导公式与求导运算法则 …… 63
2.3 高阶导数 …… 64
2.4 隐函数的导数及由参数方程所确定的函数的导数 …… 66
2.4.1 隐函数的导数 …… 66
2.4.2 对数求导法 …… 68
2.4.3 由参数方程所确定的函数的导数 …… 69
2.4.4 相关变化率 …… 71
2.5 函数的微分 …… 72
2.5.1 微分的定义 …… 72
2.5.2 函数可微与可导之间的关系 …… 72
2.5.3 微分的几何意义 …… 74
2.5.4 函数的微分公式与微分法则 …… 74
2.5.5 微分在近似计算中的应用 …… 77
总习题 2 …… 78
阅读材料 …… 79

第 3 章 中值定理与导数的应用 …… 81
3.1 中值定理 …… 81
3.1.1 罗尔定理 …… 81
3.1.2 拉格朗日中值定理 …… 82

3.1.3 柯西中值定理 …… 83
3.2 洛必达法则 …… 83
3.2.1 $\frac{0}{0}$和$\frac{\infty}{\infty}$型未定式的洛必达法则 …… 84
3.2.2 其他未定式的计算 …… 86
*3.3 泰勒公式 …… 87
3.4 函数的单调性与曲线的凹凸性 …… 93
3.4.1 函数的单调性 …… 93
3.4.2 曲线的凹凸性 …… 94
3.5 函数的极值与最值 …… 96
3.5.1 函数的极值 …… 96
3.5.2 函数的最值 …… 99
3.5.3 实际问题的应用 …… 99
3.6 函数图形的描绘 …… 100
3.6.1 曲线的渐近线 …… 100
3.6.2 函数图形的描绘 …… 102
3.7 曲率 …… 104
3.7.1 弧微分 …… 104
3.7.2 曲率的概念及计算公式 …… 105
3.7.3 曲率半径与曲率圆 …… 109
总习题 3 …… 110
阅读材料 …… 112

第 4 章 不定积分 …… 115
4.1 不定积分的概念与性质 …… 115
4.1.1 原函数与不定积分的概念 …… 115
4.1.2 基本积分表 …… 118
4.1.3 不定积分的性质 …… 119
4.2 第一类换元积分法 …… 122
4.3 第二类换元积分法 …… 128
4.3.1 根式代换 …… 129
4.3.2 三角代换 …… 130
4.3.3 倒代换 …… 132
4.4 分部积分法 …… 133
4.5 有理函数的积分 …… 137
4.5.1 有理函数的积分 …… 137
4.5.2 三角函数有理式的积分 …… 143
4.5.3 简单无理函数的积分 …… 145
总习题 4 …… 148

阅读材料 …… 150

第 5 章 定积分及其应用 …… 153
5.1 定积分的概念与性质 …… 153
5.1.1 定积分问题举例 …… 153
5.1.2 定积分的定义 …… 155
5.1.3 定积分的性质 …… 157
5.2 微积分基本公式 …… 160
5.2.1 位置函数与速度函数的联系 …… 160
5.2.2 积分上限的函数及其导数 …… 160
5.2.3 牛顿-莱布尼茨公式 …… 163
5.3 定积分的换元法与分部积分法 …… 164
5.3.1 定积分的换元法 …… 164
5.3.2 定积分的分部积分法 …… 166
5.4 反常积分 …… 168
5.4.1 无穷区间上的反常积分 …… 168
5.4.2 无界函数的反常积分 …… 171
5.5 定积分在几何中的应用 …… 173
5.5.1 元素法 …… 173
5.5.2 平面图形的面积 …… 174
5.5.3 特殊立体的体积 …… 178
5.5.4 平面曲线的弧长 …… 182
总习题 5 …… 185
阅读材料 …… 187

附录 …… 189
附录 A 简单积分表 …… 189
A1 有理函数的积分 …… 189
A2 无理函数的积分 …… 189
A3 含有三角函数的积分 …… 191
A4 含有反三角函数的积分(其中 $a>0$) …… 192
A5 含有指数函数的积分 …… 193
A6 含有对数函数的积分 …… 193
A7 定积分 …… 193
附录 B 极坐标简介 …… 194
B1 极坐标的概念 …… 194
B2 直角坐标与极坐标的关系 …… 194

参考文献 …… 195

第 1 章　函数、极限与连续

初等数学的研究对象是常量，是以静止的观点研究问题；高等数学的研究对象则是变量，用运动和辩证的观点研究问题.高等数学的分析基础是函数、极限以及连续，函数是研究对象，极限是研究方法，而连续是研究桥梁.本章将介绍集合、映射、函数、极限和函数的连续性等基本概念以及它们的一些基本性质.

1.1　集合、映射与函数

集合(简称集)是数学中的一个基本概念，由康托尔提出，它是集合论的研究对象，集合在数学领域具有无可比拟的特殊重要性，现代数学各个分支的几乎所有成果都构筑在严格的集合理论上.映射是建立在集合理论上的一个基本概念，而函数是微积分的研究对象，也是映射中的一种.本节主要介绍集合、映射，函数及有关概念，函数的性质与运算等.

1.1.1　集合

1. 集合的概念

讨论函数离不开集合的概念.一般地，把具有某种特定性质的事物或对象的总体称为**集合**，组成集合的事物或对象称为该集合的**元素**.

通常用大写字母 A, B, C, … 表示集合，用小写字母 a, b, c, … 表示集合的元素.

如果 a 是集合 A 的元素，则表示为 $a \in A$，读作"a 属于 A"；如果 a 不是集合 A 的元素，则表示为 $a \notin A$，读作"a 不属于 A".

一个集合，如果它含有有限个元素，称为有限集；如果它含有无限个元素，称为**无限集**；如果它不含任何元素，称为**空集**，记作 $\varnothing$.

集合的表示方法通常有两种：第一种是列举法，即把集合的元素一一列举出来，并用"{ }"括起来表示集合.例如，由 1, 2, 3, 4, 5 组成的集合 A，可表示成

$$A=\{1, 2, 3, 4, 5\};$$

第二种是描述法，即设集合 M 所有元素 x 的共同特征为 P，则集合 M 可表示为

$$M=\{x \mid x \text{ 具有性质 } P\}.$$

例如，集合 A 是不等式 $x^2-x-2<0$ 的解集，就可以表示为

$$A=\{x \mid x^2-x-2<0\}.$$

由实数组成的集合，称为**数集**，初等数学中常见的数集有以下 5 种.

(1) 全体非负整数组成的集合称为非负整数集(或自然数集)，记作 $\mathbf{N}$，即

$$\mathbf{N}=\{0, 1, 2, 3, \cdots, n, \cdots\};$$

(2) 所有正整数组成的集合称为正整数集,记作 $\mathbf{N}^+$, 即

$$\mathbf{N}^+=\{1, 2, 3, \cdots, n, \cdots\};$$

(3) 全体整数组成的集合称为整数集,记作 $\mathbf{Z}$, 即

$$\mathbf{Z}=\{\cdots, -n, \cdots, -3, -2, -1, 0, 1, 2, 3, \cdots, n, \cdots\};$$

(4) 全体有理数组成的集合称为有理数集,记作 $\mathbf{Q}$, 即

$$\mathbf{Q}=\left\{\frac{p}{q}\,\middle|\, p\in\mathbf{Z},\ q\in\mathbf{N}^+, \text{且 } p \text{ 与 } q \text{ 互质}\right\};$$

(5) 全体实数组成的集合称为实数集,记作 $\mathbf{R}$.

2. 区间与邻域

在初等数学中,最常见的数集是区间.设 $a, b\in\mathbf{R}$, 且 $a<b$, 则

(1) **开区间** $(a, b)=\{x \mid a<x<b\}$;

(2) **半开半闭区间** $[a, b)=\{x \mid a\leqslant x<b\}$, $(a, b]=\{a \mid < x\leqslant b\}$;

(3) **闭区间** $[a, b]=\{x \mid a\leqslant x\leqslant b\}$;

(4) **无穷区间** $[a, +\infty)=\{x \mid x\geqslant a\}$, $(a, +\infty)=\{x \mid x>a\}$, $(-\infty, b]=\{x \mid x\leqslant b\}$, $(-\infty, b)=\{x \mid x<b\}$, $(-\infty, +\infty)=\{x \mid x\in\mathbf{R}\}$.

以上四类统称为区间,在数轴上可以表示为图 1-1,其中(a)—(d)称为有限区间,(e)—(h)称为无限区间.

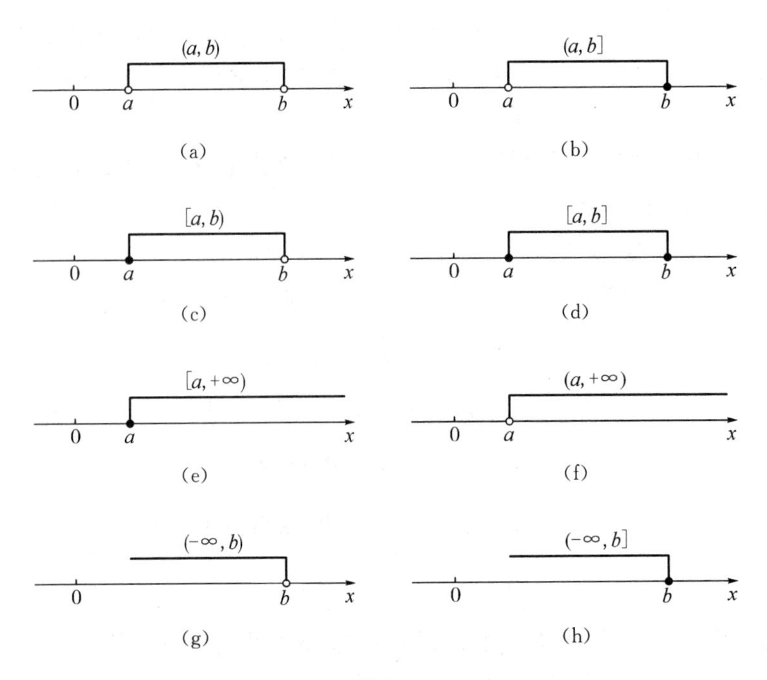

图 1-1

在微积分的概念中，有时需要考虑由某点 x_0 附近的所有点组成的集合，为此引入邻域的概念.

定义 1　设 δ 为某个正数，称开区间 $(x_0-\delta, x_0+\delta)$ 为点 x_0 的 δ **邻域**，简称为点 x_0 的邻域，记作 $U(x_0, \delta)$，即

$$U(x_0, \delta)=\{x_0 \mid x_0-\delta < x < x_0+\delta\}=\{x \mid\, |x-x_0| < \delta\}.$$

在此，点 x_0 称为邻域的中心，δ 称为邻域的半径，图形表示为图 1-2.

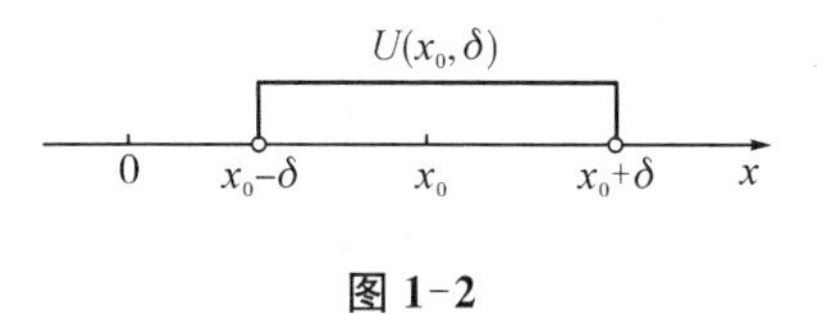

图 1-2

另外，点 x_0 的邻域去掉中心 x_0 后，称为点 x_0 的去心邻域，记作 $\mathring{U}(x_0, \delta)$，即

$$\mathring{U}(x_0, \delta)=\{x \mid 0 < |x-x_0| < \delta\},$$

图形表示为图 1-3.

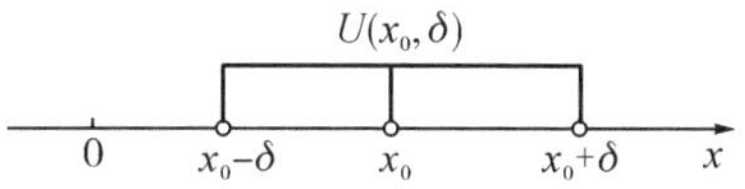

图 1-3

其中 $(x_0-\delta, x_0)$ 称为点 x_0 的左邻域，$(x_0, x_0+\delta)$ 称为点 x_0 的右邻域.

1.1.2　映射

1. 映射的概念

定义 2　设 X，Y 是两个非空集合，如果存在一个法则 f，使得对 X 中的每个元素 x，按法则 f，在 Y 中有唯一确定的元素 y 与之对应，那么，称 f 为从 X 到 Y 的**映射**，记作

$$f: X \to Y,$$

其中，y 称为元素 x 在映射 f 下的像，并记作 $f(x)$，即

$$y=f(x),$$

而元素 x 称为元素 y 在映射 f 下的一个原像. 集合 X 称为映射 f 的定义域，记作 D_f，即 $D_f=X$. X 中所有元素的像所组成的集合称为映射 f 的值域，记作 R_f 或 $f(X)$，即

$$R_f=f(X)=\{f(x) \mid x \in X\}.$$

从上述映射的定义中，需要注意以下两点.

(1) 构造一个映射必须具备以下三个因素：集合 X，即定义域 $D_f=X$；集合 Y，即值域的范围：$R_f\subset Y$；对应法则 f，使对每个 $x\in X$，有唯一确定的 $y=f(x)$ 与之对应.

(2) 对每个 $x\in X$，元素 x 的像 y 是唯一的；而对每个 $y\in R_f$，元素 y 的原像不一定是唯一的；映射 f 的值域 R_f 是 Y 的一个子集，即 $R_f\subset Y$，不一定是 $R_f=Y$.

例 1 设 $f: R\to R$，对每个 $x\in R$，$f(x)=2x^2$. 显然 f 是一个映射，f 的定义域 $D_f=R$，值域 $R_f=\{y\mid y\geqslant 0\}$，它是 R 的一个真子集.对于 R_f 中的元素 y，除 $y=0$ 外，它的原像不是唯一的，例如，$y=8$ 的原像就有 $x=2$ 和 $x=-2$ 两个.

设 f 是从集合 X 到集合 Y 的映射，若 $R_f=Y$，即 Y 中任一元素 y 都是 X 中某元素的像，则称 f 为 X 到 Y 上的映射或**满射**.

例 2 设 $X=\{(x, y)\mid x^2+y^2=1\}$，$Y=\{(x, 0)\,\big|\,|x|\leqslant 1\}$，$f: X\to Y$，对每个 $(x, y)\in X$，有唯一确定的 $(x, 0)\in Y$ 与之对应.显然，f 是一个满射，其中，f 的定义域 $D_f=X$，值域 $R_f=Y$. 在几何上，这个映射表示将平面上一个圆心在原点的单位圆周上的点投影到 x 轴的区间 $[-1, 1]$ 上.

若对 X 中任意两个不同元素 $x_1\neq x_2$，它们的像 $f(x_1)\neq f(x_2)$，则称 f 为 X 到 Y 的**单射**；若映射 f 既是单射，又是满射，则称 f 为**一一映射**(或**双射**).

例 3 设 $f:\left[-\frac{\pi}{2}, \frac{\pi}{2}\right]\to[-1, 1]$，对每个 $x\in\left[-\frac{\pi}{2}, \frac{\pi}{2}\right]$，$f(x)=\sin x$. f 既是一个单射，又是满射，所以 f 是一一映射.

映射又称为算子.根据集合 X，Y 的不同情形，在不同的数学分支中，映射又有不同的惯用名称.例如，在概率论与数理统计中的概率是从非空集 X 到数集 Y 的映射，又称为 X 上的泛函；又如，线性代数中线性方程组是从非空集 X 到它自身的映射，又称为 X 上的变换；再如，高等数学中的函数是从实数集(或其子集)或者点集 X 到实数集 Y 的映射.

2. 逆映射与复合映射

设 f 是 X 到 Y 的单射，则由定义，对每个 $y\in R_f$，有唯一的 $x\in X$，适合 $f(x)=y$. 于是，可定义一个从 R_f 到 X 的新映射 g，即

$$g: R_f\to X,$$

对每个 $y\in R_f$，规定 $g(y)=x$，x 满足 $f(x)=y$，这个映射 g 称为 f 的**逆映射**，记作 f^{-1}，其定义域 $D_{f^{-1}}=D_f$，值域 $R_{f^{-1}}=X$.

按上述定义，只有单射才存在逆映射(图 1-4).所以，在例 1、例 2、例 3 中，只有例 3 中的映射 f 才存在逆映射 f，这个 f^{-1} 就是反正弦函数的主值，即

$$f^{-1}(x)=\arcsin x,\quad x\in[-1, 1],$$

其定义域 $D_{f^{-1}}=[-1, 1]$，值域 $R_{f^{-1}}=\left[-\frac{\pi}{2}, \frac{\pi}{2}\right]$.

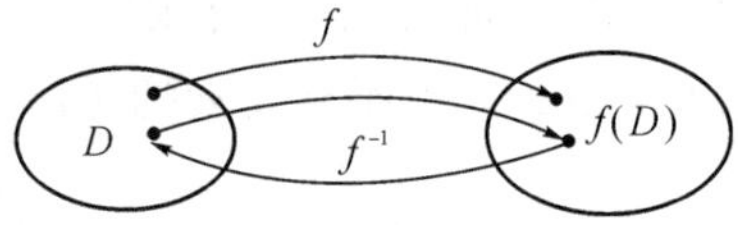

图 1-4 逆映射

设有两个映射

$$g: X\to Y_1,\quad f: Y_2\to Z,$$

其中，$Y_1 \subset Y_2$，则由映射 g 和 f 可以定出一个从 X 到 Z 的对应法则，它将每个 $x \in X$ 映成 $f[g(x)] \in Z$. 显然，这个对应法则确定了一个从 X 到 Z 的映射，这个映射称为映射 g 和 f 构成的**复合映射**(图 1-5)，记作 $f \circ g$，即

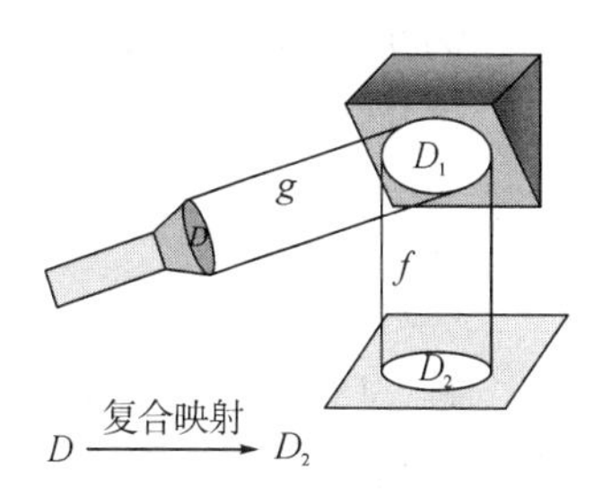

图 1-5 复合映射

$$f \circ g: X \to Z, \quad (f \circ g)(x) = f[g(x)], \quad x \in X.$$

由复合映射的定义可知，映射 g 和 f 构成复合映射的条件是：g 的值域 R_g 必须包含在 f 的定义域内，即 $R_g \subset D_f$；否则，不能构成复合映射.由此可知，映射 g 和 f 的复合是有顺序的，$f \circ g$ 有意义并不表示 $g \circ f$ 也有意义，即使 $f \circ g$ 与 $g \circ f$ 都有意义，复合映射 $f \circ g$ 与 $g \circ f$ 也未必相同.

例 4 设有映射 $g: R \to [-1, 1]$，对每个 $x \in R$，$g(x) = \sin x$，映射 $f: [-1, 1] \to [0, 1]$，对每个 $u \in [-1, 1]$，$f(u) = \sqrt{1-u^2}$，映射 g 和 f 构成的复合映射 $f \circ g: R \to [0, 1]$，对每个 $x \in R$，有

$$(f \circ g)(x) = f[g(x)] = f(\sin x) = \sqrt{1-\sin^2 x} = |\cos x|.$$

1.1.3 函数

1. 函数的概念

定义 3 设 x，y 是两个变量，D 是给定的数集，如果对于每个 $x \in D$，通过对应法则 f，有唯一确定的 y 与之对应，则称 y 是 x 的**函数**，记作

$$y = f(x),$$

其中，x 为自变量，y 为因变量，D 为定义域，函数值 $f(x)$ 的全体称为函数 f 的值域，记作 R_f，即

$$R_f = \{y \mid y = f(x),\ x \in D\}.$$

函数的记号是可以任意选取的，除了用 f 外，还可用 g，F，φ 等表示.但在同一问题中，不同的函数应选用不同的记号.

函数的三要素：函数的定义域、对应关系以及值域.

例 5 求函数 $y = \dfrac{1}{x} - \sqrt{1-x^2}$ 的定义域.

解 $\dfrac{1}{x}$ 的定义区间满足：$x \neq 0$；

$\sqrt{1-x^2}$ 的定义区间满足：$1-x^2 \geqslant 0$，解得 $-1 \leqslant x \leqslant 1$.

这两个函数定义区间的公共部分是

$$-1 \leqslant x < 0 \quad 或 \quad 0 < x \leqslant 1.$$

所以，所求函数定义域为 $[-1, 0) \cup (0, 1]$.

例 6 判断下列各组函数是否相同.

(1) $f(x)=2\lg x$, $g(x)=\lg x^2$;

(2) $f(x)=\sqrt[3]{x^4-x^3}$, $g(x)=x\sqrt[3]{x-1}$;

(3) $f(x)=x$, $g(x)=\sqrt{x^2}$.

解 (1) $f(x)=2\lg x$ 的定义域为 $x>0$, $g(x)=\lg x^2$ 的定义域为 $x\neq 0$. 两个函数定义域不同,所以 $f(x)$ 和 $g(x)$ 不相同.

(2) $f(x)$ 和 $g(x)$ 的定义域都为一切实数. $f(x)=\sqrt[3]{x^4-x^3}=x\sqrt[3]{x-1}=g(x)$, 所以 $f(x)$ 和 $g(x)$ 相同.

(3) $f(x)=x$, $g(x)=\sqrt{x^2}=|x|$, 二者对应关系不一致,所以 $f(x)$ 和 $g(x)$ 不相同.

函数的表示法有表格法、图形法、解析法(公式法)三种.常用的是图形法和公式法.在此不再多做说明.

例 7 已知函数

$$y=\operatorname{sgn}x=\begin{cases}-1, & x<0,\\ 0, & x=0,\\ 1, & x>0,\end{cases}$$

该函数为**符号函数**,定义域为 **R**, 值域为 $\{-1, 0, 1\}$, 如图 1-6 所示.

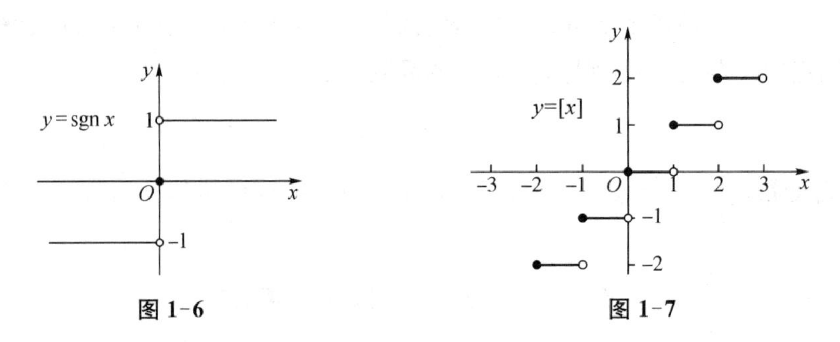

图 1-6　　图 1-7

例 8 已知函数 $y=[x]$, 该函数为**取整函数**,定义域为 **R**, 设 x 为任意实数, y 为不超过 x 的最大整数,值域为 **Z**, 如图 1-7 所示.

需要指出的是,在高等数学中还出现了另一类函数关系,一个自变量 x 通过对应法则 f 有确定的 y 值与之对应,但这个 y 值不总是唯一.这个对应法则并不符合函数的定义,习惯上称这样的对应法则确定了一个**多值函数**.

2. 函数的性质

设函数 $y=f(x)$, 定义域为 D, $I\subset D$.

(1) 有界性

定义 4 若存在常数 $M>0$, 使得对每一个 $x\in I$, 有 $|f(x)|\leqslant M$, 则称函数 $f(x)$ 在 I 上**有界**;若对任意 $M>0$, 总存在 $x_0\in I$, 使 $|f(x_0)|>M$, 则称函数 $f(x)$ 在 I 上**无界**(图 1-8).

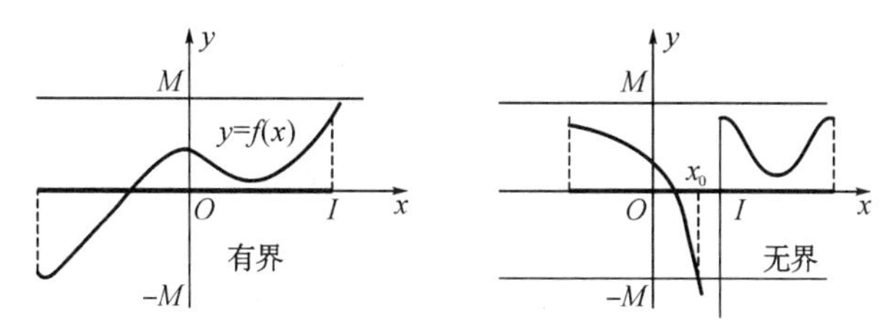

图 1-8

例如，函数 $f(x)=\sin x$ 在 $(-\infty, +\infty)$ 上是有界的，即 $|\sin x|\leqslant 1$；函数 $f(x)=\dfrac{1}{x}$ 在 $(0, 1)$ 内无上界，在 $(1, 2)$ 内有界.

(2) 单调性

定义 5　设函数 $y=f(x)$ 在区间 I 上有定义，x_1 及 x_2 为区间 I 上任意两点，且 $x_1<x_2$. 如果恒有 $f(x_1)<f(x_2)$，则称 $f(x)$ 在 I 上是**单调递增**的；如果恒有 $f(x_1)>f(x_2)$，则称 $f(x)$ 在 I 上是**单调递减**的. 单调递增和单调递减的函数统称为**单调函数**(图 1-9).

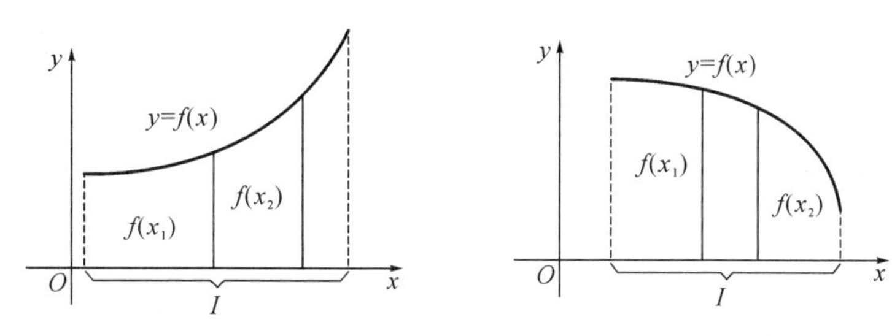

图 1-9

(3) 奇偶性

定义 6　设函数 $y=f(x)$ 的定义域 D 关于原点对称. 如果在 D 上有 $f(-x)=f(x)$，则称 $f(x)$ 为**偶函数**；如果在 D 上有 $f(-x)=-f(x)$，则称 $f(x)$ 为**奇函数**.

例如，函数 $f(x)=x^2$，由于 $f(-x)=(-x)^2=x^2=f(x)$，所以 $f(x)=x^2$ 是偶函数；又如，函数 $f(x)=x^3$，由于 $f(-x)=(-x)^3=-x^3=-f(x)$，所以 $f(x)=x^3$ 是奇函数，如图 1-10 所示.

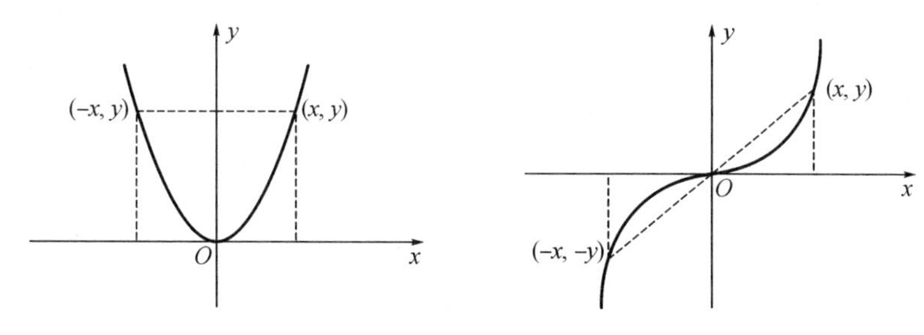

图 1-10

从函数图形上看,偶函数的图形关于 y 轴对称,奇函数的图形关于原点对称.

(4) 周期性

定义 7 设函数 $y=f(x)$ 的定义域为 D. 如果存在一个不为零的数 l,使得对于任一 $x\in D$ 有 $(x\pm l)\in D$,且 $f(x\pm l)=f(x)$,则称 $f(x)$ 为**周期函数**,l 称为 $f(x)$ 的周期. 如果在函数 $f(x)$ 的所有正周期中存在一个最小的正数,则称这个正数为 $f(x)$ 的**最小正周期**.通常说的周期是指最小正周期.

例如,函数 $y=\sin x$ 和 $y=\cos x$ 是周期为 2π 的周期函数,函数 $y=\tan x$ 和 $y=\cot x$ 是周期为 π 的周期函数.

需要指出的是,某些周期函数不一定存在最小正周期.

例如,常量函数 $f(x)=C$,对任意实数 l,都有 $f(x+l)=f(x)$,故任意实数都是其周期,但它没有最小正周期.

又如,**狄里克雷函数**

$$D(x)=\begin{cases}1, & x\in Q,\\ 0, & x\in Q^c.\end{cases}$$

当 $x\in Q^c$ 时,对任意有理数 l, $x+l\in Q^c$,必有 $D(x+l)=D(x)$,故任意有理数都是其周期,但它没有最小正周期.

1.1.4 反函数与复合函数

1. 反函数的概念

定义 8 在初等数学中的函数定义中,若函数 $f: D\to f(D)$ 为单射,存在 $f^{-1}: f(D)\to D$,称此对应法则 f^{-1} 为 f 的**反函数**.

习惯上, $y=f(x)$, $x\in D$ 的反函数记作

$$y=f^{-1}(x),\quad x\in f(D).$$

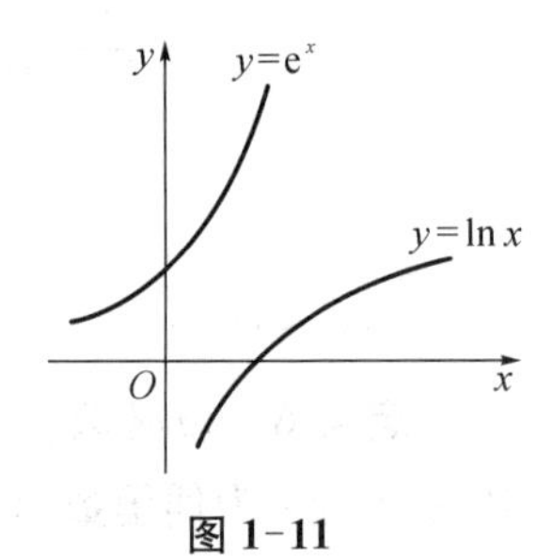

图 1-11

例如,指数函数 $y=\mathrm{e}^x$, $x\in(-\infty,+\infty)$ 的反函数为 $y=\ln x$, $x\in(0,+\infty)$,图形如图 1-11 所示.

2. 反函数的性质

(1) 函数 $y=f(x)$ 单调递增(减),其反函数 $y=f^{-1}(x)$ 存在,且也单调递增(减).

(2) 函数 $y=f(x)$ 与其反函数 $y=f^{-1}(x)$ 的图形关于直线 $y=x$ 对称.

下面介绍几个常见的三角函数的反函数.

正弦函数 $y=\sin x$ 的反函数 $y=\arcsin x$,正切函数 $y=\tan x$ 的反函数 $y=\arctan x$. 反正弦函数 $y=\arcsin x$ 的定义域是 $[-1,1]$,值域是 $\left[-\frac{\pi}{2},\frac{\pi}{2}\right]$;反正切函数 $y=\arctan x$ 的定义域是 $(-\infty,+\infty)$,值域是 $\left(-\frac{\pi}{2},\frac{\pi}{2}\right)$,如图 1-12 所示.

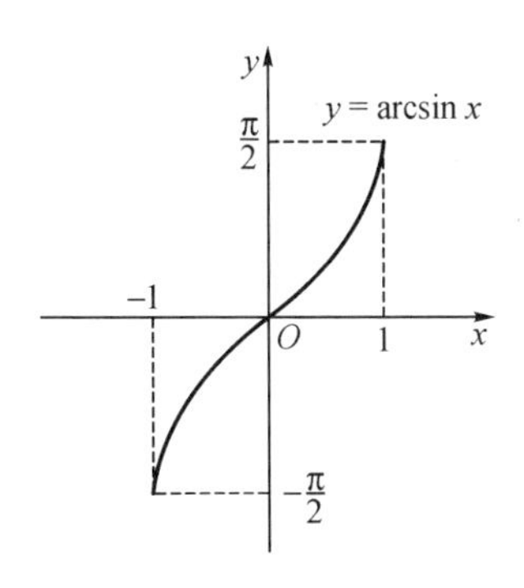

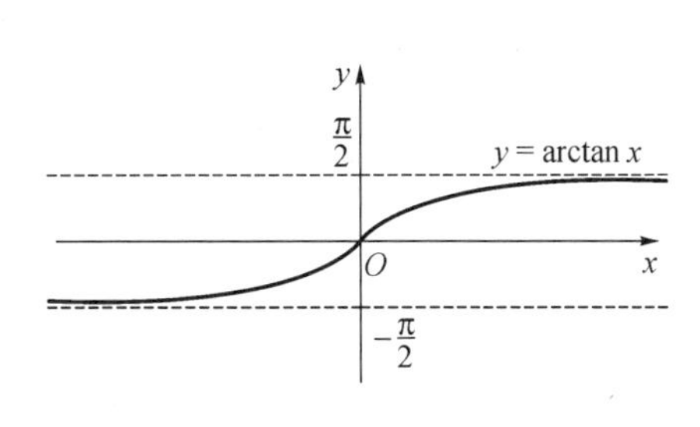

图 1-12

3. 复合函数

定义 9　设函数 $y=f(u)$，$u \in D_f$，函数 $u=g(x)$，$x \in D_g$，值域 $R_g \subset D_f$，则

$$y=f[g(x)] \quad 或 \quad y=(f \circ g)(x), \quad x \in D_g$$

称为由 $y=f(u)$，$u=g(x)$ 复合而成的**复合函数**，其中，u 为中间变量.

注　函数 g 与函数 f 构成复合函数 $f \circ g$ 的条件是 $R_g \subset D_f$；否则，不能构成复合函数.

例如，函数 $y=\arcsin u$，$u \in [-1, 1]$，$u=x^2+2$，$x \in \mathbf{R}$. 在形式上可以构成复合函数

$$y=\arcsin(x^2+2).$$

但是 $u=x^2+2$ 的值域为 $[2, +\infty) \not\subset [-1, 1]$，故 $y=\arcsin(x^2+2)$ 没有意义.

在后面的微积分的学习中，也要掌握复合函数的分解.复合函数的分解原则：从外向里，层层分解，直至最内层函数是基本初等函数或基本初等函数的四则运算.

例 9　对函数 $y=a^{\sin x}$ 分解.

解　$y=a^{\sin x}$ 由 $y=a^u$，$u=\sin x$ 复合而成.

例 10　对函数 $y=\sin^2(2x+1)$ 分解.

解　$y=\sin^2(2x+1)$ 由 $y=u^2$，$u=\sin v$，$v=2x+1$ 复合而成.

1.1.5　初等函数

1. 基本初等函数

常用的五种基本初等函数分别是：指数函数、对数函数、幂函数、三角函数及反三角函数.

常数函数　$y=C$　（C 为常数）；

幂函数　$y=x^{\alpha}$　（α 是实数，$\alpha \neq 0$）；

指数函数　$y=a^x$　（$a>0$，$a \neq 1$，且 a 是常数）；

对数函数　$y=\log_a x$　（$a>0$，$a \neq 1$，且 a 是常数）；

三角函数　$y=\sin x$，$y=\cos x$，$y=\tan x$，$y=\cot x$，$y=\sec x$，$y=\csc x$；

反三角函数　$y=\arcsin x$，$y=\arccos x$，$y=\arctan x$，$y=\operatorname{arccot} x$.

具体用表格总结如下（表 1-1）.

表 1-1　基本初等函数

函数名称	函数的记号	函数的图形	函数的性质
幂函数	$y=x^{\alpha}$（α 是实数，$\alpha\neq 0$）	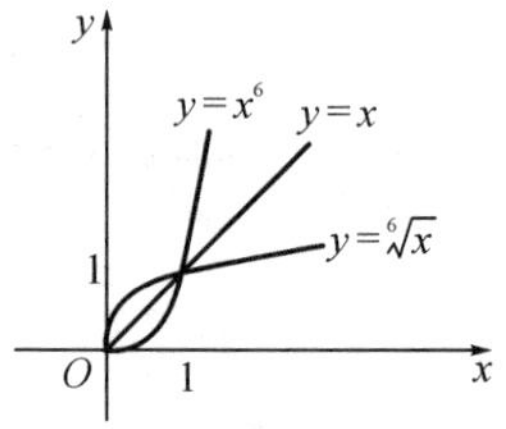 $y=x^6$　$y=x$　$y=\sqrt[6]{x}$ 这里只画出部分函数图形的一部分	令 $\mu=\dfrac{m}{n}$，则 ① 当 m 为偶数，n 为奇数时，y 是偶函数； ② 当 m，n 都是奇数时，y 是奇函数； ③ 当 m 为奇数，n 为偶数时，y 在 $(-\infty,\ 0)$ 无意义
指数函数	$y=a^x$　$(a>0,\ a\neq 1$，且 a 是常数)	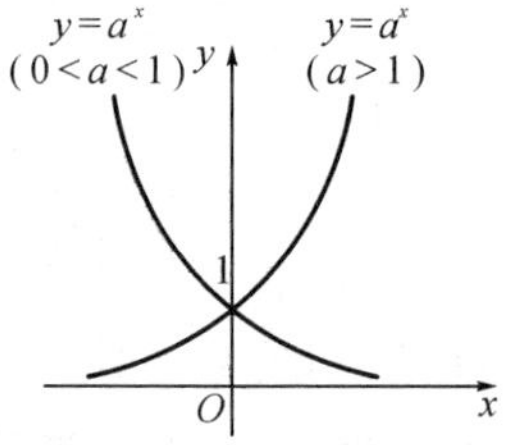 $y=a^x$ $(0<a<1)$　$y=a^x$ $(a>1)$	① 不论 x 为何值，y 总为正数； ② 当 $x=0$ 时，$y=1$
对数函数	$y=\log_a x$　$(a>0,\ a\neq 1$，且 a 是常数)	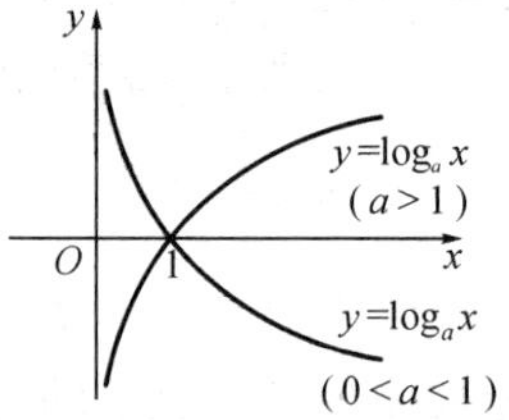 $y=\log_a x$ $(a>1)$　$y=\log_a x$ $(0<a<1)$	① 其图形总位于 y 轴右侧，并过 $(1,\ 0)$ 点； ② 当 $a>1$ 时，在区间 $(0,\ 1)$ 的值为负；在区间 $(1,\ +\infty)$ 的值为正；在定义域内单调递增
三角函数	$y=\sin x$（正弦函数） 这里只写出了正弦函数	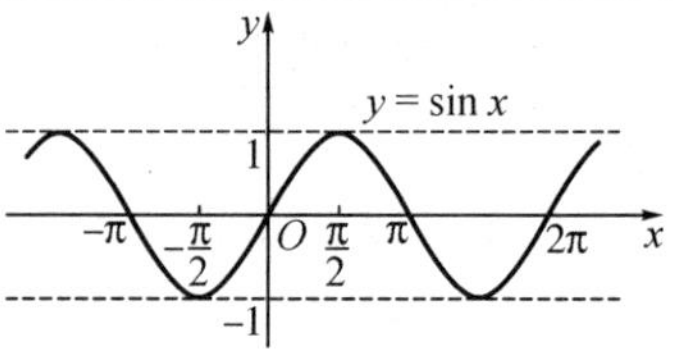 $y=\sin x$	① 正弦函数是以 2π 为周期的周期函数； ② 正弦函数是奇函数且 $\vert\sin x\vert\leqslant 1$
反三角函数	$y=\arcsin x$（反正弦函数） 这里只写出了反正弦函数	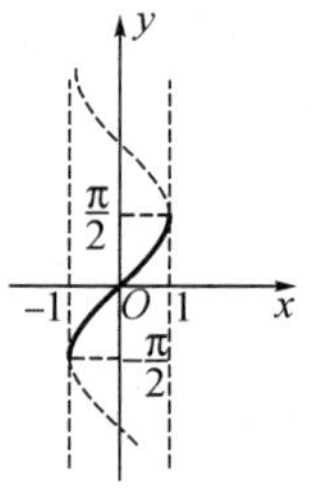	由于此函数为多值函数，因此此函数值限制在 $\left[-\dfrac{\pi}{2},\ \dfrac{\pi}{2}\right]$ 上，并称其为反正弦函数的主值

2. 初等函数

定义 10　由基本初等函数及常数，经过有限次的四则运算和有限次复合步骤所构成，且用一个数学式子表示的函数，称为**初等函数**.

例如，$y=\mathrm{e}^{\sin x}$，$y=\sin(2x+1)$，$y=\sqrt{\cot\dfrac{x}{2}}$ 等都是初等函数.

需要指出的是，在高等数学中遇到的函数一般都是初等函数，但是分段函数一般不是初等函数，因为分段函数一般都有几个解析式来表示.但是有的分段函数通过形式的转化，可

以用一个式子表示，就是初等函数.例如，函数

$$y=\begin{cases}-x, & x<0,\\ x, & x\geqslant 0,\end{cases}$$

可表示为 $y=\sqrt{x^2}$.

1.1.6　双曲函数与反双曲函数

1. 双曲函数

在应用中经常遇到的双曲函数见表 1-2.

表 1-2　双曲函数

函数名称	函数的表达式	函数的图形	函数的性质
双曲正弦	$\text{sh}x=\dfrac{e^x-e^{-x}}{2}$	$y=\text{sh}x$	① 定义域为 $(-\infty,+\infty)$； ② 是奇函数； ③ 在定义域内单调递增
双曲余弦	$\text{ch}x=\dfrac{e^x+e^{-x}}{2}$	$y=\text{ch}x$	① 定义域为 $(-\infty,+\infty)$； ② 是偶函数； ③ 其图象过点 $(0,1)$
双曲正切	$\text{th}x=\dfrac{e^x-e^{-x}}{e^x+e^{-x}}$	$y=\text{th}x$	① 定义域为 $(-\infty,+\infty)$； ② 是奇函数； ③ 其图形夹在水平直线 $y=1$ 及 $y=-1$ 之间；在定义域内单调递增

双曲函数与三角函数的区别见表 1-3.

表 1-3　双曲函数与三角函数的区别

双曲函数的性质	三角函数的性质
$\text{sh}0=0$，$\text{ch}0=1$，$\text{th}0=0$	$\sin 0=0$，$\cos 0=1$，$\tan 0=0$
$\text{sh}x$ 与 $\text{th}x$ 是奇函数，$\text{ch}x$ 是偶函数	$\sin x$ 与 $\tan x$ 是奇函数，$\cos x$ 是偶函数
$\text{ch}^2x-\text{sh}^2x=1$	$\sin^2x+\cos^2x=1$
都不是周期函数	都是周期函数

双曲函数的和差公式:

$\operatorname{sh}(x \pm y)=\operatorname{sh} x \operatorname{ch} y \pm \operatorname{ch} x \operatorname{sh} y$;

$\operatorname{ch}(x \pm y)=\operatorname{ch} x \operatorname{ch} y \pm \operatorname{sh} x \operatorname{sh} y$;

$\operatorname{th}(x \pm y)=\dfrac{\operatorname{th} x \pm \operatorname{th} y}{1 \pm \operatorname{th} x \operatorname{th} y}$.

2. 反双曲函数

双曲函数的反函数称为反双曲函数.

反双曲正弦函数 $\operatorname{arcsh} x=\ln\left(x+\sqrt{x^2+1}\right)$,定义域为 $(-\infty,+\infty)$;

反双曲余弦函数 $\operatorname{arcch} x=\ln\left(x+\sqrt{x^2-1}\right)$,定义域为 $[1,+\infty)$;

反双曲正切函数 $\operatorname{arcth} x=\dfrac{1}{2}\ln\dfrac{1+x}{1-x}$,定义域为 $(-1,1)$.

1.2 极　　限

极限在高等数学中占有重要地位,微积分思想的构架就是用极限定义的.本节主要研究数列极限、函数极限的概念以及极限的有关性质等内容.

1.2.1 数列的极限

1. 数列的概念

定义 1 若按照一定的法则,有第一个数 a_1,第二个数 a_2,……,使得任何一个正整数 n 对应着一个确定的数 a_n,那么,称这列有次序的 $a_1, a_2, \cdots, a_n, \cdots$ 为**数列**.数列中的每一个数称为数列的项.第 n 项 a_n 称为数列的**一般项**(或**通项**).

例如,

$\dfrac{1}{2}, \dfrac{1}{4}, \dfrac{1}{8}, \cdots, \dfrac{1}{2^n}, \cdots$;

$1, -\dfrac{1}{2}, \dfrac{1}{3}, -\dfrac{1}{4}, \cdots, \dfrac{(-1)^{n-1}}{n}, \cdots$;

$\dfrac{1}{2}, \dfrac{2}{3}, \dfrac{3}{4}, \cdots, \dfrac{n}{n+1}, \cdots$;

$1, -1, 1, \cdots, (-1)^{n+1}, \cdots$

等都是数列.它们的一般项分别为

$$\frac{1}{2^n}, \quad \frac{(-1)^{n-1}}{n}, \quad \frac{n}{n+1}, \quad (-1)^{n+1}.$$

可以看出,数列值 a_n 随着 n 变化而变化,因此,可以把数列 $\{a_n\}$ 看作自变量为正整数 n 的函数,即

$$a_n = f(n), \quad n \in \mathbf{N}^+.$$

另外，从几何的角度看，数列 $\{a_n\}$ 对应数轴上一个点列，可看作一动点在数轴上依次取 $a_1, a_2, \cdots, a_n, \cdots$，在数轴上表示如图 1-13 所示.

图 1-13

2. 数列极限的定义

数列极限的思想早在古代就已萌生，我国《庄子》一书中著名的“一尺之锤，日取其半，万世不竭”，魏晋时期数学家刘徽在《九章算术注》中首创“割圆术”，用圆内接多边形的面积去逼近圆的面积，都是极限思想的萌芽.

设有一圆，首先作圆内接正六边形，把它的面积记为 A_1；再作圆的内接正十二边形，其面积记为 A_2；再作圆的内接正二十四边形，其面积记为 A_3；依次进行下去，一般把内接正 $6 \times 2^{n-1}$ 边形的面积记为 A_n，可得一系列内接正多边形的面积为

$$A_1, A_2, A_3, \cdots, A_n, \cdots,$$

它们就构成一列有序数列.可以发现，当内接正多边形的边数无限增加时，A_n 也无限接近某一确定的数值(圆的面积)，这个确定的数值在数学上被称为数列 $\{A_n\}$ 当 $n \to \infty$ 时的极限.

在上面的例子中，数列 $\left\{\frac{1}{2^n}\right\}$ 的图形如图 1-14 所示.

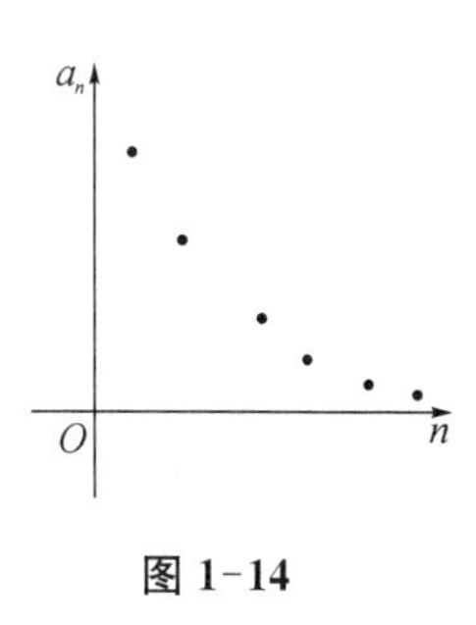

图 1-14

当 $n \to \infty$ 时，$\frac{1}{2^n}$ 无限接近于常数 0，则 0 就是数列 $\left\{\frac{1}{2^n}\right\}$ 当 $n \to \infty$ 时的极限.

又如数列 $\left\{\frac{n}{n+1}\right\}$：当 $n \to \infty$ 时，$\frac{n}{n+1}$ 无限接近于常数 1，则 1 就是数列 $\left\{\frac{n}{n+1}\right\}$ 当 $n \to \infty$ 时的极限；而数列 $\{(-1)^{n+1}\}$：当 $n \to \infty$ 时，$(-1)^{n+1}$ 在 1 和 −1 之间来回振荡，无法趋近一个确定的常数，故数列 $\{(-1)^{n+1}\}$ 当 $n \to \infty$ 时无极限.由此推得数列的直观定义：

定义 2　设有数列 $\{a_n\}$ 及常数 a.当 n 无限增大时(即 $n \to \infty$)，a_n 无限接近于 a，则称 a 为数列 $\{a_n\}$ 当 $n \to \infty$ 时的**极限**，记作

$$\lim_{n\to\infty} a_n = a \quad \text{或} \quad a_n \to a \quad (\text{当 } n \to \infty \text{ 时}).$$

在上例中，

$$\lim_{n\to\infty} \frac{1}{2^n} = 0, \quad \lim_{n\to\infty} \frac{n}{n+1} = 1, \quad \lim_{n\to\infty} \frac{(-1)^{n-1}}{n} = 0.$$

对于数列 $\{a_n\}$，其极限为 a，即当 n 无限增大时，a_n 无限接近于 a.如何度量 a_n 与 a 无限接近呢？

一般情况下,两个数之间的接近程度可以用这两个数之差的绝对值 $|b-a|$ 来度量,并且 $|b-a|$ 越小,表示 a 与 b 越接近.

例如,数列 $\left\{\frac{(-1)^{n-1}}{n}\right\}$,通过观察发现,$a_n=\frac{(-1)^{n-1}}{n}$ 当 n 无限增大时,a_n **无限接近** 0,即 0 是数列 a_n 当 $n\to\infty$ 时的极限.下面通过距离来描述数列 $\{a_n\}$ 的极限为 0.

由于

$$|a_n-0|=\left|\frac{(-1)^{n-1}}{n}\right|=\frac{1}{n},$$

当 n 越来越大时,$\frac{1}{n}$ 越来越小,从而 a_n 越来越接近于 0.当 n 无限增大时,a_n 无限接近于 0.

例如,给定 $\frac{1}{100}$,要使 $\frac{1}{n}<\frac{1}{100}$,只要 $n>100$ 即可,也就是说,从第 101 项开始都能使

$$|a_n-0|<\frac{1}{100}$$

成立.

给定 $\frac{1}{10\,000}$,要使 $\frac{1}{n}<\frac{1}{10\,000}$,只要 $n>10\,000$ 即可,也就是说,从第 10 001 项开始都能使

$$|a_n-0|<\frac{1}{10\,000}$$

成立.

一般地,不论给定的正数 ε 多么小,总存在一个正整数 N,使得当 $n>N$ 时,不等式

$$|a_n-a|<\varepsilon$$

都成立.这就是数列 $a_n=\frac{(-1)^{n-1}}{n}$ 当 $n\to\infty$ 时极限的实质.

根据这一特点得到数列极限的精确定义.

定义 3 设有数列 $\{a_n\}$ 及常数 a. 如果对任意给定的正数 ε,总存在正整数 N,使得当 $n>N$ 时,不等式

$$|a_n-a|<\varepsilon$$

都成立,则称 a 是数列 $\{a_n\}$ 的**极限**,或称数列 $\{a_n\}$ 收敛于 a,记作 $\lim\limits_{n\to\infty}a_n=a$.

反之,如果数列 $\{a_n\}$ 的极限不存在,则称数列 $\{a_n\}$ **发散**.

在上面的定义中,ε 可以任意给定,不等式 $|a_n-a|<\varepsilon$ 表达了 a_n 与 a 无限接近程度.此外 N 与 ε 有关,是随着 ε 的给定而选定的. $n>N$ 表示从 $N+1$ 项开始满足不等式 $|a_n-a|<\varepsilon$.

对数列 $\{a_n\}$ 的极限为 a 也可以略写为

$$\lim_{n\to\infty} a_n = a \Leftrightarrow \forall \varepsilon > 0,\ \exists N > 0,\ 当\ n > N\ 时,有\ |x_n - a| < \varepsilon.$$

数列 $\{a_n\}$ 的极限为 a 的**几何解释**：将常数 a 与数列 $a_1, a_2, \cdots, a_n, \cdots$ 在数轴上用对应的点表示出来,从 $N+1$ 项开始,数列 $\{a_n\}$ 的点都落在开区间 $(a-\varepsilon, a+\varepsilon)$ 内,而只有有限个(至多只有 N 个)在此区间以外(图 1-15).

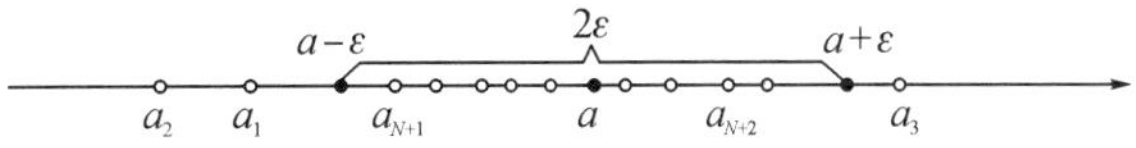

图 1-15

例 1　证明：$\lim\limits_{n\to\infty} \dfrac{(-1)^{n-1}}{n} = 0.$

证明　由于

$$|a_n - a| = \left|\frac{(-1)^{n-1}}{n} - 0\right| = \frac{1}{n},$$

对 $\forall \varepsilon > 0$,要使

$$\left|\frac{(-1)^{n-1}}{n} - 0\right| < \varepsilon,$$

即 $\dfrac{1}{n} < \varepsilon,\ n > \dfrac{1}{\varepsilon}$,取 $N = \left[\dfrac{1}{\varepsilon}\right]$,当 $n > N$ 时,有 $\left|\dfrac{(-1)^{n-1}}{n} - 1\right| < \varepsilon$. 由极限的定义知

$$\lim_{n\to\infty} \frac{(-1)^{n-1}}{n} = 0.$$

例 2　证明：$\lim\limits_{n\to\infty} \dfrac{3n+1}{2n+1} = \dfrac{3}{2}.$

证明　由于

$$|a_n - a| = \left|\frac{3n+1}{2n+1} - \frac{3}{2}\right| = \left|\frac{-1}{4n+2}\right| = \frac{1}{4n+2} < \frac{1}{4n},$$

对 $\forall \varepsilon > 0$,要使

$$\left|\frac{3n+1}{2n+1} - \frac{3}{2}\right| < \varepsilon,$$

即 $\dfrac{1}{4n} < \varepsilon,\ n > \dfrac{1}{4\varepsilon}$. 取 $N = \left[\dfrac{1}{4\varepsilon}\right]$,当 $n > N$ 时,有 $\left|\dfrac{3n+1}{2n+1} - \dfrac{3}{2}\right| < \varepsilon$. 由极限的定义知

$$\lim_{n\to\infty} \frac{3n+1}{2n+1} = \frac{3}{2}.$$

注　在利用数列极限的定义来证明数列的极限时,重要的是要指出对于任意给定的正数 ε,正整数 N 确实存在,没有必要非去寻找最小的 N.

例 3 证明：$\lim\limits_{n\to\infty}\dfrac{1}{2^n}=0$.

证明 由于

$$|a_n-a|=\left|\frac{1}{2^n}-0\right|=\frac{1}{2^n},$$

对 $\forall\varepsilon>0$(设 $\varepsilon<1$)，要使

$$\left|\frac{1}{2^n}-0\right|<\varepsilon,$$

即 $\dfrac{1}{2^n}<\varepsilon$ 取对数，得 $n>\dfrac{-\ln\varepsilon}{\ln 2}$. 取 $N=\left[\dfrac{-\ln\varepsilon}{\ln 2}\right]$，当 $n>N$ 时，有 $\left|\dfrac{1}{2^n}-0\right|<\varepsilon$. 由极限的定义知

$$\lim_{n\to\infty}\frac{1}{2^n}=0.$$

3. 数列极限的性质

定理 1(极限的唯一性) 收敛数列的极限必唯一.

证明 (反证法)假设同时有 $\lim\limits_{n\to\infty}a_n=a$ 及 $\lim\limits_{n\to\infty}a_n=b$，且 $a\neq b$，不妨设 $a<b$.

按极限的定义，对于 $\varepsilon=\dfrac{b-a}{2}>0$，由于 $\lim\limits_{n\to\infty}a_n=a$，存在充分大的正整数 N_1，使当 $n>N_1$ 时，有

$$|a_n-a|<\varepsilon=\frac{b-a}{2},$$

有

$$a_n<\frac{b+a}{2}.$$

由于 $\lim\limits_{n\to\infty}a_n=b$，存在充分大的正整数 N_2，使当 $n>N_2$ 时，有

$$|a_n-b|<\varepsilon=\frac{b-a}{2},$$

有

$$\frac{a+b}{2}<a_n.$$

取 $N=\max\{N_1,N_2\}$，则当 $n>N$ 时，同时有 $a_n<\dfrac{b+a}{2}$ 和 $\dfrac{a+b}{2}<a_n$ 成立，这是不可能的，故假设不成立.由此可证得收敛数列的极限必唯一.

定理 2(收敛数列的有界性) 如果数列 $\{a_n\}$ 收敛，那它一定有界，即对于收敛数列 $\{a_n\}$，必存在正数 M，对一切 $n\in\mathbf{N}^+$，有 $|a_n|\leqslant M$.

证明　设 $\lim\limits_{n\to\infty} a_n = a$，根据数列极限的定义，取 $\varepsilon = 1$，存在正整数 N，当 $n > N$ 时，不等式

$$|a_n - a| < 1$$

都成立.于是当 $n > N$ 时，

$$|a_n| = |a_n - a + a| < |a_n - a| + |a| < 1 + |a|.$$

取 $M = \max\{|a_1|, |a_2|, \cdots, |a_N|, 1+|a|\}$，那么，数列 $\{a_n\}$ 中的一切 a_n 都满足不等式 $|a_n| \leqslant M$. 这就证明了数列 $\{a_n\}$ 是有界的.

定理 2 说明了收敛数列一定有界，反之不成立.

例如，数列 $\{(-1)^n\}$ 有界，但是不收敛.

定理 3(收敛数列的保号性)　如果 $\lim\limits_{n\to\infty} a_n = a$，且 $a > 0$(或 $a < 0$)，那么，存在正整数 N，当 $n > N$ 时，有 $a_n > 0$(或 $a_n < 0$).

证明　就 $a > 0$ 的情形.由数列极限的定义，对 $\varepsilon = \dfrac{a}{2} > 0$，$\exists N \in \mathbf{N}^+$，当 $n > N$ 时，有

$$|a_n - a| < \frac{a}{2},$$

从而

$$0 < \frac{a}{2} < a_n.$$

推论　如果数列 $\{a_n\}$ 从某项起有 $a_n \geqslant 0$(或 $a_n \leqslant 0$)，且 $\lim\limits_{n\to\infty} a_n = a$，那么，$a \geqslant 0$(或 $a \leqslant 0$).

定理 4(收敛数列与其子数列间的关系)　如果数列 $\{x_n\}$ 收敛于 a，那么，它的任一子数列也收敛，且极限也是 a.

证明　设数列 $\{x_{n_k}\}$ 是数列 $\{x_n\}$ 的任一子数列.

因为数列 $\{x_n\}$ 收敛于 a，所以 $\forall \varepsilon > 0$，$\exists$ 正整数 N，当 $n > N$ 时，有 $|x_n - a| < \varepsilon$ 成立.

取 $K = N$，则当 $k > K$ 时，$n_k > n_k = n_N \geqslant N$，于是 $|x_{n_k} - a| < \varepsilon$. 这就证明了 $\lim\limits_{n\to\infty} x_{n_k} = a$.

定理 5(夹逼准则)　如果数列 $\{a_n\}$，$\{b_n\}$ 及 $\{c_n\}$ 满足下列条件：

(1) $b_n \leqslant a_n \leqslant c_n (n = 1, 2, \cdots)$；

(2) $\lim\limits_{n\to\infty} b_n = a$，$\lim\limits_{n\to\infty} c_n = a$，

那么，数列 $\{a_n\}$ 的极限存在，且 $\lim\limits_{n\to\infty} a_n = a$.

证明　因为 $\lim\limits_{n\to\infty} b_n = a$，$\lim\limits_{n\to\infty} c_n = a$，以根据数列极限的定义，对 $\forall \varepsilon > 0$，$\exists N_1 > 0$，当 $n > N_1$ 时，有

$$a - \varepsilon < b_n < a + \varepsilon.$$

又 $\exists N_2 > 0$，当 $n > N_2$ 时，有

$$a - \varepsilon < c_n < a + \varepsilon.$$

现取 $N = \max\{N_1, N_2\}$，则当 $n < N$ 时，有

$$a - \varepsilon < b_n < a + \varepsilon, \quad a - \varepsilon < c_n < a + \varepsilon$$

同时成立.又因 $b_n \leqslant a_n \leqslant c_n (n = 1, 2, \cdots)$，所以，当 $n > N$ 时，有

$$a - \varepsilon < b_n \leqslant a_n \leqslant c_n < a + \varepsilon,$$

即
$$|a_n - a| < \varepsilon.$$

这就证明了 $\lim\limits_{n\to\infty} a_n = a$.

例 4 证明：$\lim\limits_{n\to\infty}\left[\dfrac{1}{n^2} + \dfrac{1}{(n+1)^2} + \cdots + \dfrac{1}{(n+n)^2}\right] = 0.$

证明 由于

$$\frac{n}{(n+n)^2} \leqslant \frac{1}{n^2} + \frac{1}{(n+1)^2} + \cdots + \frac{1}{(n+n)^2} \leqslant \frac{n}{n^2},$$

而 $\lim\limits_{n\to\infty}\dfrac{n}{(n+n)^2} = 0$，$\lim\limits_{n\to\infty}\dfrac{n}{n^2} = 0$，由夹逼准则知

$$\lim_{n\to\infty}\left[\frac{1}{n^2} + \frac{1}{(n+1)^2} + \cdots + \frac{1}{(n+n)^2}\right] = 0.$$

如果数列 $\{a_n\}$ 满足条件

$$a_1 \leqslant a_2 \leqslant \cdots \leqslant a_n \leqslant a_{n+1} \leqslant \cdots,$$

称数列 $\{a_n\}$ 是**单调增加**的.

如果数列 $\{a_n\}$ 满足条件

$$a_1 \geqslant a_2 \geqslant \cdots \geqslant a_n \geqslant a_{n+1} \geqslant \cdots,$$

称数列 $\{a_n\}$ 是**单调减少**的.

单调增加和单调减少数列统称为**单调数列**.

定理 6(单调有界准则) 单调有界数列必有极限.

例 5 求数列 $\sqrt{1}$，$\sqrt{1+\sqrt{1}}$，…，$\sqrt{1+\sqrt{1+\cdots+\sqrt{1}}}$，… 的极限.

解 证明数列的有界性.

令 $a_n = \sqrt{1+\sqrt{1+\cdots+\sqrt{1}}}$，则 $a_{n+1} = \sqrt{1+a_n}$，其中，$a_1 = 1$，$a_2 = \sqrt{2} < 2$.设 $a_k < 2$，则

$$a_{k+1} = \sqrt{1+a_k} < \sqrt{3} < 2.$$

由归纳法知，对所有的 $n \in \mathbf{N}^+$，有 $0 < a_n < 2$，故 $\{a_n\}$ 有界.

证明数列的单调性.

已知 $a_1=1$, $a_2=\sqrt{2}$，则 $a_2>a_1$. 设 $a_k>a_{k-1}$，则

$$a_{k+1}-a_k=\sqrt{1+a_k}-\sqrt{1+a_{k-1}}=\frac{a_k-a_{k-1}}{\sqrt{1-a_k}+\sqrt{1+a_{k-1}}}>0.$$

由归纳法知,对所有的 $n\in\mathbf{N}^+$，有 $a_{n+1}>a_n$，故 $\{a_n\}$ 单调递增.

由单调有界准则知,数列 $\{a_n\}$ 存在极限,设为 a. $a_{n+1}=\sqrt{1+a_n}$，两边取极限得

$$a=\sqrt{1+a},$$

解得 $a=\frac{1+\sqrt{5}}{2}$ 或 $a=\frac{1-\sqrt{5}}{2}$. 由收敛数列保号性知 $a=\frac{1-\sqrt{5}}{2}$（舍去).故所求数列的极限是 $\frac{1+\sqrt{5}}{2}$.

1.2.2　函数的极限

由于数列 $\{a_n\}$ 可以看作是自变量为 n 的函数: $a_n=f(n)$, $n\in\mathbf{N}^+$，所以数列 $\{a_n\}$ 的极限为 a，可以认为是当自变量 n 取正整数且无限增大时,对应的函数值 $f(n)$ 无限接近于常数 a. 对一般的函数 $y=f(x)$ 而言,在自变量的某个变化过程中,函数值 $f(x)$ 无限接近于某个确定的常数,那么这个常数就称为 $f(x)$ 自变量 x 在这一变化过程的极限.这说明函数的极限与自变量的变化趋势有关,自变量的变化趋势不同,函数的极限也会不同.

下面主要介绍自变量的两种变化趋势下函数的极限.

1. 自变量 $x\to\infty$ 时函数的极限

引例 1　观察函数 $y=\frac{\sin x}{x}$ 当 $x\to+\infty$ 时的变化趋势(图 1-16).

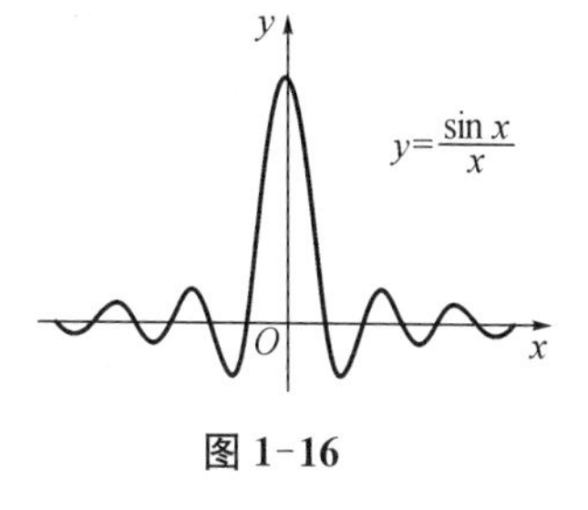

图 1-16

可以看出,当 x 无限增大时,函数 $\frac{\sin x}{x}$ 无限接近于 0(确定的常数).

由此推得函数 $f(x)$ 在 $x\to+\infty$ 时极限的直观定义.

定义 4　设 $f(x)$ 当 x 大于某一正数时有定义,当 x 无限增大时,函数值 $f(x)$ 无限接近于一个确定的常数 A，称 A 为 $f(x)$ 当 $x\to+\infty$时的极限,记作

$$\lim_{x\to+\infty}f(x)=A \quad 或 \quad f(x)\to A \quad (当\ x\to+\infty\ 时).$$

引例 1 中，$\lim\limits_{x\to+\infty}\frac{\sin x}{x}=0$.

类比于数列极限的定义推得当 $x\to+\infty$ 时函数 $f(x)$ 的极限的直观定义.

定义 5　设 $f(x)$ 当 x 大于某一正数时有定义,如果存在常数 A，对任意给定的正数 ε，

总存在正数 X，使得当 $x>X$ 时，不等式

$$|f(x)-A|<\varepsilon$$

都成立，则称 A 是函数 $f(x)$ 在 $x\to+\infty$ 时的极限，记作

$$\lim_{x\to+\infty} f(x)=A.$$

定义 5 可简述为

$$\lim_{x\to+\infty} f(x)=A \Leftrightarrow \forall\varepsilon>0,\ \exists X>0,\text{当 } x>X \text{ 时,有 } |f(x)-A|<\varepsilon.$$

类比当 $x\to+\infty$ 时函数 $f(x)$ 的极限定义，可推得当 $x\to-\infty$ 时函数 $f(x)$ 的极限定义.

定义 6 设 $f(x)$ 当 $-x$ 大于某一正数时有定义，如果存在常数 A，对任意给定的正数 ε，总存在正数 X，使得当 $x<-X$ 时，不等式

$$|f(x)-A|<\varepsilon$$

都成立，则称 A 是函数 $f(x)$ 在 $x\to-\infty$ 时的极限，记作

$$\lim_{x\to-\infty} f(x)=A.$$

定义 6 可简述为

$$\lim_{x\to-\infty} f(x)=A \Leftrightarrow \forall\varepsilon>0,\ \exists X>0,\text{当 } x<-X \text{ 时,有 } |f(x)-A|<\varepsilon.$$

在引例 1 中，$\lim\limits_{x\to-\infty}\dfrac{\sin x}{x}=0$.

结合定义 5 和定义 6，推得函数 $f(x)$ 在 $x\to\infty$ 时的极限定义.

定义 7 设 $f(x)$ 当 $|x|$ 大于某一正数时有定义，如果存在常数 A，对任意给定的正数 ε，总存在正数 X，使得当 $|x|>X$ 时，不等式

$$|f(x)-A|<\varepsilon$$

都成立，则称 A 是函数 $f(x)$ 在 $x\to\infty$ 时的极限，记作

$$\lim_{x\to\infty} f(x)=A.$$

定义 7 可简述为

$$\lim_{x\to\infty} f(x)=A \Leftrightarrow \forall\varepsilon>0,\ \exists X>0,\text{当 } |x|>X \text{ 时,有 } |f(x)-A|<\varepsilon.$$

结合定义 7，函数 $f(x)$ 在 $x\to\infty$ 时的极限存在的充要条件是：

$$\lim_{x\to\infty} f(x)=A \Leftrightarrow \lim_{x\to-\infty} f(x)=\lim_{x\to+\infty} f(x)=A.$$

例 6 证明：$\lim\limits_{x\to\infty}\dfrac{\sin x}{x}=0$.

证明 由于

$$|f(x)-A|=\left|\frac{\sin x}{x}-0\right|=\left|\frac{\sin x}{x}\right|\leqslant\frac{1}{|x|},$$

对 $\forall\varepsilon>0$，要使

$$|f(x)-A|<\varepsilon,$$

即 $\frac{1}{|x|}<\varepsilon$，$|x|>\frac{1}{\varepsilon}$. 取 $X=\frac{1}{\varepsilon}$，当 $|x|>X$ 时，有 $|f(x)-A|<\varepsilon$. 由极限的定义知

$$\lim_{x\to\infty}\frac{\sin x}{x}=0.$$

从几何上看，$\lim\limits_{x\to\infty}f(x)=A$ 表示当 $|x|>X$ 时，曲线 $y=f(x)$ 位于直线 $y=A-\varepsilon$ 和 $y=A+\varepsilon$ 之间(图 1-17).

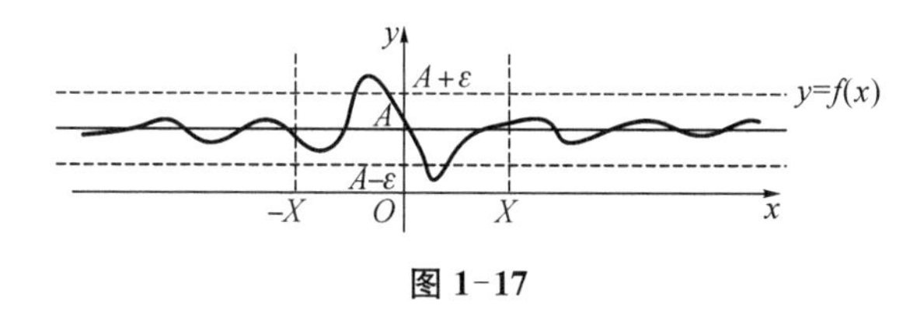

图 1-17

这时称直线 $y=A$ 为曲线 $y=f(x)$ 的**水平渐近线**.

例如，$\lim\limits_{x\to\infty}\frac{\sin x}{x}=0$，则 $y=0$ 是曲线 $y=\frac{\sin x}{x}$ 的水平渐近线.

2. 自变量 $x\to x_0$ 时函数的极限

引例 2　观察函数 $f(x)=x+1$ 和 $g(x)=\frac{x^2-1}{x-1}$ 在 $x\to1$ 时函数值的变化趋势(图 1-18).

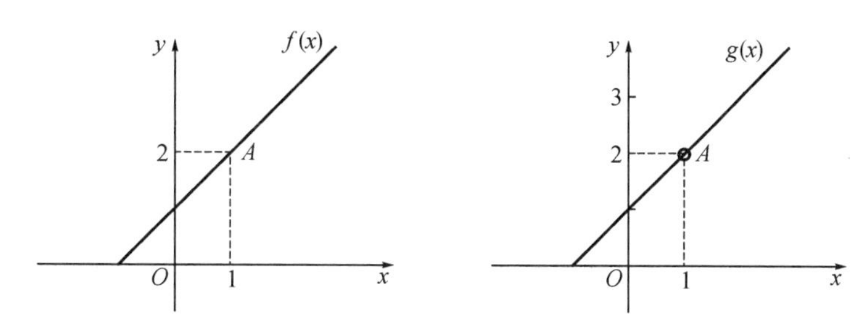

图 1-18

可以看出，函数 $f(x)=x+1$ 和 $g(x)=\frac{x^2-1}{x-1}$ 在 $x\to1$ 时的函数值都无限接近于 2，则称 2 是函数 $f(x)=x+1$ 和 $g(x)=\frac{x^2-1}{x-1}$ 在 $x\to1$ 时的极限.

从引例 2 看出，虽然 $f(x)$ 和 $g(x)$ 在点 $x=1$ 处都有极限，但 $g(x)$ 在点 $x=1$ 处无定

义.这说明,函数在一点处是否存在极限与它在该点处是否有定义无关. 因此,在后面的定义中假定函数 $f(x)$ 在 x_0 的某个去心邻域内有定义,则有函数 $f(x)$ 在 $x \to x_0$ 时函数极限的直观定义.

定义 8 函数 $f(x)$ 在 x_0 的某个去心邻域内有定义.当 $x \to x_0$ 时,函数 $f(x)$ 的函数值无限接近于确定的常数 A,称 A 为函数 $f(x)$ 在 $x \to x_0$ 时的极限.

在定义 8 中,函数 $f(x)$ 的函数值无限接近于某个确定的常数 A,表示 $|f(x)-A|$ 能任意小,在此同样可以通过对于任意给定的正数 ε,表示为 $|f(x)-A|<\varepsilon$. 而 $x \to x_0$ 可以表示为 $0<|x-x_0|<\delta(\delta>0)$,$\delta$ 体现了 x 接近 x_0 的程度.由此得到函数 $f(x)$ 在 $x \to x_0$ 时函数极限的精确定义.

定义 9 函数 $f(x)$ 在 x_0 的某个去心邻域内有定义.对于任意给定的正数 ε,总存在正数 δ,当 x 满足不等式 $0<|x-x_0|<\delta$ 时,函数 $f(x)$ 满足不等式

$$|f(x)-A|<\varepsilon,$$

称 A 为函数 $f(x)$ 在 $x \to x_0$ 时的极限,记作

$$\lim_{x \to x_0} f(x)=A \quad 或 \quad f(x) \to A \quad (x \to x_0).$$

定义 9 可简述为

$\lim\limits_{x \to x_0} f(x)=A \Leftrightarrow \forall \varepsilon>0$, $\exists \delta>0$,当 $0<|x-x_0|<\delta$ 时,有 $|f(x)-A|<\varepsilon$.

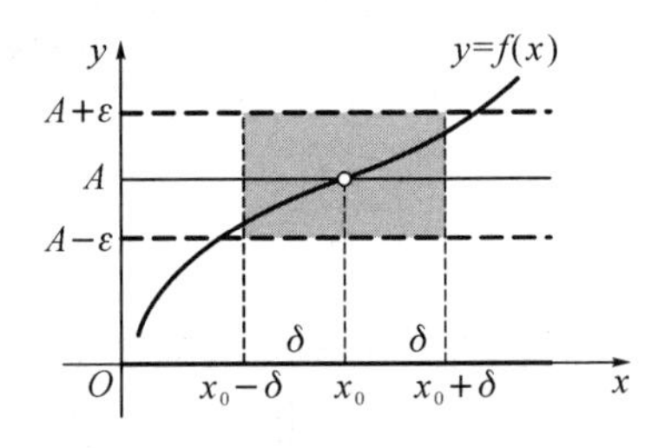

图 1-19

函数 $f(x)$ 在 $x \to x_0$ 时的极限为 A 的**几何解释**:对 $\forall \varepsilon>0$,当 $x \in \mathring{U}(x_0,\delta)$ 时,曲线 $y=f(x)$ 位于直线 $y=A-\varepsilon$ 和 $y=A+\varepsilon$ 之间,如图 1-19 所示.

例 7 证明:$\lim\limits_{x \to x_0} C=C$ (C 为常数).

证明 由于

$$|f(x)-A|=|C-C|=0,$$

对 $\forall \varepsilon>0$,对 $\forall \delta>0$,当 $0<|x-x_0|<\delta$ 时,都有 $|f(x)-A|<\varepsilon$,故

$$\lim_{x \to x_0} C=C.$$

例 8 证明:$\lim\limits_{x \to 1} \dfrac{x^2-1}{x-1}=2$.

证明 由于

$$|f(x)-A|=\left|\frac{x^2-1}{x-1}-2\right|=|x-1|,$$

对 $\forall \varepsilon>0$,要使 $|f(x)-A|<\varepsilon$,即 $|x-1|<\varepsilon$. 取 $\delta=\varepsilon$,当 $0<|x-x_0|<\delta$ 时,都有 $|f(x)-A|<\varepsilon$,故

$$\lim_{x \to 1} \frac{x^2-1}{x-1}=2.$$

在函数的极限中，$x \to x_0$ 既包含 x 从左侧向 x_0 靠近，又包含 x 从右侧向 x_0 靠近.因此，在求分段函数在分界点 x_0 处的极限时，由于在 x_0 处两侧函数式子不同，需要分别讨论.

x 从左侧向 x_0 靠近的情形，记作 $x \to x_0^-$；x 从右侧向 x_0 靠近的情形，记作 $x \to x_0^+$.

在定义 9 中，若把空心邻域 $0 < |x - x_0| < \delta$ 改为 $x_0 - \delta < x < x_0$，则称 A 为函数 $f(x)$ 在 $x \to x_0$ 时的**左极限**，记作

$$\lim_{x \to x_0^-} f(x) = A \quad 或 \quad f(x_0^-) = A.$$

类似地，若把空心邻域 $0 < |x - x_0| < \delta$ 改为 $x_0 < x < x_0 + \delta$，则称 A 为函数 $f(x)$ 在 $x \to x_0$ 时的**右极限**，记作

$$\lim_{x \to x_0^+} f(x) = A \quad 或 \quad f(x_0^+) = A.$$

左极限和右极限统称为**单侧极限**.

根据 $f(x)$ 在 $x \to x_0$ 时极限的定义，推出 $f(x)$ 在 $x \to x_0$ 时的极限存在的充要条件是左、右极限都存在并且相等，即

$$\lim_{x \to x_0} f(x) = A \Leftrightarrow \lim_{x \to x_0^-} f(x) = \lim_{x \to x_0^+} f(x) = A.$$

例 9　讨论函数

$$f(x) = \begin{cases} -x, & x \leqslant 0, \\ 1 + x, & x > 0, \end{cases}$$

当 $x \to 0$ 时 $f(x)$ 极限不存在.

解　函数图形如图 1-20 所示.

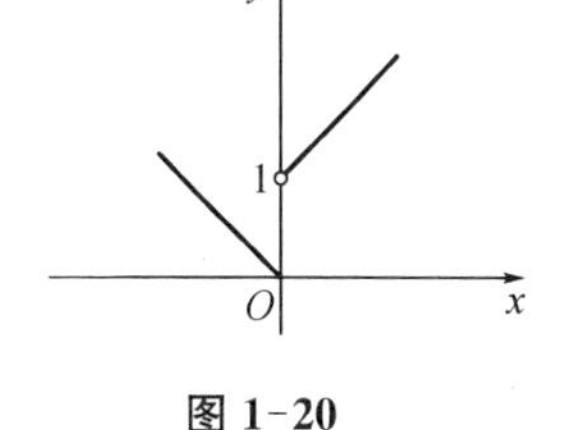

图 1-20

$f(x)$ 在 $x = 0$ 处的左极限为

$$\lim_{x \to 0^-} f(x) = \lim_{x \to 0^-} (-x) = 0;$$

右极限为

$$\lim_{x \to 0^+} f(x) = \lim_{x \to 0^+} (1 + x) = 1.$$

由于 $\lim\limits_{x \to 0^-} f(x) \neq \lim\limits_{x \to 0^+} f(x)$，故 $\lim\limits_{x \to 0} f(x)$ 不存在.

3. 函数的极限的性质

类比数列极限的性质，可以推得函数极限的性质.由于函数极限自变量的变化趋势有不同的形式，下面仅以 $\lim\limits_{x \to x_0} f(x)$ 为代表讨论.

性质 1(唯一性)　若 $\lim\limits_{x \to x_0} f(x) = A$，则极限值是唯一的.

性质 2(函数极限的局部有界性)　若 $\lim\limits_{x \to x_0} f(x) = A$，存在常数 $M > 0$ 及 $\delta > 0$，当 $0 < |x - x_0| < \delta$ 时，有 $|f(x)| \leqslant M$.

证明　因为 $\lim\limits_{x \to x_0} f(x) = A$，所以取 $\varepsilon = 1$，则 $\exists \delta > 0$，当 $0 < |x - x_0| < \delta$ 时，有

$$|f(x)-A|<\varepsilon=1,$$

于是

$$|f(x)|=|f(x)-A+A|\leqslant|f(x)-A|+|A|<1+|A|.$$

这就证明了在 x_0 的去心邻域 $\mathring{U}(x_0)$ 内 $f(x)$ 是有界的.

性质 3(函数极限的局部保号性) 若 $\lim\limits_{x\to x_0}f(x)=A$，且 $A>0$(或 $A<0$)，若存在 $\delta>0$，当 $0<|x-x_0|<\delta$ 时,有 $f(x)>0$(或 $f(x)<0$).

证明 就 $A>0$ 的情形证明.

因为 $\lim\limits_{x\to x_0}f(x)=A>0$，所以对于 $\varepsilon=\dfrac{A}{2}>0$，则 $\exists\delta>0$，当 $0<|x-x_0|<\delta$ 时,有

$$|f(x)-A|<\varepsilon=\frac{A}{2}\Rightarrow A-\frac{A}{2}<f(x)\Rightarrow f(x)>\frac{A}{2}>0.$$

类似的可以证明 $A<0$ 的情形.

从定理 3 的证明中可知,在定理 3 的条件下可以得到下面更强的结论.

性质 3′ 如果 $\lim\limits_{x\to x_0}f(x)=A(A\neq0)$，那么,存在点 x_0 的某一去心邻域 $\mathring{U}(x_0)$，当 $x\in\mathring{U}(x_0)$，有 $|f(x)|>\dfrac{1}{2}|A|$.

推论 如果在 x_0 的某一去心邻域内 $f(x)\geqslant0$(或 $f(x)\leqslant0$)，且 $\lim\limits_{x\to x_0}f(x)=A$，那么 $A\geqslant0$(或 $A\leqslant0$).

性质 4(函数极限与数列极限的关系) 如果极限 $\lim\limits_{x\to x_0}f(x)$ 存在，$\{x_{n_k}\}$ 为函数 $f(x)$ 的定义域内任一收敛于 x_0 的数列,且满足 $x_n\neq x_0(n\in\mathbf{N}^+)$，那么,相应的函数值数列 $\{f(x_n)\}$ 必收敛,且 $\lim\limits_{n\to\infty}f(x_n)=\lim\limits_{x\to x_0}f(x)$.

证明 设 $\lim\limits_{x\to x_0}f(x)=A$，则 $\forall\varepsilon>0$，$\exists\delta>0$，当 $0<|x-x_0|<\delta$ 时,有 $|f(x)-A|<\varepsilon$.

又因为 $\lim\limits_{n\to\infty}x_n=x_0$，故对 $\delta>0$，$\exists N$，当 $n>N$ 时,有 $|x-x_n|<\delta$.

由假设，$x_n\neq x_0(n\in\mathbf{N}^+)$. 故当 $n>N$ 时，$0<|x-x_n|<\delta$，从而 $|f(x_n)-A|<\varepsilon$，即

$$\lim_{n\to\infty}f(x_n)=\lim_{x\to x_0}f(x).$$

性质 5(夹逼准则) 设 $f(x)$，$g(x)$，$h(x)$ 是三个函数,若存在 $\delta>0$，当 $0<|x-x_0|<\delta$ 时,有

$$g(x)\leqslant f(x)\leqslant h(x),\quad \lim_{x\to x_0}g(x)=\lim_{x\to x_0}h(x)=A,$$

则

$$\lim_{x\to x_0}f(x)=A.$$

1.3 无穷大与无穷小

在研究函数的变化趋势时，经常会遇到两种特殊情形：一是函数的极限为 0；二是函数的绝对值无限增大，即是本节讨论的无穷小和无穷大.下面以 $\lim\limits_{x \to x_0} f(x)$ 为代表讨论这两种情形.

1.3.1 无穷小

定义 1 若 $\lim\limits_{x \to x_0} f(x)=0$，则称函数 $f(x)$ 为 $x \to x_0$ 时的**无穷小.**

例如，$\lim\limits_{x \to 1}(x^2-1)=0$，则 x^2-1 是 $x \to 1$ 时的无穷小；$\lim\limits_{x \to \infty}\dfrac{1}{x}=0$，则 $\dfrac{1}{x}$ 是 $x \to \infty$ 时的无穷小.

需要指出的是：①无穷小不是很小的数，它表示当 $x \to x_0$ 时，$f(x)$ 的绝对值可以是任意小的函数；②在说一个函数是无穷小时，一定要指明自变量的变化趋势，同一函数，在自变量的不同变化趋势下，极限不一定为 0；③0 是唯一的无穷小常数.

1.3.2 无穷大

定义 2 函数 $f(x)$ 在 x_0 的某个去心邻域内有定义.对于任意给定的正数 M，总存在正数 δ，当 x 满足不等式 $0<|x-x_0|<\delta$ 时，函数值 $f(x)$ 满足不等式

$$|f(x)|>M,$$

则称函数 $f(x)$ 为 $x \to x_0$ 时的**无穷大.**

按照函数极限的定义，当 $x \to x_0$ 时无穷大的函数 $f(x)$ 极限是不存在的.为了便于叙述函数的这一性质，习惯上称函数的极限是无穷大，记作

$$\lim_{x \to x_0} f(x)=\infty.$$

若把定义中 $|f(x)|>M$ 改为 $f(x)>M$（或 $f(x)<-M$），称函数极限为**正无穷大**（或**负无穷大**），记作

$$\lim_{x \to x_0} f(x)=+\infty \quad (\text{或} \lim_{x \to x_0} f(x)=-\infty).$$

在此，同样注意无穷大不是很大的数，不能和很大的数混为一谈.

例如，由于 $\lim\limits_{x \to 0}\dfrac{1}{x}=\infty$，$\dfrac{1}{x}$ 为 $x \to 0$ 时的无穷大，如图 1-21 所示.

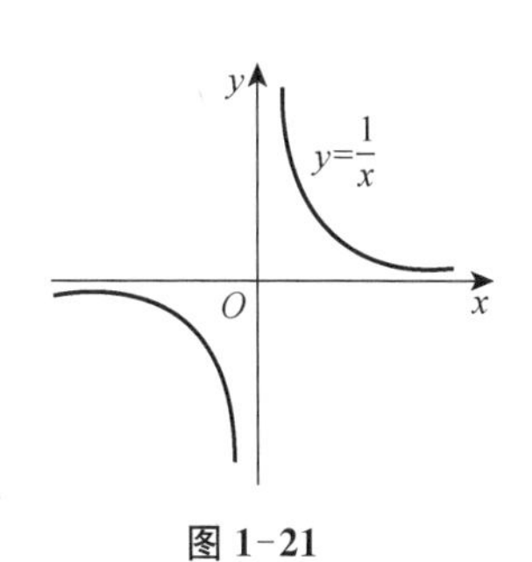

图 1-21

从图形上看，当 $x \to 0$ 时，曲线 $y=\dfrac{1}{x}$ 无限接近于直线 $x=0$.

一般地，若 $\lim\limits_{x \to x_0} f(x)=\infty$，则直线 $x=x_0$ 为曲线 $y=f(x)$ 的

铅直渐近线.

在上例中, $x=0$ 是曲线 $y=\dfrac{1}{x}$ 的铅直渐近线.

1.3.3 无穷小的性质

性质 1 $\lim\limits_{x\to x_0} f(x)=A$ 的充要条件是 $f(x)=A+\alpha$, 其中, α 为 $x\to x_0$ 时的无穷小.

证明 $\lim\limits_{x\to x_0} f(x)=A \Leftrightarrow \forall \varepsilon>0$, $\exists \delta>0$, 当 $0<|x-x_0|<\delta$ 时,都有

$$|f(x)-A|<\varepsilon.$$

令 $f(x)-A=\alpha$, 则 $|\alpha|<\varepsilon$, 即 $\lim\limits_{x\to x_0}\alpha=0$, 说明 α 为 $x\to x_0$ 时的无穷小.

此时 $f(x)=A+\alpha$.

性质 2 在自变量的同一变化过程中,若 $f(x)$ 为无穷大,则 $\dfrac{1}{f(x)}$ 为无穷小;若 $f(x)$ 为无穷小,且 $f(x)\neq 0$, 则 $\dfrac{1}{f(x)}$ 为无穷大.

例如,由于 $\lim\limits_{x\to 1}(x-1)=0$, 则 $\lim\limits_{x\to 1}\dfrac{1}{x-1}=\infty$.

性质 3 有限个无穷小的和是无穷小.

性质 4 有界函数与无穷小的乘积是无穷小.

例 求极限 $\lim\limits_{x\to 0} x\sin\dfrac{1}{x}$.

解 由于 $\left|\sin\dfrac{1}{x}\right|\leqslant 1$, 是有界函数,而 $\lim\limits_{x\to 0}x=0$. 由性质 4 得 $\lim\limits_{x\to 0}x\sin\dfrac{1}{x}=0$.

推论 1 常数与无穷小的乘积是无穷小.

推论 2 有限个无穷小的乘积是无穷小.

1.4 极限的运算法则

本节讨论极限的求法,主要内容是极限的四则运算、复合函数的极限运算法则,以及利用这些法则求某些特定函数的极限.函数极限自变量的变化趋势有不同的形式,下面仅以 $\lim\limits_{x\to x_0} f(x)$ 为代表讨论.

定理 如果 $\lim\limits_{x\to x_0} f(x)=A$, $\lim\limits_{x\to x_0} g(x)=B$, A 和 B 为有限常数,则

(1) $\lim\limits_{x\to x_0}[f(x)\pm g(x)]=\lim\limits_{x\to x_0} f(x)\pm\lim\limits_{x\to x_0} g(x)=A\pm B$;

(2) $\lim\limits_{x\to x_0}[f(x)\cdot g(x)]=\lim\limits_{x\to x_0} f(x)\cdot\lim\limits_{x\to x_0} g(x)=AB$;

(3) $\lim\limits_{x\to x_0}\dfrac{f(x)}{g(x)}=\dfrac{\lim\limits_{x\to x_0} f(x)}{\lim\limits_{x\to x_0} g(x)}=\dfrac{A}{B}$ $(B\neq 0)$.

下面只证 $\lim\limits_{x\to x_0}[f(x)+g(x)]=A+B$.

证明　由于 $\lim\limits_{x\to x_0}f(x)=A$，$\lim\limits_{x\to x_0}g(x)=B$，则

$$f(x)=A+\alpha,\quad g(x)=B+\beta,$$

其中，α 和 β 是 $x\to x_0$ 时的无穷小.于是

$$f(x)+g(x)=(A+\alpha)+(B+\beta)=(A+B)+(\alpha+\beta).$$

由于 $\alpha+\beta$ 仍然是 $x\to x_0$ 时的无穷小，则

$$\lim_{x\to x_0}[f(x)+g(x)]=A+B.$$

其他情况类似可证.

注　本定理可推广到有限个函数的情形.

例1　求 $\lim\limits_{x\to 2}(3x^2-x+5)$.

解　$\lim\limits_{x\to 2}(3x^2-x+5)=\lim\limits_{x\to 2}3x^2-\lim\limits_{x\to 2}x+\lim\limits_{x\to 2}5=3\lim\limits_{x\to 2}x^2-\lim\limits_{x\to 2}x+\lim\limits_{x\to 2}5$
$=3\times 4-2+5=15.$

例2　求 $\lim\limits_{x\to 1}\dfrac{x^2+2x+3}{x-2}$.

解　$\lim\limits_{x\to 1}\dfrac{x^2+2x+3}{x-2}=\dfrac{\lim\limits_{x\to 1}(x^2+2x+3)}{\lim\limits_{x\to 1}(x-2)}=\dfrac{\lim\limits_{x\to 1}x^2+2\lim\limits_{x\to 1}x+3}{\lim\limits_{x\to 1}x-2}=-6.$

注　在运用极限的四则运算的商运算时，分母的极限 $B\neq 0$. 但有时分母的极限 $B=0$，这时就不能直接应用商运算了.

例3　求 $\lim\limits_{x\to -1}\dfrac{x-1}{x+1}$.

解　由于 $\lim\limits_{x\to -1}(x+1)=0$，分母的极限为0，故不能用四则运算计算.

由于 $\lim\limits_{x\to -1}\dfrac{x+1}{x-1}=\dfrac{\lim\limits_{x\to -1}(x+1)}{\lim\limits_{x\to -1}(x-1)}=\dfrac{0}{-2}=0$，根据无穷小的性质知

$$\lim_{x\to -1}\frac{x-1}{x+1}=\infty.$$

例4　求 $\lim\limits_{x\to 1}\dfrac{x^2-2x+1}{x^2-1}$.

解　由于 $x\to 1$ 时，分子、分母的极限都为0，记作"$\dfrac{0}{0}$"型.分子、分母有公因子 $x-1$，可约去公因子 $x-1$，所以

$$\lim_{x\to 1}\frac{x^2-2x+1}{x^2-1}=\lim_{x\to 1}\frac{(x-1)^2}{(x-1)(x+1)}=\lim_{x\to 1}\frac{x-1}{x+1}=\frac{0}{2}=0.$$

总结 在求有理函数除法 $\lim\limits_{x \to x_0} \dfrac{P(x)}{Q(x)}$ 的极限时,

(1) 当 $Q(x_0) \neq 0$ 时,应用极限四则运算法则, $\lim\limits_{x \to x_0} \dfrac{P(x)}{Q(x)} = \dfrac{P(x_0)}{Q(x_0)}$;

(2) 当 $Q(x_0) = 0$, 且 $P(x_0) \neq 0$ 时,由无穷小的性质, $\lim\limits_{x \to x_0} \dfrac{P(x)}{Q(x)} = \infty$;

(3) 当 $Q(x_0) = 0$, 且 $P(x_0) = 0$ 时,约去使分子、分母同为零的公因子 $x - x_0$, 再使用四则运算求极限.

例 5 求 $\lim\limits_{x \to \infty} \dfrac{3x^2 - 2x + 3}{2x^2 + 5x - 7}$.

解 由于 $x \to \infty$ 时,分子、分母的极限都为 ∞, 记作 "$\dfrac{\infty}{\infty}$" 型.用 x^2 去除分子及分母,即

$$\lim_{x \to \infty} \frac{3x^2 - 2x + 3}{2x^2 + 5x - 7} = \lim_{x \to \infty} \frac{3 - \dfrac{2}{x} + \dfrac{3}{x^2}}{2 + \dfrac{5}{x} - \dfrac{7}{x^2}} = \frac{3}{2}.$$

例 6 求(1) $\lim\limits_{x \to \infty} \dfrac{x^3 + 1}{5x^2 + 2x + 7}$; (2) $\lim\limits_{x \to \infty} \dfrac{5x + 3}{3x^2 - x - 1}$.

解 (1) 用 x^3 去除分子及分母,得

$$\lim_{x \to \infty} \frac{x^3 + 1}{5x^2 + 2x + 7} = \lim_{x \to \infty} \frac{1 + \dfrac{1}{x^3}}{\dfrac{5}{x} + \dfrac{2}{x^2} + \dfrac{7}{x^3}} = \infty.$$

(2) 用 x^2 去除分子及分母,求极限得

$$\lim_{x \to \infty} \frac{5x + 3}{3x^2 - x - 1} = \lim_{x \to \infty} \frac{\dfrac{5}{x} + \dfrac{3}{x^2}}{3 - \dfrac{1}{x} - \dfrac{1}{x^2}} = 0.$$

总结 "$\dfrac{\infty}{\infty}$" 型的函数极限的一般规律是:当 $a_0 \neq 0$, $b_0 \neq 0$, m 和 n 为正整数,则

$$\lim_{x \to \infty} \frac{a_0 x^n + a_1 x^{n-1} + \cdots + a_n}{b_0 x^m + b_1 x^{m-1} + \cdots + b_m} = \begin{cases} \dfrac{a_0}{b_0}, & n = m, \\ 0, & n < m, \\ \infty, & n > m. \end{cases}$$

例 7　求 $\lim\limits_{x\to 1}\left(\dfrac{1}{1-x}-\dfrac{3}{1-x^3}\right)$.

解　这是“$\infty-\infty$”型，可以先通分，再计算.

$$\lim_{x\to 1}\left(\frac{1}{1-x}-\frac{3}{1-x^3}\right)=\lim_{x\to 1}\frac{x^2+x-2}{(1-x)(1+x+x^2)}=\lim_{x\to 1}\frac{(x+2)(x-1)}{(1-x)(1+x+x^2)}$$
$$=-\lim_{x\to 1}\frac{x+2}{1+x+x^2}=-1.$$

例 8　求 $\lim\limits_{x\to+\infty}(\sqrt{x+1}-\sqrt{x})$.

解　这是“$\infty-\infty$”型无理式，可以先进行有理化，再计算.

$$\lim_{x\to+\infty}(\sqrt{x+1}-\sqrt{x})=\lim_{x\to+\infty}\frac{1}{\sqrt{x+1}+\sqrt{x}}=0.$$

1.5　两个重要极限

1.4 节讲到了极限的四则运算的极限，不难发现所求的函数都是多项式函数，那么，如果碰到了其他的基本初等函数又该如何处理呢？下面讨论两个非常重要的极限，这两个极限在一定的程度上可以解决上述问题.

这两个极限是由 1.2 节中数列极限和函数极限中两个性质：夹逼准则和单调有界准则推理得到的.

1.5.1　$\lim\limits_{x\to 0}\dfrac{\sin x}{x}=1$

作单位圆(图 1-22).取圆心角 $\angle AOB=x$，设 $0<x<\dfrac{\pi}{2}$，由图 1-22 可知

$\triangle AOB$ 的面积 $<$ 扇形 AOB 的面积 $<$ $\triangle AOD$ 的面积，

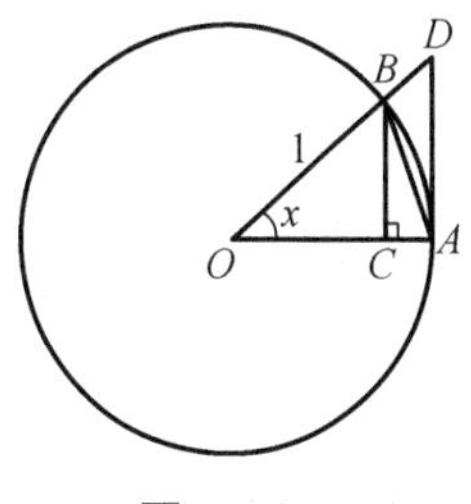

图 1-22

即

$$\frac{1}{2}\sin x<\frac{1}{2}x<\frac{1}{2}\tan x,$$

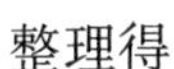
整理得

$$\sin x<x<\tan x.$$

不等式两边同时除以 $\sin x$，取倒数，得

$$\cos x<\frac{\sin x}{x}<1.$$

当 x 取值范围换成区间 $\left(-\dfrac{\pi}{2},0\right)$ 时，不等式符号不改变.

当 $x\to 0$ 时，$\lim\limits_{x\to 0}\cos x=1$，由夹逼准则知

$$\lim_{x\to 0}\frac{\sin x}{x}=1.$$

注意 在利用 $\lim\limits_{x\to 0}\dfrac{\sin x}{x}=1$ 求函数的极限时，要注意使用条件：

(1) 极限是"$\dfrac{0}{0}$"型；

(2) 式中带有三角函数；

(3) $\lim\limits_{\Delta\to 0}\dfrac{\sin\Delta}{\Delta}=1$ 中 Δ 的变量一致，都趋向于 0.

例 1 求 $\lim\limits_{x\to 0}\dfrac{\tan x}{x}$.

解 $\lim\limits_{x\to 0}\dfrac{\tan x}{x}=\lim\limits_{x\to 0}\left(\dfrac{\sin x}{x}\cdot\dfrac{1}{\cos x}\right)=\lim\limits_{x\to 0}\dfrac{\sin x}{x}\cdot\lim\limits_{x\to 0}\dfrac{1}{\cos x}=1\times 1=1.$

例 2 求 $\lim\limits_{x\to 0}\dfrac{\sin 3x}{\sin 2x}$.

解 $\lim\limits_{x\to 0}\dfrac{\sin 3x}{\sin 2x}=\lim\limits_{x\to 0}\dfrac{\sin 3x}{3x}\cdot\dfrac{2x}{\sin 2x}\cdot\dfrac{3}{2}=\dfrac{3}{2}\lim\limits_{x\to 0}\dfrac{\sin 3x}{3x}\cdot\lim\limits_{x\to 0}\dfrac{1}{\dfrac{\sin 2x}{2x}}=\dfrac{3}{2}\times 1\times 1=\dfrac{3}{2}.$

例 3 求 $\lim\limits_{x\to 0}\dfrac{1-\cos x}{x^2}$.

解 $\lim\limits_{x\to 0}\dfrac{1-\cos x}{x^2}=\lim\limits_{x\to 0}\dfrac{2\sin^2\dfrac{x}{2}}{x^2}=\dfrac{1}{2}\lim\limits_{x\to 0}\dfrac{\sin^2\dfrac{x}{2}}{\left(\dfrac{x}{2}\right)^2}=\dfrac{1}{2}\lim\limits_{x\to 0}\left(\dfrac{\sin\dfrac{x}{2}}{\dfrac{x}{2}}\right)^2=\dfrac{1}{2}\times 1^2=\dfrac{1}{2}.$

1.5.2 $\lim\limits_{x\to\infty}\left(1+\dfrac{1}{x}\right)^x=e$

考虑 $x=n$ (正整数)的情形，记 $a_n=\left(1+\dfrac{1}{n}\right)^n$，下面证明 $\{a_n\}$ 是单调有界数列.

证明 由于

$$\begin{aligned}a_n&=\left(1+\frac{1}{n}\right)^n\\&=1+n\cdot\frac{1}{n}+\frac{n(n-1)}{2!}\cdot\left(\frac{1}{n}\right)^2+\frac{n(n-1)(n-2)}{3!}\cdot\left(\frac{1}{n}\right)^3+\cdots+\\&\quad\frac{n(n-1)(n-2)\cdots\times 1}{n!}\cdot\left(\frac{1}{n}\right)^n\end{aligned}$$

$$=1+1+\frac{1}{2!}\left(1-\frac{1}{n}\right)+\frac{1}{3!}\left(1-\frac{1}{n}\right)\left(1-\frac{2}{n}\right)+\cdots+\frac{1}{n!}\left(1-\frac{1}{n}\right)\left(1-\frac{2}{n}\right)\cdots\left(1-\frac{n-1}{n}\right).$$

类似地，

$$\begin{aligned}a_{n+1}&=\left(1+\frac{1}{n+1}\right)^{n+1}\\&=1+1+\frac{1}{2!}\left(1-\frac{1}{n+1}\right)+\frac{1}{3!}\left(1-\frac{1}{n+1}\right)\left(1-\frac{2}{n+1}\right)+\cdots+\\&\quad\frac{1}{(n+1)!}\left(1-\frac{1}{n+1}\right)\left(1-\frac{2}{n+1}\right)\cdots\left(1-\frac{n}{n+1}\right).\end{aligned}$$

比较 a_n 和 a_{n+1} 的展开式,除前两项外，a_n 的每一项都小于 a_{n+1} 的对应项,且 a_{n+1} 比 a_n 多了最后的正数项,所以 $a_n<a_{n+1}$，即 $\{a_n\}$ 是单调递增数列.

由于

$$\begin{aligned}a_n&=1+1+\frac{1}{2!}\left(1-\frac{1}{n}\right)+\frac{1}{3!}\left(1-\frac{1}{n}\right)\left(1-\frac{2}{n}\right)+\cdots+\\&\quad\frac{1}{n!}\left(1-\frac{1}{n}\right)\left(1-\frac{2}{n}\right)\cdots\left(1-\frac{n-1}{n}\right)\\&\leqslant 1+1+\frac{1}{2!}+\frac{1}{3!}+\cdots+\frac{1}{n!}\\&\leqslant 1+1+\frac{1}{2\times1}+\frac{1}{2\times2\times1}+\frac{1}{2\times2\times2\times1}+\cdots+\frac{1}{2\times2\times\cdots\times2\times1}\\&\leqslant 1+1+\frac{1}{2}+\frac{1}{2^2}+\frac{1}{2^3}+\cdots+\frac{1}{2^{n-1}}=1+\frac{\left(1-\frac{1}{2}\right)^n}{1-\frac{1}{2}}<1+\frac{1}{1-\frac{1}{2}}=3,\end{aligned}$$

即 $\{a_n\}$ 是有界数列.

由极限存在准则知,当 $n\to\infty$ 时，$a_n=\left(1+\frac{1}{n}\right)^n$ 的极限存在,通常用字母 e 来表示,即

$$\lim_{n\to\infty}\left(1+\frac{1}{n}\right)^n=\mathrm{e}.$$

可以证明,当 x 取实数而趋向 $+\infty$ (或 $-\infty$) 时,函数 $\left(1+\frac{1}{x}\right)^x$ 的极限也存在,且等于 e. 故当 $x\to\infty$ 时，

$$\lim_{x\to\infty}\left(1+\frac{1}{x}\right)^x=\mathrm{e}.$$

令 $\frac{1}{x}=t$，当 $x\to\infty$ 时，$t\to 0$，上式可改写为

$$\lim_{t\to 0}(1+t)^{\frac{1}{t}}=\mathrm{e},$$

故极限 $\lim\limits_{x\to\infty}\left(1+\frac{1}{x}\right)^{x}=\mathrm{e}$ 的另一种形式是

$$\lim_{x\to 0}(1+x)^{\frac{1}{x}}=\mathrm{e}.$$

注意 在利用 $\lim\limits_{x\to\infty}\left(1+\frac{1}{x}\right)^{x}=\mathrm{e}$ 求函数极限时，要注意使用条件：

(1) 极限是“1^{∞}”型；

(2) $\lim\limits_{\Delta\to\infty}\left(1+\frac{1}{\Delta}\right)^{\Delta}=\mathrm{e}$ 和 $\lim\limits_{\Delta\to 0}(1+\Delta)^{\frac{1}{\Delta}}=\mathrm{e}$ 中 Δ 的变量一致，且括号内 $\frac{1}{\Delta}$ 与括号右上角处 Δ 互为倒数.

例 4 求 $\lim\limits_{x\to\infty}\left(1+\frac{2}{x}\right)^{x}$.

解 $\lim\limits_{x\to\infty}\left(1+\frac{2}{x}\right)^{x}=\lim\limits_{x\to\infty}\left(1+\frac{2}{x}\right)^{\frac{x}{2}\cdot 2}=\lim\limits_{x\to\infty}\left[\left(1+\frac{2}{x}\right)^{\frac{x}{2}}\right]^{2}=\mathrm{e}^{2}$.

例 5 求 $\lim\limits_{x\to\infty}\left(\frac{x-4}{x-3}\right)^{x}$.

解

$$\begin{aligned}\lim_{x\to\infty}\left(\frac{x-4}{x-3}\right)^{x}&=\lim_{x\to\infty}\left(1+\frac{-1}{x-3}\right)^{x}=\lim_{x\to\infty}\left(1+\frac{-1}{x-3}\right)^{-(x-3)\cdot(-1)+3}\\&=\lim_{x\to\infty}\left[\left(1+\frac{-1}{x-3}\right)^{-(x-3)}\right]^{-1}\cdot\left(1+\frac{-1}{x-3}\right)^{3}=\mathrm{e}^{-1}\cdot 1=\mathrm{e}^{-1}.\end{aligned}$$

例 6 求 $\lim\limits_{x\to 0}(1-2x)^{\frac{1}{x}}$.

解 $\lim\limits_{x\to 0}(1-2x)^{\frac{1}{x}}=\lim\limits_{x\to 0}[1+(-2x)]^{\frac{1}{-2x}\cdot(-2)}=\lim\limits_{x\to 0}\{[1+(-2x)]^{\frac{1}{-2x}}\}^{(-2)}=\mathrm{e}^{-2}$.

1.6 无穷小的比较

在 1.3 节中已经知道，两个无穷小量之间的和、差以及乘积仍旧是是无穷小量.但是并没有提到两个无穷小的商的问题.下面通过一个例子来探究这个问题.

1.6.1 无穷小比较的定义

引例 当 $x\to 0$ 时，x，x^{2}，$3\sin x$ 都是无穷小，而极限

$$\lim_{x\to 0}\frac{x^{2}}{x}=0,\quad \lim_{x\to 0}\frac{x}{x^{2}}=\infty,\quad \lim_{x\to 0}\frac{3\sin x}{x}=3.$$

引例中，在 $x \to 0$ 时，三个函数都是无穷小，但比值的极限结果不同，这反映了不同的无穷小趋于 0 的速率“快慢”不同.

定义　设当 $x \to x_0$ 时，$\alpha(x)$ 和 $\beta(x)$ 均为无穷小，

(1) 如果 $\lim\limits_{x \to x_0} \dfrac{\alpha(x)}{\beta(x)} = 0$，则称 $\alpha(x)$ 是比 $\beta(x)$ **高阶的无穷小**，记作 $\alpha = o(\beta)$；

(2) 如果 $\lim\limits_{x \to x_0} \dfrac{\alpha(x)}{\beta(x)} = \infty$，则称 $\alpha(x)$ 是比 $\beta(x)$ **低阶的无穷小**；

(3) 如果 $\lim\limits_{x \to x_0} \dfrac{\alpha(x)}{\beta(x)} = C(C \neq 0)$，则称 $\alpha(x)$ 与 $\beta(x)$ 是**同阶无穷小**；

(4) 如果 $\lim\limits_{x \to x_0} \dfrac{\alpha(x)}{\beta^k(x)} = C(C \neq 0,\ k > 0)$，则称 $\alpha(x)$ 是关于 $\beta(x)$ 的 ***k* 阶无穷小**；

(5) 如果 $\lim\limits_{x \to x_0} \dfrac{\alpha(x)}{\beta(x)} = 1$，则称 $\alpha(x)$ 与 $\beta(x)$ 是**等价无穷小**，记作 $\alpha \sim \beta$.

显然，等价无穷小是同阶无穷小的特殊情形，即 $C = 1$.

在上面的例子中，

由于 $\lim\limits_{x \to 0} \dfrac{x^2}{x} = 0$，则当 $x \to 0$ 时，x^2 是比 x 高阶的无穷小，记作 $x^2 = o(x)$；

由于 $\lim\limits_{x \to 0} \dfrac{x}{x^2} = \infty$，则当 $x \to 0$ 时，x 是比 x^2 低阶的无穷小；

由于 $\lim\limits_{x \to 0} \dfrac{3\sin x}{x} = 3$，则当 $x \to 0$ 时，$3\sin x$ 与 x 是同阶无穷小；

由于 $\lim\limits_{x \to 0} \dfrac{\sin x}{x} = 1$，则当 $x \to 0$ 时，$\sin x$ 与 x 是等价无穷小.

下面列出当 $x \to 0$ 时常用的等价无穷小：

$$\sin x \sim x;\ \tan x \sim x;\ 1 - \cos x \sim \frac{1}{2}x^2;\ \arcsin x \sim x;\ \arctan x \sim x;$$

$$e^x - 1 \sim x;\ \ln(1 + x) \sim x;\ \sqrt[n]{1 + x} - 1 \sim \frac{1}{n}x.$$

1.6.2　等价无穷小的性质

在上述几个无穷小的概念中，最常见的是等价无穷小，下面给出等价无穷小的性质.

性质 1　$\alpha \sim \beta$ 的充要条件是 $\beta = \alpha + o(\alpha)$.

证明　以自变量 $x \to x_0$ 时的极限为例.

(必要性)设 $\alpha \sim \beta$，则

$$\lim_{x \to x_0} \frac{\beta - \alpha}{\alpha} = \lim_{x \to x_0} \left(\frac{\beta}{\alpha} - 1 \right) = \lim_{x \to x_0} \frac{\beta}{\alpha} - 1 = 0,$$

故 $\beta-\alpha=o(\alpha)(x\to x_0)$，即 $\beta=\alpha+o(\alpha)$.

(充分性)设 $\beta=\alpha+o(\alpha)$，则

$$\lim_{x\to x_0}\frac{\beta}{\alpha}=\lim_{x\to x_0}\frac{\alpha+o(\alpha)}{\alpha}=\lim_{x\to x_0}\left(1+\frac{o(\alpha)}{\alpha}\right)=1,$$

故 $\alpha\sim\beta(x\to x_0)$.

注 其他自变量的变化趋势下同上.

性质 2 如果当 $x\to x_0$ 时，$\alpha\sim\alpha'$，$\beta\sim\beta'$，且 $\lim\limits_{x\to x_0}\frac{\beta'}{\alpha'}$ 存在，则

$$\lim_{x\to x_0}\frac{\beta}{\alpha}=\lim_{x\to x_0}\frac{\beta'}{\alpha'}.$$

证明 以自变量 $x\to x_0$ 时的极限为例.

$$\lim_{x\to x_0}\frac{\beta}{\alpha}=\lim_{x\to x_0}\left(\frac{\beta}{\beta'}\cdot\frac{\beta'}{\alpha'}\cdot\frac{\alpha'}{\alpha}\right)=\lim_{x\to x_0}\frac{\beta}{\beta'}\cdot\lim_{x\to x_0}\frac{\beta'}{\alpha'}\cdot\lim_{x\to x_0}\frac{\alpha'}{\alpha}=\lim_{x\to x_0}\frac{\beta'}{\alpha'}.$$

性质 2 表明，在求两个无穷小之比的的极限时，分子或分母都可用等价无穷小来代替.

例 1 求 $\lim\limits_{x\to 0}\frac{1-\cos x}{x\sin x}$.

解 当 $x\to 0$ 时，$1-\cos x\sim\frac{1}{2}x^2$，$\sin x\sim x$，则

$$\lim_{x\to 0}\frac{1-\cos x}{x\sin x}=\lim_{x\to 0}\frac{\frac{1}{2}x^2}{x^2}=\frac{1}{2}.$$

例 2 求 $\lim\limits_{x\to 0}\frac{\sqrt{1+x}-1}{e^x-1}$.

解 当 $x\to 0$ 时，$\sqrt{1+x}-1\sim\frac{1}{2}x$，$e^x-1\sim x$，则

$$\lim_{x\to 0}\frac{\sqrt{1+x}-1}{e^x-1}=\lim_{x\to 0}\frac{\frac{1}{2}x}{x}=\frac{1}{2}.$$

1.6.3 等价无穷小的运算规则

通过上文的例 1 和例 2 可以看出，当分子和分母都是同一变化趋势下的无穷小时，利用等价无穷小的性质，可以简化计算.下面论述等价无穷小的运算规则.

1. 和差取大规则

若 $\beta=o(\alpha)$，那么 $\alpha\pm\beta\sim\alpha$.

例 3 求 $\lim\limits_{x\to 0}\frac{\sin x}{x^3+3x}$.

解　当 $x\to 0$ 时，$\sin x\sim x$，并且 $x^3=o(3x)$，则

$$\lim_{x\to 0}\frac{\sin x}{x^3+3x}=\lim_{x\to 0}\frac{x}{3x}=\frac{1}{3}.$$

2. 和差代替规则

如果当 $x\to 0$ 时，$\alpha\sim\alpha'$，$\beta\sim\beta'$，且 β 与 α 不等价，则 $\alpha-\beta\sim\alpha'-\beta'$，且 $\lim\limits_{x\to 0}\frac{\alpha-\beta}{\gamma}=\lim\limits_{x\to 0}\frac{\alpha'-\beta'}{\gamma}$.

例 4　求 $\lim\limits_{x\to 0}\frac{\tan 2x-\sin x}{\sqrt{1+x}-1}$.

解　当 $x\to 0$ 时，$\sin x\sim x$，$\tan 2x\sim 2x$，$\sqrt{1+x}-1\sim\frac{1}{2}x$，且 $\sin x$ 与 $\tan 2x$ 不等价，则

$$\lim_{x\to 0}\frac{\tan 2x-\sin x}{\sqrt{1+x}-1}=\lim_{x\to 0}\frac{2x-x}{\frac{1}{2}x}=2.$$

3. 因式代替规则

如果当 $x\to 0$ 时，$\alpha\sim\beta$，且 $\varphi(x)$ 的极限存在或者有界，则 $\lim\limits_{x\to 0}[\alpha\varphi(x)]=\lim\limits_{x\to 0}[\beta\varphi(x)]$.

例 5　求 $\lim\limits_{x\to 0}\left(\arcsin x\cdot\sin\frac{1}{x}\right)$.

解　当 $x\to 0$ 时，$\arcsin x\sim x$，且 $\sin\frac{1}{x}$ 有界，则

$$\lim_{x\to 0}\left(\arcsin x\cdot\sin\frac{1}{x}\right)=\lim_{x\to 0}\left(x\cdot\sin\frac{1}{x}\right)=0.$$

例 6　求 $\lim\limits_{x\to 0}\frac{\tan x-\sin x}{x^3}$.

解　(错误做法)当 $x\to 0$ 时，$\sin x\sim x$，$\tan x\sim x$，则

$$\lim_{x\to 0}\frac{\tan x-\sin x}{x^3}=\lim_{x\to 0}\frac{x-x}{x^3}=0.$$

(正确做法)当 $x\to 0$ 时，$\sin x\sim x$，$\tan x\sim x$，则

$$\lim_{x\to 0}\frac{\tan x-\sin x}{x^3}=\lim_{x\to 0}\frac{\tan x(1-\cos x)}{x^3}=\lim_{x\to 0}\frac{x\cdot\frac{1}{2}x^2}{x^3\cdot\cos x}=\frac{1}{2}.$$

说明　在代数和中各等价无穷小不能随便替换，在因式中可以利用等价无穷小替换.
在计算无穷小的比较问题中，还需要注意等价无穷小的灵活运用，只要在结构中的变量

一致,都趋向于 0,就可以替换.

例 7 求 $\lim\limits_{x\to0}\dfrac{(1+x^2)^{\frac{1}{3}}-1}{\cos x-1}$.

解 当 $x\to0$ 时, $(1+x^2)^{\frac{1}{3}}-1\sim\dfrac{1}{3}x^2$, $\cos x-1\sim-\dfrac{1}{2}x^2$, 则

$$\lim_{x\to0}\frac{(1+x^2)^{\frac{1}{3}}-1}{\cos x-1}=\lim_{x\to0}\frac{\frac{1}{3}x^2}{-\frac{1}{2}x^2}=-\frac{2}{3}.$$

1.7 函数的连续性与间断点

在自然界中,有许多现象都是连续变化的,如气温的变化、河水的流动、植物的生长等.这种现象在函数关系上的反映,就是函数的连续性.

1.7.1 函数连续的概念

1. 函数的增量

定义 1 设变量 u 从 u_1 变到 u_2, 其差 u_2-u_1 称为变量 u 的**增量(改变量)**,记作 Δu, 即 $\Delta u=u_2-u_1$.

例如,一天中某段时间 $[t_1, t_2]$, 温度从 T_1 到 T_2, 则温度的增量 $\Delta T=T_2-T_1$. 当温度升高时, $\Delta T>0$; 当温度降低时, $\Delta T<0$. 当时间的改变量 $\Delta t=t_2-t_1$ 很微小时,温度的变化 ΔT 也会很小,当 $\Delta t\to0$ 时, $\Delta T\to0$.

定义 2 对于函数 $y=f(x)$, 如果在定义区间内自变量从 x_0 变到 x, 对应的函数值由 $f(x_0)$ 变化到 $f(x)$, 则称 $x-x_0$ 为自变量的**增量(改变量)**,记作 Δx, 即

$$\Delta x=x-x_0 \quad 或 \quad x=x_0+\Delta x.$$

$f(x)-f(x_0)$ 为函数的**增量(改变量)**,记作 Δy, 即

$$\Delta y=f(x)-f(x_0) \quad 或 \quad \Delta y=f(x_0+\Delta x)-f(x_0).$$

注 增量不一定是正的,当初值大于终值时,增量就是负的.

2. 函数连续的概念

设函数 $y=f(x)$ 在点 x_0 的某一邻域内有定义,当自变量 x 在这邻域内从 x_0 变到 $x_0+\Delta x$ 时,函数增量 $\Delta y=f(x_0+\Delta x)-f(x_0)$ (图 1-23).

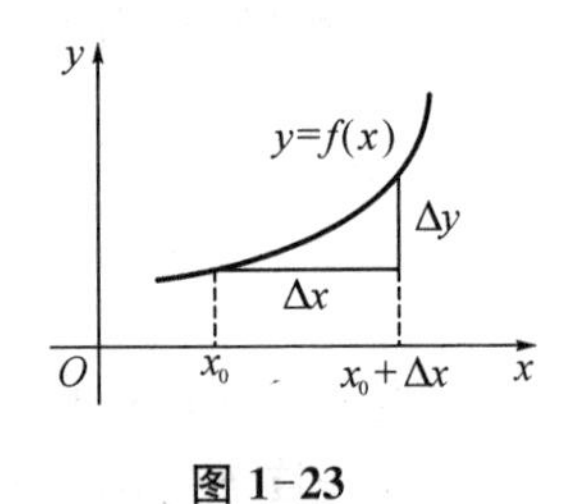

图 1-23

假定 x_0 不变,让 Δx 变动, Δy 也随之变化.如果当 Δx 无限变小时, Δy 也无限变小.根据这一特点,给出函数 $y=f(x)$ 在 x_0 处连续的概念.

定义 3　设函数 $y=f(x)$ 在点 x_0 的某一邻域内有定义，如果

$$\lim_{\Delta x\to 0}\Delta y=\lim_{\Delta x\to 0}[f(x_0+\Delta x)-f(x_0)]=0,$$

则称函数 $y=f(x)$ 在点 x_0 处**连续**.

设 $x=x_0+\Delta x$，则当 $\Delta x\to 0$ 时，即 $x\to x_0$. 而

$$\Delta y=f(x_0+\Delta x)-f(x_0)=f(x)-f(x_0),$$

由 $\Delta y\to 0$，就是 $f(x)\to f(x_0)$，即

$$\lim_{x\to x_0}f(x)=f(x_0).$$

定义 3 可以改写为定义 4.

定义 4　设函数 $y=f(x)$ 在点 x_0 的某一邻域内有定义，如果

$$\lim_{x\to x_0}f(x)=f(x_0),$$

那么，称函数 $y=f(x)$ 在点 x_0 处连续.

由定义 4 知，函数 $y=f(x)$ 在点 x_0 处连续，必须满足下列三个条件：

(1) 函数 $y=f(x)$ 在点 x_0 处有定义；

(2) $\lim\limits_{x\to x_0}f(x)$ 存在，即 $\lim\limits_{x\to x_0^-}f(x)=\lim\limits_{x\to x_0^+}f(x)$；

(3) $\lim\limits_{x\to x_0}f(x)=f(x_0)$.

例 1　讨论函数

$$f(x)\begin{cases}x\sin\dfrac{1}{x}, & x\neq 0,\\ 0, & x=0\end{cases}$$

在 $x=0$ 处的连续性.

解　由于

$$\lim_{x\to 0}f(x)=\lim_{x\to 0}x\sin\frac{1}{x}=0,$$

而 $f(0)=0$，故

$$\lim_{x\to 0}f(x)=f(0).$$

由连续性的定义知，函数 $f(x)$ 在 $x=0$ 处连续.

由于函数 $f(x)$ 在 x_0 处极限存在等价于 $f(x)$ 在 x_0 处左、右极限都存在并且相等，结合这一特点，下面定义左、右连续的概念.

如果 $\lim\limits_{x\to x_0^-}f(x)=f(x_0)$，则称函数 $f(x)$ 在点 x_0 处的**左连续**；如果 $\lim\limits_{x\to x_0^+}f(x)=f(x_0)$，则称函数 $f(x)$ 在点 x_0 处的**右连续**.

如果函数 $y=f(x)$ 在点 x_0 处连续，必有 $\lim\limits_{x\to x_0}f(x)=f(x_0)$，则有

$$\lim_{x \to x_0^-} f(x) = \lim_{x \to x_0^+} f(x) = f(x_0),$$

这说明了函数 $y=f(x)$ 在点 x_0 处连续，既包含了 $f(x)$ 在点 x_0 处左连续，又包含了 $f(x)$ 在点 x_0 处右连续.

定理 函数 $y=f(x)$ 在点 x_0 处连续的充要条件是函数 $y=f(x)$ 在点 x_0 处既左连续又右连续.

注 此定理常用于判定分段函数在分段点处的连续性.

例 2 讨论函数

$$f(x)=\begin{cases} x^2, & x \leqslant 1, \\ x+1, & x>1 \end{cases}$$

在 $x=1$ 处的连续性.

解 函数 $f(x)$ 图形如图 1-24 所示.

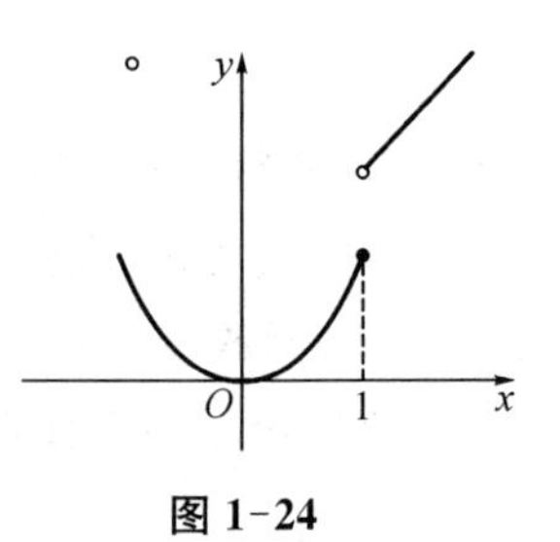

图 1-24

由于 $\lim\limits_{x \to 1^-} f(x) = \lim\limits_{x \to 1^-} x^2 = 1 = f(1)$，故 $f(x)$ 在 $x=1$ 处左连续.

又由于 $\lim\limits_{x \to 1^+} f(x) = \lim\limits_{x \to 1^+} (x+1) = 1 \neq f(1)$，故 $f(x)$ 在 $x=1$ 处不右连续.

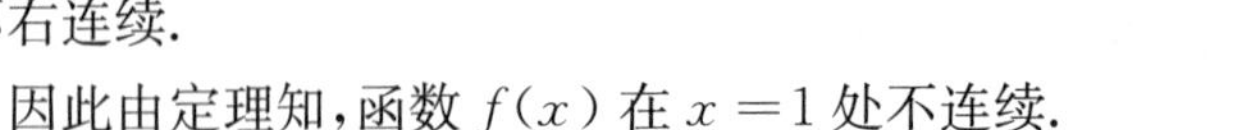

因此由定理知，函数 $f(x)$ 在 $x=1$ 处不连续.

以上是介绍函数在一点处连续的概念，下面介绍连续函数的概念.

定义 5 如果函数 $f(x)$ 在区间 (a, b) 内每一点处都连续，称 $f(x)$ 为 (a, b) 内的**连续函数**.

如果函数 $f(x)$ 在 (a, b) 内连续，且在左端点 $x=a$ 处右连续，在右端点 $x=b$ 处左连续，则称 $f(x)$ 在闭区间 $[a, b]$ 上连续.

例 3 证明函数 $y=\sin x$ 在 $(-\infty, +\infty)$ 内是连续的.

证明 任取 $x_0 \in (-\infty, +\infty)$，则

$$\begin{aligned} \Delta y &= f(x_0+\Delta x) - f(x_0) = \sin(x_0+\Delta x) - \sin x_0 \\ &= 2\cos\left(x_0 + \frac{\Delta x}{2}\right) \sin \frac{\Delta x}{2}. \end{aligned}$$

由于

$$\lim_{\Delta x \to 0} \Delta y = 2 \lim_{\Delta x \to 0} \cos\left(x_0 + \frac{\Delta x}{2}\right) \sin \frac{\Delta x}{2},$$

当 $\Delta \to 0$ 时，由无穷小的性质知，$\lim\limits_{\Delta x \to 0} \Delta y = 0$.

由定义 1，$y=\sin x$ 在 x_0 处连续. 而 x_0 是在 $(-\infty, +\infty)$ 内任取的，故 $y=\sin x$ 在 $(-\infty, +\infty)$ 内是连续的.

类似地，可以验证 $y=\cos x$ 在定义区间内是连续的.

1.7.2　函数的间断点

定义6　如果函数 $y=f(x)$ 在点 x_0 处不连续，则称 $f(x)$ 在点 x_0 处间断，x_0 称为 $f(x)$ 的**间断点**.

根据定义3，函数 $y=f(x)$ 在点 x_0 处连续必须满足的三个条件知，只要其中一个条件不满足，函数 $f(x)$ 就在点 x_0 处间断.因此 $f(x)$ 在点 x_0 处出现间断的情形有下列三种：

(1) 在 $x=x_0$ 处无定义；

(2) 在 $x=x_0$ 处虽然有定义，但是 $\lim\limits_{x\to x_0}f(x)$ 不存在；

(3) 在 $x=x_0$ 处有定义，$\lim\limits_{x\to x_0}f(x)$ 存在，但是 $\lim\limits_{x\to x_0}f(x)\neq f(x_0)$.

$f(x)$ 在 x_0 处只要符合上述三种情形之一，则函数 $f(x)$ 在点 x_0 处必间断.

下面举例函数间断的例子.

(1) 函数 $f(x)=\dfrac{1}{x}$ 在 $x=0$ 处无定义，所以 $x=0$ 是 $f(x)=\dfrac{1}{x}$ 的间断点.

(2) 函数 $f(x)=\operatorname{sgn}x=\begin{cases}-1, & x<0,\\ 0, & x=0,\\ 1, & x>0\end{cases}$ 在 $x=0$ 处，由于

$$\lim_{x\to 0^-}f(x)=\lim_{x\to 0^-}(-1)=-1,\quad \lim_{x\to 0^+}f(x)=\lim_{x\to 0^+}1=1,$$

得出在 $x=0$ 处函数左、右极限不相等，故 $\lim\limits_{x\to 0}f(x)$ 不存在，因此 $x=0$ 是此函数的间断点.

(3) 函数 $f(x)=\begin{cases}\dfrac{\sin 5x}{x}, & x\neq 0,\\ 0, & x=0\end{cases}$ 在 $x=0$ 处，由于

$$\lim_{x\to 0}f(x)=\lim_{x\to 0}\frac{\sin 5x}{x}=5,$$

而 $f(0)=0$，故 $\lim\limits_{x\to 0}f(x)\neq f(0)$，$x=0$ 是此函数的间断点.

从上面的例子看出，函数 $f(x)$ 在 x_0 处虽然都是间断，但产生间断的原因各不相同.根据这一特点，下面对间断点进行分类：

如果 $f(x_0^-)$ 与 $f(x_0^+)$ 都存在，则称 x_0 为 $f(x)$ 的**第一类间断点**；否则，称为**第二类间断点**.

在第一类间断点中，如果 $f(x_0^-)=f(x_0^+)$，则称 x_0 为 $f(x)$ 的**可去间断点**；如果 $f(x_0^-)\neq f(x_0^+)$，则称 x_0 为 $f(x)$ 的**跳跃间断点**.

在上面的例子中，在(2)中 $x=0$ 是跳跃间断点，在(3)中 $x=0$ 是可去间断点.

在第二类间断点中，如果 $f(x_0^-)$ 与 $f(x_0^+)$ 至少有一个为 ∞，则称 x_0 为 $f(x)$ 的**无穷间断点**；如果 $f(x_0^-)$ 与 $f(x_0^+)$ 至少有一个是不断振荡的，则称 x_0 为 $f(x)$ 的**振荡间断点**.

在上例(1)中，$x=0$ 是无穷间断点.

又如 $y=\sin\frac{1}{x}$，$x=0$ 为函数的间断点.当 $x\to 0$ 时，函数在 -1 和 1 之间出现无限次的振荡，如图 1-25 所示，则 $x=0$ 为振荡间断.

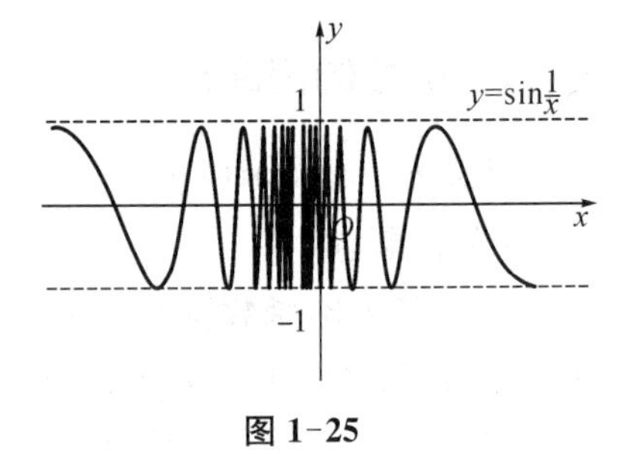

图 1-25

1.8 连续函数的运算与初等函数的连续性

1.8.1 连续函数的和、差、积、商的连续性

由函数在某一点连续的定义和极限的四则运算法则，立即可得出下面的定理.

定理 1 设函数 $f(x)$ 与 $g(x)$ 在 x_0 处连续，则其和、差、积、商(分母在点 x_0 处函数值不为零)在点 x_0 处也连续.

例 1 因 $\tan x=\dfrac{\sin x}{\cos x}$，$\cot x=\dfrac{\cos x}{\sin x}$，而 $\sin x$ 和 $\cos x$ 都在区间 $(-\infty,+\infty)$ 内连续，故由定理 1 知，$\tan x$ 和 $\cot x$ 在它们的定义域内是连续的.

1.8.2 反函数与复合函数的连续性

反函数与复合函数的概念在 1.1 节中讲述过，下面讨论它们的连续性.

定理 2 如果函数 $y=f(x)$ 在区间 I_x 上单调增加(或单调减少)且连续，那么，它的反函数 $x=f^{-1}(y)$ 也在对应的区间 $I_y=\{y\mid y=f(x),\ x\in I_x\}$ 上单调增加(或单调减少)且连续.

(证明略).

例 2 由于 $y=\sin x$ 在区间 $\left[-\dfrac{\pi}{2},\dfrac{\pi}{2}\right]$ 上单调增加且连续，所以它的反函数 $y=\arcsin x$ 在区间 $[-1,1]$ 上也是单调增加且连续的.

同样，$y=\arccos x$ 在区间 $[-1,1]$ 上也是单调减少且连续；$y=\arctan x$ 在区间 $(-\infty,+\infty)$ 内单调增加且连续；$y=\operatorname{arccot} x$ 在区间 $(-\infty,+\infty)$ 内单调减少且连续.

总之，反三角函数 $\arcsin x$，$\arccos x$，$\arctan x$，$\operatorname{arccot} x$ 在它们的定义域内都是连续的.

定理 3 设函数 $y=f[g(x)]$ 由函数 $y=f(u)$ 与函数 $u=g(x)$ 复合而成，$\mathring{U}(x_0)\subset D_{f\circ g}$. 若 $\lim\limits_{x\to x_0}g(x)=u_0$，而函数 $y=f(u)$ 在 $u=u_0$ 处连续，则

$$\lim_{x\to x_0}f[g(x)]=\lim_{u\to u_0}f(u)=f(u_0).$$

(证明略).

定理的结论也可写成 $\lim\limits_{x\to x_0} f[g(x)]=f[\lim\limits_{x\to x_0} g(x)]$. 求复合函数 $y=f[g(x)]$ 的极限时,函数符号 f 与极限号可以交换次序.

$\lim\limits_{x\to x_0} f[u(x)]=\lim\limits_{u\to u_0} f(u)$ 表明,在定理 3 的条件下,如果作代换 $u=g(x)$,那么,求 $\lim\limits_{x\to x_0} f[g(x)]$ 就转化为求 $\lim\limits_{u\to u_0} f(u)$,这里 $u_0=\lim\limits_{x\to x_0} g(x)$.

把定理 3 中的 $x\to x_0$ 换成 $x\to\infty$,可得类似的定理.

例 3　求 $\lim\limits_{x\to 3}\sqrt{\dfrac{x-3}{x^2-9}}$.

解　$y=\sqrt{\dfrac{x-3}{x^2-9}}$ 是由 $y=\sqrt{u}$ 与 $u=\dfrac{x-3}{x^2-9}$ 复合而成的.因为 $\lim\limits_{x\to 3}\dfrac{x-3}{x^2-9}=\dfrac{1}{6}$,函数 $y=\sqrt{u}$ 在点 $u=\dfrac{1}{6}$ 处连续,所以

$$\lim_{x\to 3}\sqrt{\frac{x-3}{x^2-9}}=\sqrt{\lim_{x\to 3}\frac{x-3}{x^2-9}}=\sqrt{\frac{1}{6}}.$$

定理 4　设函数 $y=f[g(x)]$ 由函数 $y=f(u)$ 与函数 $u=g(x)$ 复合而成,$U(x_0)\subset D_{f\circ g}$. 若函数 $u=g(x)$ 在点 $x=x_0$ 处连续,而函数 $y=f(u)$ 在点 $u=u_0$ 处连续,则复合函数 $y=f[g(x)]$ 在点 $x=x_0$ 处也连续.

(证明略).

例 4　讨论函数 $y=\sin\dfrac{1}{x}$ 的连续性.

解　函数 $y=\sin\dfrac{1}{x}$ 是由 $y=\sin u$ 及 $u=\dfrac{1}{x}$ 复合而成的.函数 $u=\dfrac{1}{x}$ 在 $(-\infty, 0)\cup(0, +\infty)$ 上是连续的,$y=\sin u$ 在 $(-\infty, +\infty)$ 上是连续的.根据定理 4,函数 $\sin\dfrac{1}{x}$ 在无限区间 $(-\infty, 0)\cup(0, +\infty)$ 内是连续的.

1.8.3　初等函数的连续性

在基本初等函数中,已经证明了三角函数及反三角函数在定义域内是连续的.

我们指出,指数函数 $a^x(a>0, a\neq 1)$ 对于一切实数 x 都有定义,且在区间 $(-\infty, +\infty)$ 内是单调、连续的,值域为 $(0, +\infty)$.

已知指数函数的单调性和连续性,由定理 2 可得,对数函数 $\log_a x(a>0, a\neq 1)$ 在区间 $(0, +\infty)$ 内单调且连续.

幂函数 $y=x^u$ 的定义域随 $(0, +\infty)$ 的值不同而不同,但无论 μ 为何值,在区间 $(0, +\infty)$ 内幂函数总是有定义的.可以证明,在区间 $(0, +\infty)$ 内幂函数是连续的.事实上,设 $x>0$,则

$$y=x^\mu=a^{\mu\log_a x}.$$

因此,幂函数 $y=x^{\mu}$ 可看作是由 $y=a^{u}$, $u=\mu\log_a x$ 复合而成的.由此,根据定理 4,它在 $(0,+\infty)$ 内是连续的.如果对于 μ 取各种不同值加以分别讨论,可以证明幂函数在它的定义域内是连续的.

综上:**基本初等函数在它们的定义域内都是连续的**.

最后,根据初等函数的定义,由基本初等函数的连续性以及本节有关定理可得下列重要结论.

定理 5 初等函数在其定义区间内是连续的.

所谓定义区间,就是包含在定义域内的区间.

初等函数的连续性在求函数极限中的应用:如果 $f(x)$ 是初等函数,且 x_0 是 $f(x)$ 的定义区间内的点,则 $\lim\limits_{x\to x_0}f(x)=f(x_0)$.

例 5 求 $\lim\limits_{x\to 0}\sqrt{x^2-2x+5}$.

解 $y=\sqrt{x^2-2x+5}$ 的定义域是 $(-\infty,+\infty)$. $x_0=0$ 是定义域中的点,所以

$$\lim_{x\to 0}\sqrt{x^2-2x+5}=\sqrt{0^2-2\times 0+5}=\sqrt{5}.$$

例 6 求 $\lim\limits_{x\to 0}\dfrac{\log_a(1+x)}{x}$.

解 $\lim\limits_{x\to 0}\dfrac{\log_a(1+x)}{x}=\lim\limits_{x\to 0}\log_a(1+x)^{\frac{1}{x}}=\log_a\lim\limits_{x\to 0}(1+x)^{\frac{1}{x}}=\log_a \mathrm{e}=\dfrac{1}{\ln a}$.

例 7 求 $\lim\limits_{x\to 0}\dfrac{a^x-1}{x}$.

解 令 $a^x-1=t$, 则 $x=\log_a(1+t)$. 当 $x\to 0$ 时, $t\to 0$, 则

$$\lim_{x\to 0}\frac{a^x-1}{x}=\lim_{x\to 0}\frac{t}{\log_a(1+t)}=\ln a.$$

例 8 求 $\lim\limits_{x\to 0}\dfrac{(1+x)^a-1}{a}$.

解 令 $(1+x)^a-1=t$. 当 $x\to 0$ 时, $t\to 0$, 则

$$\lim_{x\to 0}\frac{(1+x)^a-1}{x}=\lim_{x\to 0}\left[\frac{(1+x)^a-1}{\ln(1+x)^a}\cdot\frac{a\ln(1+x)}{x}\right]$$

$$=\lim_{t\to 0}\frac{t}{\ln(1+t)}\cdot\lim_{x\to 0}\frac{a\ln(1+x)}{x}=a.$$

由例 6、例 7、例 8 可以得到三个常用的等价无穷小的关系式,当 $x\to 0$ 时, $\ln(1+x)\sim x$, $\mathrm{e}^x-1\sim x$, $(1+x)^a-1\sim ax$.

例 9 求 $\lim\limits_{x\to 0}(1+2\tan^2 x)^{\cot^2 x}$.

解 由于

$$(1+2\tan^2 x)^{\cot^2 x}=\mathrm{e}^{\cot^2 x\cdot\ln(1+2\tan^2 x)},$$

当 $x \to 0$ 时，$\ln(1+2\tan^2 x) \sim 2\tan^2 x$，故

$$\lim_{x\to 0}(1+2\tan^2 x)^{\cot^2 x} = \lim_{x\to 0} e^{\cot^2 x \cdot \ln(1+2\tan^2 x)} = e^{\lim\limits_{x\to 0}\cot^2 x \cdot \ln(1+2\tan^2 x)}$$
$$= e^{2\lim\limits_{x\to 0}\cot^2 x \cdot \tan^2 x} = e^2.$$

一般地，形如 $[1+u(x)]^{v(x)}$ 的函数称为**幂指函数**.如果

$$\lim u(x)=0,\quad \lim v(x)=\infty,$$

则

$$\lim[1+u(x)]^{v(x)} = e^{\lim v(x)\cdot\ln[1+u(x)]} = e^{\lim v(x)\cdot u(x)}.$$

注意　这里的三个 lim 都表示在同一自变量变化过程中的极限.

1.9　闭区间上连续函数的性质

在前文中已经介绍了函数 $y=f(x)$ 在闭区间 $[a, b]$ 连续的概念，下面继续讨论闭区间 $[a, b]$ 上连续函数的性质.

1.9.1　最值定理

定理 1(最值定理)　闭区间上连续的函数在该区间上一定存在最大值和最小值.

该定理说明，如果函数 $f(x)\in C[a, b]$（图 1-26），则至少存在一点 $\xi_1\in[a, b]$，$f(\xi_1)=m$，对 $\forall x\in[a, b]$，都有 $f(x)\geqslant m$，则 m 是 $f(x)$ 在 $[a, b]$ 上的最小值；至少存在一点 $\xi_2\in[a, b]$，$f(\xi_2)=M$，对 $\forall x\in[a, b]$，都有 $f(x)\leqslant M$，则 M 是 $f(x)$ 在 $[a, b]$ 上的最大值.

注　定理 1 中条件“闭区间”和“连续”都很重要，如果缺少一个，定理 1 不一定成立.

例如，函数 $y=x$ 在开区间 $(0, 2)$ 内虽然连续，但是没有最大值和最小值(图 1-27).

函数 $y=\begin{cases}-x+1, & 0\leqslant x<1,\\ 0, & x=1,\\ -x+3, & 1<x\leqslant 2\end{cases}$ 在闭区间 $[0, 2]$ 上不连续，不存在最大值和最小值（图 1-28).

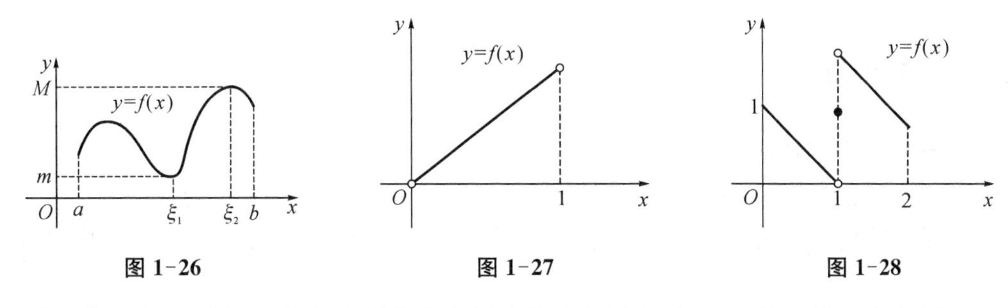

图 1-26　　图 1-27　　图 1-28

由于闭区间上连续函数存在最大值和最小值，因此闭区间上连续函数必定有界.

推论 闭区间上连续函数在该区间上有界.

1.9.2 介值定理

定理 2(介值定理) 函数 $f(x)$ 在 $[a, b]$ 上连续，M 和 m 分别是 $f(x)$ 在 $[a, b]$ 上的最大值和最小值，则至少存在一点 $\xi \in [a, b]$，使得 $m \leqslant f(\xi) \leqslant M$ (图 1-29).

定理 3(零点定理) 函数 $f(x)$ 在 $[a, b]$ 上连续，且 $f(a) \cdot f(b) < 0$，则在开区间 (a, b) 内至少存在一点 ξ，使得 $f(\xi) = 0$ (图 1-30).

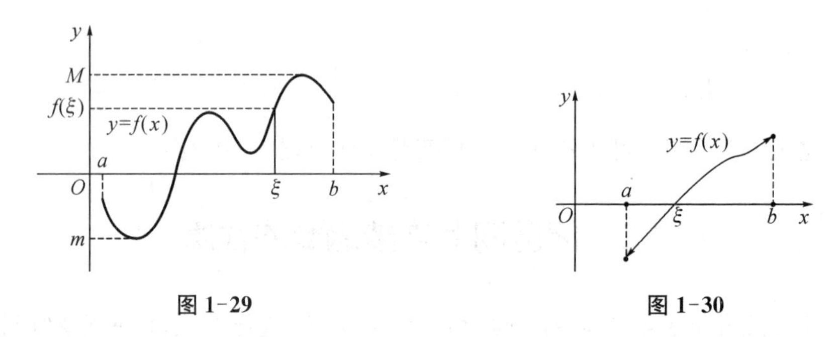

图 1-29　　图 1-30

例 1 证明方程 $x^5 - 2x^2 - 1 = 0$ 在区间 $(1, 2)$ 内至少有一个根.

解 设 $f(x) = x^5 - 2x^2 - 1$，显然 $f(x)$ 在 $[1, 2]$ 上连续，而

$$f(1) = -2 < 0, \quad f(2) = 23 > 0,$$

由零点定理知，至少存在一点 $\xi \in (1, 2)$，使得 $f(\xi) = 0$，即 $x^5 - 2x^2 - 1 = 0$ 在区间 $(1, 2)$ 内至少有一个根 ξ.

例 2 设函数 $f(x)$ 在区间 $[a, b]$ 上连续，且 $f(a) < a$，$f(b) > b$，证明：至少存在一点 $\xi \in (a, b)$，使得 $f(\xi) = \xi$.

解 设 $\varphi(x) = f(x) - x$，显然 $\varphi(x)$ 在 $[a, b]$ 上连续，而

$$\varphi(a) = f(a) - a < 0, \quad \varphi(b) = f(b) - b > 0,$$

由零点定理知，至少存在一点 $\xi \in (a, b)$，使得 $\varphi(\xi) = 0$，即 $f(\xi) = \xi$.

注 在应用零点定理时，一定要注意检验函数是否满足定理使用的条件.

1.10 极限与连续的应用

1.10.1 经济应用

1. 需求与供给函数

设 Q 为商品社会需求量，P 为商品的价格，则 $Q = Q(P)$ 称为**需求函数**.

设商品的社会供给量为 S，则社会供给量与商品价格 P 之间的函数 $S = S(P)$ 为**供给函数**.

某商品的价格水平位 $\bar{P}$，商品的社会需求量 Q 和商品的供给量 S 达到平衡，称 $\bar{P}$ 为**均**

衡价格，即 $Q(\bar{P})=S(\bar{P})$. 此时，$\bar{Q}=Q(\bar{P})$ 称为**均衡数量**.

例 1　某种商品的需求函数与供给函数分别为

$$Q=300-5P,\quad S=25P-30,$$

求该商品的市场均衡价格和均衡数量.

解　设均衡价格为 $\bar{P}$，满足 $Q(\bar{P})=S(\bar{P})$，即

$$300-5\bar{P}=25\bar{P}-30,$$

解得 $\bar{P}=11$. 从而均衡数量

$$\bar{Q}=300-5\bar{P}=300-5\times 11=245.$$

2. 成本、收益、利润函数

某商品的**总成本**是指生产一定数量的产品所需的全部经济资源的价格或费用总额.它由固定资本(生产准备费，用于维修、添置设备等)和可变资本(每单位产品消耗原材料、劳力等费用)组成.由此可见，总成本函数 C 是产量(或销量) Q 的函数，即 $C=C(Q)$.

总收益是指销售一定数量商品所得的收入，它既是销量 Q 的函数，又是价格 P 的函数，即 $R=QP$.

生产(或销售)一定数量商品的**总利润** L 在不考虑税收的情况下，它是总收入 R 与总成本 C 之差，即 $L=L(Q)=R(Q)-C(Q)$.

例 2　已知某产品的价格为 P，需求函数为 $Q=50-5P$，成本函数为 $C=20+4Q$，求利润 L 与产量 Q 之间的函数关系.产量 Q 为多少时，利润 L 最大？最大利润是多少？

解　由需求函数 $Q=50-5P$ 知，$P=10-\dfrac{Q}{5}$，故收益函数为

$$R=PQ=\left(10-\frac{Q}{5}\right)Q=10Q-\frac{Q^2}{5},$$

利润函数

$$\begin{aligned}L(Q)=R(Q)-C(Q)&=10Q-\frac{Q^2}{5}-20-4Q=-\frac{Q^2}{5}+6Q-20\\&=-\frac{1}{5}(Q-15)^2+25.\end{aligned}$$

因此，当 $Q=15$ 时取得最大利润，最大利润为 25.

1.10.2　工程应用

根据实际问题，建立函数关系式(数学模型)，并根据实际问题的要求，确定函数的定义域.

例 3　放射性元素锶的半衰期是 25 年，存量 m 与时间 t 的关系式为 $m(t)=m_0\times 2^{-\frac{t}{25}}$. 即任意质量的锶在 25 年后，其质量将为原来的一半，其中 m_0 为原始量.

(1) 若一份锶样品的质量为 24 mg,求锶在 t 年后质量 $m(t)$ 表达式;

(2) 求 $\lim\limits_{t\to\infty} m(t)$.

解 (1)质量为 24 mg,求出锶在 t 年后质量 $m(t)$ 表达式为 $m(t)=24\times 2^{-\frac{t}{25}}$.

(2) $\lim\limits_{t\to\infty} m(t)=\lim\limits_{t\to\infty}24\times 2^{-\frac{t}{25}}=0$.

例 4 设 1 g 冰从 -40℃升到 100℃所需要的热量(单位: J)模型为

$$f(x)=\begin{cases}2.1x+84, & -40\leqslant x\leqslant 0,\\ 4.2x+420, & x>0.\end{cases}$$

试问当 $x=0$ 时,函数是否连续? 并解释其几何意义.

解 此分段函数的分界点为 $x=0$,因此只讨论 $x=0$ 处的连续性即可.

由于

$$\lim_{x\to 0^-} f(x)=\lim_{x\to 0^-}(2.1x+84)=84,$$

$$\lim_{x\to 0^+} f(x)=\lim_{x\to 0^+}(4.2x+420)=420,$$

故 $\lim\limits_{x\to 0^-} f(x)\neq\lim\limits_{x\to 0^+} f(x)$,函数 $f(x)$ 在 $x=0$ 处不连续.

这是由于冰水混合物在 0℃时吸收热量而不改变温度.

总 习 题 1

1. 选择题.

(1) 下列曲线有渐近线的是( ).

A. $y=x+\sin x$　　B. $y=x^2+\sin x$

C. $y=x+\sin\dfrac{1}{x}$　　D. $y=x^2+\sin\dfrac{1}{x}$

(2) 极限 $\lim\limits_{x\to\infty}\left[\dfrac{x^2}{(x-a)(x+b)}\right]^x$ 等于( ).

A. 1　　B. e　　C. e^{a-b}　　D. e^{b-a}

(3) 设函数 $f(x)$ 在 $(-\infty,+\infty)$ 内单调有界,$\{x_n\}$ 为数列,下列命题正确的是( ).

A. 若 $\{x_n\}$ 收敛,则 $\{f(x_n)\}$ 收敛

B. 若 $\{x_n\}$ 单调,则 $\{f(x_n)\}$ 收敛

C. 若 $\{f(x_n)\}$ 收敛,则 $\{x_n\}$ 收敛

D. 若 $\{f(x_n)\}$ 单调,则 $\{x_n\}$ 收敛

(4) 当 $x\to 0^+$ 时,与 $\sqrt{x}$ 等价的无穷小量是( ).

A. $1-e^{\sqrt{x}}$　　B. $\ln\dfrac{1+x}{1-\sqrt{x}}$

C. $\sqrt{1+\sqrt{x}}-1$　　D. $1-\cos\sqrt{x}$

(5) 曲线 $y=\dfrac{x^2+x}{x^2-1}$ 的渐近线有( )条.

A. 0　　B. 1　　C. 2　　D. 3

(6) 已知当 $x \to 0$ 时，函数 $f(x) = 3\sin x - \sin 3x$ 与 cx^k 是等价无穷小，则(　　).

A. $k = 1,\ c = 4$　　B. $k = 1,\ c = -4$

C. $k = 3,\ c = 4$　　D. $k = 3,\ c = -4$

(7) 函数 $f(x) = \dfrac{x^2 - x}{x^2 - 1}\sqrt{1 + \dfrac{1}{x^2}}$ 的无穷间断点有(　　)个.

A. 0　　B. 1　　C. 2　　D. 3

(8) 函数 $f(x) = \dfrac{x - x^3}{\sin nx}$ 的可去间断点有(　　)个.

A. 1　　B. 2　　C. 3　　D. 无穷多

(9) 当 $x \to 0$ 时，$f(x) = x - \sin ax$ 与 $g(x) = x^2\ln(1 - bx)$ 是等价无穷小，则(　　).

A. $a = 1,\ b = -\dfrac{1}{6}$　　B. $a = 1,\ b = \dfrac{1}{6}$

C. $a = -1,\ b = -\dfrac{1}{6}$　　D. $a = -1,\ b = \dfrac{1}{6}$

(10) 函数 $f(x) = \dfrac{(e^x + e)\tan x}{x(e^{\frac{1}{x}} - e)}$ 在 $[-\pi,\ \pi]$ 上的第一类间断点是 $x =$ (　　).

A. 0　　B. 1　　C. $-\dfrac{\pi}{2}$　　D. $\dfrac{\pi}{2}$

2. 填空题.

(1) $\lim\limits_{x \to 0} \dfrac{x\ln(1 + x)}{1 - \cos x} =$ ________.

(2) $\lim\limits_{x \to 0} \left[2 - \dfrac{\ln(1 + x)}{x}\right]^{\frac{1}{x}} =$ ________.

(3) $\lim\limits_{n \to \infty} n\left(\dfrac{1}{1 + n^2} + \dfrac{1}{2^2 + n^2} + \cdots + \dfrac{1}{n^2 + n^2}\right) =$ ________.

(4) $\lim\limits_{x \to 0} \left(\dfrac{1 + 2^x}{2}\right)^{\frac{1}{x}} =$ ________.

(5) $\lim\limits_{x \to 0} \dfrac{e - e^{\cos x}}{\sqrt[3]{1 + x^2} - 1} =$ ________.

(6) 设函数 $f(x) = \begin{cases} x^2 + 1, & |x| \leqslant c, \\ \dfrac{2}{|x|}, & |x| > c \end{cases}$ 在 $(-\infty,\ +\infty)$ 内连续，则 $c =$ ________.

(7) $\lim\limits_{x \to \infty} \dfrac{x^3 + x^2 + 1}{2^x + x^3}(\sin x + \cos x) =$ ________.

3. 求下列函数的定义域.

(1) $y = \sqrt{x^2(x - 2)} + \arcsin\dfrac{x - 1}{3}$；

(2) $y = \sqrt{\log_2 x}$；

(3) $y = \ln(5x + 1)$；

(4) $y = \sqrt{\sin x} - \sqrt{36 - x^2}$；

(5) $y=f(x-1)+f(x+1)$，已知 $f(t)$ 的定义域为 $(0,3)$；

(6) $y=\begin{cases}2x, & -1\leqslant x<0,\\ 1-3x, & x>0.\end{cases}$

4. 设 $f\left(x+\dfrac{1}{x}\right)=x^2+\dfrac{1}{x^2}$，求 $f(x)$，$f\left(x-\dfrac{1}{x}\right)$.

5. 求下列函数的反函数.

(1) $y=2^{3x-1}$；

(2) $y=\sin 2x$；

(3) $y=\dfrac{1-2x}{1+2x}$；

(4) $y=\ln(x+\sqrt{x^2+1})$.

6. 求下列函数的极限.

(1) $\lim\limits_{x\to 2}\dfrac{x+1}{x^2-3}$；

(2) $\lim\limits_{x\to -2}\dfrac{x^3+8}{x+2}$；

(3) $\lim\limits_{x\to 0}\dfrac{\sqrt{x^2+1}-1}{2x^2}$；

(4) $\lim\limits_{n\to\infty}\dfrac{n^3-5n+8}{2n^2+n+1}$；

(5) $\lim\limits_{h\to 0}\dfrac{(x+h)^2-x^2}{h}$；

(6) $\lim\limits_{x\to\infty}(\sqrt{x^2+1}-\sqrt{x^2-1})$；

(7) $\lim\limits_{x\to\infty}\dfrac{(3x+1)^3(x+2)^2}{(3x+2)^5}$；

(8) $\lim\limits_{x\to 0}\dfrac{1-\cos 2x}{x\ln(1+x)}$；

(9) $\lim\limits_{x\to 0}\dfrac{\tan x-\sin x}{x\sin^2 x}$；

(10) $\lim\limits_{x\to\pi}\dfrac{x-\pi}{\sin(x-\pi)}$；

(11) $\lim\limits_{x\to\infty}\left(1+\dfrac{5}{x}\right)^x$；

(12) $\lim\limits_{x\to\infty}\left(\dfrac{x}{x-1}\right)^x$；

(13) $\lim\limits_{x\to 0}\left(\dfrac{3-2x}{2-2x}\right)^{\frac{1}{x}}$；

(14) $\lim\limits_{x\to\frac{\pi}{2}}(1+2\cos x)^{3\sec x}$；

(15) $\lim\limits_{x\to 0}\dfrac{\ln(1-2x)}{x}$；

(16) $\lim\limits_{x\to 0}\dfrac{\arcsin x}{2x}$；

(17) $\lim\limits_{x\to\infty}\left(1-\dfrac{k}{x}\right)^{\frac{1}{x}}(k\neq 0)$；

(18) $\lim\limits_{n\to\infty}2^n\sin\dfrac{x}{2^n}\quad(x\neq 0)$.

7. 求极限 $\lim\limits_{n\to\infty}\left(\dfrac{1}{\sqrt{n^2+1}}+\dfrac{1}{\sqrt{n^2+2}}+\cdots+\dfrac{1}{\sqrt{n^2+n}}\right)$.

8. 若 $\lim\limits_{x\to 1}\dfrac{x^2+ax+b}{1-x}=5$，求 a，b.

9. 设 $a>0$，$b>0$，$c>0$，求 $\lim\limits_{x\to 0}\left(\dfrac{a^x+b^x+c^x}{3}\right)^{\frac{1}{x}}$.

10. 指出下列函数的间断点，并指出间断点类型.

(1) $f(x)=\dfrac{\mathrm{e}^{\frac{1}{x}}-1}{\mathrm{e}^{\frac{1}{x}}+1}$；

(2) $f(x)=\dfrac{x^2-1}{x(x-1)}$；

(3) $f(x)=\begin{cases}x, & -1\leqslant x\leqslant 1,\\ 0, & 其他.\end{cases}$

11. 证明：方程 $x^4-4x+2=0$ 在区间 $(1,2)$ 内至少有一个根.

12. 证明：方程 $x+\sin x+1=0$ 在区间 $[-1, 0]$ 内至少有一个根.

13. 设数列 $\{x_n\}$ 满足 $0<x_1<\pi$，$x_{n+1}=\sin x_n (n=1, 2, \cdots)$.

(1) 证明 $\lim\limits_{n\to\infty} x_n$ 存在，并求该极限；

(2) 计算 $\lim\limits_{n\to\infty}\left(\dfrac{x_{n+1}}{x_n}\right)^{\frac{1}{x_n^2}}$.

14. (1) 证明方程 $x^n+x^{n-1}+\cdots+x=1(n>1$ 的整数) 在区间 $\left(\dfrac{1}{2}, 1\right)$ 内有且仅有一个实根；

(2) 记(1)中的实根为 x_n，证明：$\lim\limits_{n\to\infty} x_n$ 存在，并求此极限.

阅读材料

一、高等数学的历史发展

一般认为，16世纪以前发展起来的各个数学学科基本是属于初等数学的范畴，17世纪以后建立的数学学科基本上都是高等数学的内容.由此可见，高等数学的范畴无法用简单的几句话或列举其所含分支学科来说明.

19世纪以前确立的几何、代数、分析三大数学分支中，前两个都是初等数学的分支，其后又发展了属于高等数学的部分，而只有分析从一开始就属于高等数学.分析的基础——微积分被认为是“变量的数学”的开始.因此，研究变量是高等数学的特征之一.原始的变量概念是物质世界变化的诸量的直接抽象，现代数学中变量的概念包含了更高层次的抽象.例如，数学分析研究的限于实变量，而其他数学分支研究的还有取复数值的复变量和向量、张量形式的，各种几何量、代数量，以及取值具有偶然性的随机变量、模糊变量和变化的(概率)空间——范畴和随机过程.描述变量间依赖关系的概念由函数发展到泛函、变换以及函子.与初等数学一样，高等数学也研究空间形式，只不过它具有更高层次的抽象性，并反映变化的特征，或者说是在变化中研究它.例如，曲线、曲面的概念已发展成一般的流形.按照埃尔朗根纲领，几何是关于图形在某种变换群下不变性质的理论，也就是说，几何是将各种空间形式置于变换之下来研究的.

无穷进入数学，这是高等数学的又一特征.现实世界的各种事物都以有限的形式出现，无穷是对它们的共同本质的一种概括.所以，无穷进入数学是数学高度理论化、抽象化的反映.数学中的无穷以潜无穷和实无穷两种形式出现.在极限过程中，变量的变化是无止境的，属于潜无穷的形式.而极限值的存在又反映了实无穷过程.最基本的极限过程是数列和函数的极限，数学分析以它为基础，建立了刻画函数局部和总体特征的各种概念和有关理论，初步成功地描述了现实世界中的非均匀变化和运动.另外，一些形式上更为抽象的极限过程，在别的数学学科中也都起着基本的作用.还有许多学科的研究对象本身就是无穷多的个体，也就是说是无穷集合，如群、环、域之类及各种抽象空间.这是数学中的实无穷.能够处理这类无穷集合，是数学水平与能力提高的表现.为了处理这类无穷集合，数学中引入了各种结构，如代数结构、序结构和拓扑结构.另外还有一种度量结构，如抽象空间中的范数、距离和测度等,它使得个体之间的关系定量化、数字化,成为数学的定性描述和定量计算两方面的桥梁,上述结构使得这些无穷集合具有丰富的内涵,能够彼此区分,并由此形成了众多的数学学科.

数学的计算性方面在初等数学中占了主导的地位,它在高等数学中的地位也是明显的.高等数学除了有很多理论性很强的学科之外,也有一大批计算性很强的学科,如微分方程、计算数学、统计学等.在高度抽象的理论装备下,这些学科才有可能处理现代科学技术中的复杂计算问题.

二、数学家介绍

刘徽(约 225—约 295)

刘徽(约 225—295),我国古代魏末晋初的杰出数学家.他撰写的《重差》对《九章算术》中的方法和公式作了全面的评注,指出并纠正了其中的错误,在数学方法和数学理论上作出了杰出的贡献.他的"割圆术"求圆周率 π 的方法:"割之弥细,所失弥小,割之又割,以至于不可割,则与圆合体而无所失矣"包含了"用已知逼近未知,用近似逼近精确"的重要极限思想.

康托尔(1845—1918)

康托尔(1845—1918),德国数学家,集合论的创始人.他证明了复合变量函数三角级数展开的唯一性,继而用有理数列极限定义无理数.1870 年开始研究三角级数,并由此建立了 19 世纪末、20 世纪初最伟大的数学成就——集合论和超穷数理论.除此之外,他还努力探讨在新理论创立过程中所涉及的数理哲学问题.

第 2 章　导数与微分

在高等数学中，导数和微分是一元函数微分学中十分重要的内容.本章首先通过变速直线运动的瞬时速度以及函数切线的斜率问题引出导数的概念，然后介绍函数的四则运算求导法则、反函数的导数以及函数的高阶导数，最后根据函数增量的问题引出函数的微分的定义，并且给出函数的微分法则以及微分的应用.

2.1　导数的概念

2.1.1　引例

为了说明微分学的基本概念，先讨论两个问题：速度问题和切线问题.

1. 变速直线运动的瞬时速度

设某质点沿直线运动，在直线上规定原点、方向和单位长度，使其成为数轴，设质点在运动的过程中，对于每个时刻 t，质点在直线上的位置坐标为 s，即 s 与 t 之间存在函数关系 $s=s(t)$，这个函数称为该质点在此运动过程中的**位置函数**.简而言之，该质点所经过的路程与时间成正比.而下面讨论的就是该质点在任一时刻的速度，即**瞬时速度**.

由物理学可知，当物体作匀速直线运动时，它在任何时刻的速度，可用公式

$$速度=\frac{经过的路程}{所用的时间}$$

来计算.对于变速直线运动，上式只能反映质点在某时段的平均速度，无法精确表示质点任一时刻的速度.为了求得质点在时刻 t_0 的速度，首先取时刻 t_0 到 $t_0+\Delta t$ 的平均速度，在这段时间内，质点从位置 $s(t_0)$ 移动到 $s(t_0+\Delta t)$，位置函数相应地有增量 $\Delta s=s(t_0+\Delta t)-s(t_0)$. 于是比值

$$\frac{\Delta s}{\Delta t}=\frac{s(t_0+\Delta t)-s(t_0)}{\Delta t}$$

表示质点在 t_0 到 $t_0+\Delta t$ 这段时间内的平均速度，记作 $\bar{v}$，即

$$\bar{v}=\frac{\Delta s}{\Delta t}.$$

由于变速运动的速度是连续变化的，在一段很短的时间 Δt 内，速度变化不大，可以近似地看作是匀速运动.因此，当 $|\Delta t|$ 很小时，上述平均速度 $\bar{v}$ 就可以看作质点在 t_0 时刻的瞬时速度的近似值.这里，可以用极限的方式来表示这一过程，即

$$v(t_0)=\lim_{\Delta t\to 0}\bar{v}=\lim_{\Delta t\to 0}\frac{s(t_0+\Delta t)-s(t_0)}{\Delta t}.$$

2. 曲线的切线的斜率

设曲线 C：$y=f(x)$ 上的两点 $M_0(x_0, y_0)$ 和 $M(x, y)$，线段 M_0M 称为曲线 C 的**割线**.如果点 M 沿曲线 C 无限趋近于点 M_0 时，在图象中可看作割线 M_0M 所在的直线 l 绕点 M_0 是连续转动的，那么，直线 l 的极限位置 M_0T 就是曲线在点 M_0 处的**切线**.

由图 2-1 可以看出，当点 M 沿曲线 C 无限趋近点 M_0 时，直线 l 的倾斜角 φ 也无限趋近于 M_0T 的倾斜角 α，由此可以定义曲线 C 在点 M_0 处**切线的斜率**为

$$k_{M_0T}=\lim_{M\to M_0}k_l,$$

其中，k_l 是直线 l 的斜率.

又有割线 M_0M 的斜率为

$$\tan\varphi=\frac{y-y_0}{x-x_0}=\frac{f(x)-f(x_0)}{x-x_0}.$$

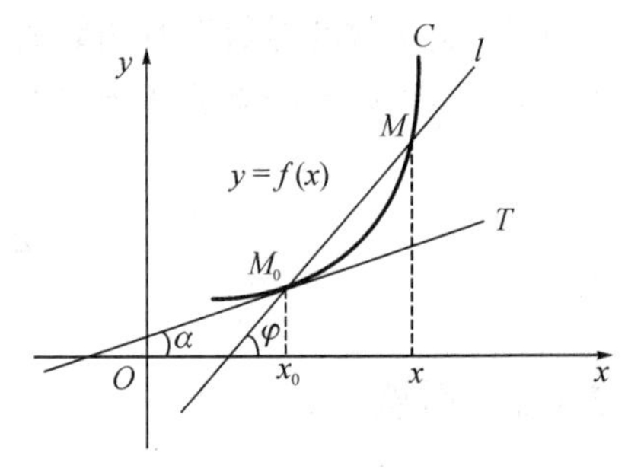

图 2-1

当点 M 沿曲线 C 无限趋近点 M_0 时，有 $x\to x_0$. 如果上式极限存在，于是

$$k_{M_0T}=\lim_{M\to M_0}k_l=\lim_{x\to x_0}\frac{f(x)-f(x_0)}{x-x_0}.$$

2.1.2 函数的导数

1. 导数的定义

以上两个问题都是为了计算当自变量的增量趋近于零的时候，函数的增量与自变量的增量之比的极限.在自然科学和工程技术领域内，还有其他许多实际问题都采用此模型.通过数学的抽象函数，撇开这些量的具体意义，抓住它们在数量关系上的共性，就可以得到函数的导数的定义.

定义 1 设函数 $y=f(x)$ 在点 x_0 的某一领域内有定义，当自变量 x 在点 x_0 处取得增量 Δx（点 $x_0+\Delta x$ 仍在该领域内）时，相应的函数 y 取得增量 $\Delta y=f(x_0+\Delta x)-f(x_0)$. 如果极限

$$\lim_{\Delta x\to 0}\frac{\Delta y}{\Delta x}=\lim_{\Delta x\to 0}\frac{f(x_0+\Delta x)-f(x_0)}{\Delta x}$$

存在，则称该极限为**函数 $y=f(x)$ 在点 x_0 处的导数**，记作 $f'(x_0)$，即

$$f'(x_0)=\lim_{\Delta x\to 0}\frac{\Delta y}{\Delta x}=\lim_{\Delta x\to 0}\frac{f(x_0+\Delta x)-f(x_0)}{\Delta x},\tag{2-1}$$

也可以记作 $y'\Big|_{x=x_0}$，$\dfrac{dy}{dx}\Big|_{x=x_0}$ 或 $\dfrac{d}{dx}f(x)\Big|_{x=x_0}$.

函数 $y=f(x)$ 在点 x_0 处的导数存在，就可以说 $f(x)$ 点 x_0 处**可导**；否则，就称函数 $f(x)$ 在点 x_0 处**不可导**.如果增量之比 $\dfrac{\Delta y}{\Delta x}$（当 $\Delta x \to 0$ 时）的极限为无穷大，导数是不存在的，但为了叙述方便，也称函数在点 x_0 处的导数为无穷大.

在实际问题中，需要讨论不同变量之间变化的“快慢”，也就是数学中函数的变化率问题.上述函数增量与自变量增量之比 $\dfrac{\Delta y}{\Delta x}$，就是函数在区间 $[x_0, x_0+\Delta x]$ 上的平均变化率，它反映了函数随自变量的变化而变化的快慢程度.

式(2-1)中，令 $x=x_0+\Delta x$，则 $\Delta x=x-x_0$，当 $\Delta x \to 0$ 时，有 $x \to x_0$. 这时，式(2-1)可写成

$$f'(x_0)=\lim_{x\to x_0}\frac{f(x)-f(x_0)}{x-x_0},$$

这是导数定义的另一种形式.

上面讲到的是函数在一点处可导.如果函数 $y=f(x)$ 在开区间 I 内的每一点处都可导，那么，就称函数 $f(x)$ 在开区间 I 内可导.这时，对于任意 $x \in I$，都对应着 $f(x)$ 的一个确定的导数值.这样就构成了一个新的函数，该函数称为原来函数 $y=f(x)$ 的**导函数**，记作

$$y',\quad f'(x),\quad \frac{dy}{dx}\quad 或\quad \frac{d}{dx}f(x),$$

即有

$$f'(x)=\lim_{\Delta x\to 0}\frac{f(x+\Delta x)-f(x)}{\Delta x}$$

或

$$f'(x)=\lim_{h\to 0}\frac{f(x+h)-f(x)}{h}.$$

显然，函数 $y=f(x)$ 在点 x_0 处的导数 $f'(x_0)$ 就是导函数 $f'(x)$ 在点 $x=x_0$ 处的函数值，即 $f'(x_0)=f'(x)\,|_{x=x_0}$，导函数 $f'(x)$ 简称**导数**，而 $f'(x_0)$ 就是函数 $f(x)$ 在点 $x=x_0$ 处的导数值.

2. 根据定义求导数举例

根据定义求函数 $y=f(x)$ 的导数，可分为以下三步：

(1) 求增量：$\Delta y=f(x+\Delta x)-f(x)$；

(2) 算比值：$\dfrac{\Delta y}{\Delta x}=\dfrac{f(x+\Delta x)-f(x)}{\Delta x}$；

(3) 取极限：$y'=\lim\limits_{\Delta x\to 0}\dfrac{\Delta y}{\Delta x}$.

例 1 求函数 $f(x)=C$(C 为常数) 的导数.

解 (1) 求增量：$\Delta y=f(x+\Delta x)-f(x)=C-C=0$；

(2) 算比值：$\dfrac{\Delta y}{\Delta x}=0$；

(3) 取极限：$y'=\lim\limits_{\Delta x\to 0}\dfrac{\Delta y}{\Delta x}=0$，

即得
$$(C)'=0.$$
这就是说，常数的导数等于零.

例 2 求函数 $f(x)=x^n$(n 为正整数) 的导数.

解 (1) 求增量，利用二项式定理展开，得

$$\begin{aligned}\Delta y&=f(x+\Delta x)-f(x)\\&=x^n+nx^{n-1}\Delta x+\frac{n(n-1)}{2!}x^{n-2}(\Delta x)^2+\cdots+(\Delta x)^n-x^n\\&=nx^{n-1}\Delta x+\frac{n(n-1)}{2!}x^{n-2}(\Delta x)^2+\cdots+(\Delta x)^n;\end{aligned}$$

(2) 算比值：

$$\frac{\Delta y}{\Delta x}=nx^{n-1}+\frac{n(n-1)}{2!}x^{n-2}\Delta x+\cdots+(\Delta x)^{n-1};$$

(3) 取极限：

$$y'=\lim_{\Delta x\to 0}\frac{\Delta y}{\Delta x}=\lim_{\Delta x\to 0}\left[nx^{n-1}+\frac{n(n-1)}{2!}x^{n-2}\Delta x+\cdots+(\Delta x)^{n-1}\right]=nx^{n-1},$$

即得
$$(x^n)'=nx^{n-1}.$$

一般地，对于幂函数 $y=x^{\mu}$(μ 为实数，且 $\mu\neq 0$)，有

$$(x^{\mu})'=\mu x^{\mu-1}.$$

这就是幂函数的导数公式.利用公式可以很方便地求出幂函数的导数.例如，

$$(\sqrt{x})'=(x^{\frac{1}{2}})'=\frac{1}{2}x^{-\frac{1}{2}}=\frac{1}{2\sqrt{x}}.$$

例 3 求函数 $y=\sin x$ 的导数.

解 (1) 求增量：

$$\Delta y=f(x+\Delta x)-f(x)=\sin(x+\Delta x)-\sin x,$$

利用三角函数中和差化积公式，有

$$\Delta y=2\cos\frac{x+\Delta x+x}{2}\sin\frac{x+\Delta x-x}{2}=2\cos\left(x+\frac{\Delta x}{2}\right)\sin\frac{\Delta x}{2};$$

(2) 算比值：

$$\frac{\Delta y}{\Delta x}=\frac{2\cos\left(x+\frac{\Delta x}{2}\right)\sin\frac{\Delta x}{2}}{\Delta x}=\cos\left(x+\frac{\Delta x}{2}\right)\frac{\sin\frac{\Delta x}{2}}{\frac{\Delta x}{2}}.$$

(3) 取极限：

$$y'=\lim_{\Delta x\to 0}\frac{\Delta y}{\Delta x}=\lim_{\Delta x\to 0}\cos\left(x+\frac{\Delta x}{2}\right)\frac{\sin\frac{\Delta x}{2}}{\frac{\Delta x}{2}}=\cos x,$$

即得

$$(\sin x)'=\cos x.$$

用类似的方法，可得余弦函数 $y=\cos x$ 的导数为

$$(\cos x)'=-\sin x.$$

例4　求函数 $f(x)=|x|$ 在点 $x=0$ 处的导数.

解　根据导数的定义可得

$$\lim_{h\to 0}\frac{f(0+h)-f(0)}{h}=\lim_{h\to 0}\frac{|h|}{h}.$$

当 $h>0$ 时，

$$\lim_{h\to 0^+}\frac{|h|}{h}=\lim_{h\to 0^+}\frac{h}{h}=1;$$

当 $h<0$ 时，

$$\lim_{h\to 0^-}\frac{|h|}{h}=\lim_{h\to 0^-}\frac{-h}{h}=-1,$$

所以 $\lim\limits_{h\to 0}\frac{f(0+h)-f(0)}{h}$ 不存在，即函数 $f(x)=|x|$ 在点 $x=0$ 处不可导.

3. 单侧导数

通过函数的导数的定义，导数是一个极限，而极限存在的充分必要条件是左、右极限都存在且相等，因此，$f'(x_0)$ 在点 x_0 处的可导的充分必要条件是左、右极限

$$\lim_{h\to 0^-}\frac{f(x_0+h)-f(x_0)}{h}\quad 及\quad \lim_{h\to 0^+}\frac{f(x_0+h)-f(x_0)}{h}$$

都存在且相等，这两个极限分别称为函数 $f(x)$ 在点 x_0 处的**左导数**和**右导数**，记作 $f'_-(x_0)$ 和 $f'_+(x_0)$，即

$$f'_{-}(x_0)=\lim_{h\to0^-}\frac{f(x_0+h)-f(x_0)}{h},\quad f'_{+}(x_0)=\lim_{h\to0^+}\frac{f(x_0+h)-f(x_0)}{h},$$

左导数和右导数统称为**单侧导数**.

根据极限存在的充分必要条件易得,函数 $y=f(x)$ 在 x_0 处可导的充分必要条件是在此点的左导数和右导数都存在且相等.

例如,函数 $f(x)=|x|$ 在 $x=0$ 处的左导数 $f'_{-}(0)=-1$ 和右导数 $f'_{+}(0)=1$,存在但是不相等,故函数 $f(x)=|x|$ 在 $x=0$ 处不可导.

如果函数 $f(x)$ 在开区间 (a,b) 内可导,且 $f'_{+}(a)$ 和 $f'_{-}(b)$ 都存在,那么,可得 $f(x)$ 在闭区间 $[a,b]$ 上可导.

2.1.3 导数的几何意义

由图 2-1 可看出,函数 $y=f(x)$ 在点 x_0 处的导数 $f'(x_0)$ 在几何上表示曲线 $y=f(x)$ 在点 $M(x_0, f(x_0))$ 处的切线的斜率.如果 $f'(x_0)=\infty$,那么,切线垂直于 x 轴.

根据导数的几何意义,由直线的点斜式方程,可知曲线 $y=f(x)$ 在点 $M(x_0, y_0)$ 处的切线方程为

$$y-y_0=f'(x_0)(x-x_0),$$

过点 $M(x_0, y_0)$ 且与切线垂直的直线,称为曲线 $y=f(x)$ 在点 $M(x_0, y_0)$ 处的**法线**.

当 $f'(x_0)\neq0$ 时,可得**曲线 $y=f(x)$ 在点 $M(x_0, y_0)$ 处的法线方程**为

$$y-y_0=-\frac{1}{f'(x_0)}(x-x_0)\quad(f'(x_0)\neq0).$$

例 5 求等边双曲线 $y=\frac{1}{x}$ 在点 $(1, 1)$ 处的切线的斜率,并写出在该点处的切线方程和法线方程.

解 根据导数的几何意义,所求切线的斜率为

$$k_1=y'|_{x=1}=\left(\frac{1}{x}\right)'\bigg|_{x=1}=-\frac{1}{x^2}\bigg|_{x=1}=-1,$$

从而切线的方程为

$$y-1=-(x-1),$$

即

$$x+y-2=0,$$

所求法线的斜率 $k_2=1$,于是所求法线的方程为

$$y-1=x-1,$$

即

$$y=x.$$

例 6 在曲线 $y=x^{\frac{2}{3}}$ 上,求与直线 $y=2x+1$ 平行的切线方程.

解 根据导数的几何意义,曲线 $y=x^{\frac{2}{3}}$ 在任一点 (x, y) 处的切线斜率为

$$k=y'=(x^{\frac{2}{3}})'=\frac{2}{3\sqrt[3]{x}}.$$

又因为与直线 $y=2x+1$ 平行,得

$$\frac{2}{3\sqrt[3]{x}}=2,$$

解得 $x=\frac{1}{27}$. 代入曲线 $y=x^{\frac{2}{3}}$,得 $y=\frac{1}{9}$,从而得到曲线上一点 $M\left(\frac{1}{27},\frac{1}{9}\right)$,过点 M 的切线方程斜率 $k=2$,其切线方程为

$$y-\frac{1}{9}=2\left(x-\frac{1}{27}\right),\quad 即\quad 54x-27y+1=0.$$

2.1.4　函数的可导性与连续性的关系

定理　若函数 $y=f(x)$ 在点 x 处可导,则函数在该点处必连续.

证明　已知函数 $y=f(x)$ 在点 x 处可导,即

$$\lim_{\Delta x\to 0}\frac{\Delta y}{\Delta x}=f'(x)$$

存在.由具有极限的函数与无穷小的关系可知

$$\frac{\Delta y}{\Delta x}=f'(x)+\alpha,$$

其中,α 为当 $\Delta x\to 0$ 时的无穷小.上式两边同乘以 Δx,得

$$\Delta y=f'(x)\Delta x+\alpha\Delta x.$$

所以,当 $\Delta x\to 0$ 时,有 $\Delta y\to 0$,也就是说,函数 $y=f(x)$ 在点 x 处连续.

该定理表明,函数在该点连续是函数在该点处可导的必要条件,但不是充分条件,即函数在某点连续却不一定可导.

例如,函数 $f(x)=|x|$ 在点 $x=0$ 处连续,但是已经证明了函数 $f(x)=|x|$ 在 $x=0$ 处不可导.

2.2　函数的求导法则

2.1 节通过导数的定义,计算了一些简单的导数.但是对于复杂的函数,想要通过定义计算导数相当困难.在本节中,将介绍求导数的几个基本法则和基本初等函数的导数公式.借助这些法则和基本初等函数的导数公式,就可以更方便地求出常见的初等函数的导数.

2.2.1　函数的和、差、积、商求导法则

定理 1　若函数 $u=u(x)$ 及 $v=v(x)$ 在点 x 处可导,则它们的和、差、积、商(除分母为

零的点外)在点 x 处也可导,且

(1) $[u(x)\pm v(x)]'=u'(x)\pm v'(x)$;

(2) $[u(x)v(x)]'=u'(x)v(x)+u(x)v'(x)$;

(3) $\left[\dfrac{u(x)}{v(x)}\right]'=\dfrac{u'(x)v(x)-u(x)v'(x)}{v^2(x)}\quad(v(x)\neq 0)$.

证明

$$(1)\ [u(x)\pm v(x)]'=\lim_{\Delta x\to 0}\frac{[u(x+\Delta x)\pm v(x+\Delta x)]-[u(x)\pm v(x)]}{\Delta x}$$
$$=\lim_{\Delta x\to 0}\frac{u(x+\Delta x)-u(x)}{\Delta x}\pm\lim_{\Delta x\to 0}\frac{v(x+\Delta x)-v(x)}{\Delta x}$$
$$=u'(x)\pm v'(x),$$

可简单表示为

$$(u\pm v)'=u'\pm v'.$$

(2) $[u(x)v(x)]'$

$$=\lim_{\Delta x\to 0}\frac{u(x+\Delta x)v(x+\Delta x)-u(x)v(x)}{\Delta x}$$
$$=\lim_{\Delta x\to 0}\frac{u(x+\Delta x)v(x+\Delta x)-u(x)v(x+\Delta x)+u(x)v(x+\Delta x)-u(x)v(x)}{\Delta x}$$
$$=\lim_{\Delta x\to 0}\frac{u(x+\Delta x)-u(x)}{\Delta x}\cdot\lim_{\Delta x\to 0}v(x+\Delta x)+u(x)\cdot\lim_{\Delta x\to 0}\frac{v(x+\Delta x)-v(x)}{\Delta x}$$
$$=u'(x)v(x)+u(x)v'(x),$$

可简单表示为

$$(uv)'=u'v+uv'.$$

同理可证法则(3),具体证明过程留给读者自己完成.法则(3)可简单表示为

$$\left(\frac{u}{v}\right)'=\frac{u'v-uv'}{v^2}.$$

法则(1)、(2)可以推广到有限个可导函数的情形.

例如,设 $u=u(x)$, $v=v(x)$, $w=w(x)$ 均可导,则有

$$(u\pm v\pm w)'=u'\pm v'\pm w',$$
$$(uvw)'=u'vw+uv'w+uvw'.$$

法则(2)中,当 $v(x)=C$ (C 为常数)时,有 $(Cu)'=Cu'$.

例 1 $y=x^3-3x^2+2x-5$, 求 y'.

解 $y'=(x^3-3x^2+2x-5)'=(x^3)'-(3x^2)'+(2x)'-(5)'$

$=3x^2-3\cdot 2x+2-0=3x^2-6x+2.$

例 2　$y=2x^2-\cos x+\sin\frac{\pi}{2}$，求 y' 及 $y'|_{x=\frac{\pi}{6}}$.

解　$y'=4x+\sin x$，

$$y'|_{x=\frac{\pi}{6}}=\frac{2\pi}{3}+\frac{1}{2}.$$

例 3　$y=e^x\sin x$，求 y'.

解　$y'=(e^x)'\sin x+e^x(\sin x)'=e^x\sin x+e^x\cos x=e^x(\sin x+\cos x)$.

例 4　$y=\tan x$，求 y'.

解　$$y'=(\tan x)'=\left(\frac{\sin x}{\cos x}\right)'=\frac{(\sin x)'\cos x-\sin x(\cos x)'}{\cos^2 x}$$

$$=\frac{\cos^2 x+\sin^2 x}{\cos^2 x}=\frac{1}{\cos^2 x}=\sec^2 x,$$

即

$$(\tan x)'=\sec^2 x.$$

这就是正切函数的导数公式.

用类似的方法还可以得到余切函数、正割函数及余割函数的导数公式：

$(\cot x)'=-\csc^2 x$，

$(\sec x)'=\sec x\tan x$，

$(\csc x)'=-\csc x\cot x$.

2.2.2　反函数的求导法则

定理 2　设直接函数 $x=f(y)$ 在某区间内单调连续，在该区间内任一点 y 处可导，且 $f'(y)\neq 0$，那么，它的反函数 $y=f^{-1}(x)$ 在对应点 x 处也可导，且

$$[f^{-1}(x)]'=\frac{1}{f'(y)}\quad \text{或}\quad \frac{dy}{dx}=\frac{1}{\frac{dx}{dy}}.$$

证明　函数 $x=f(y)$ 在给定区间内单调连续，故它的反函数 $y=f^{-1}(x)$ 在对应的区间也是单调连续的.从而当 x 有增量 $\Delta x\neq 0$ 时，对应的 y 有增量 $\Delta y=f(x+\Delta x)-f(x)\neq 0$，于是有

$$\frac{\Delta y}{\Delta x}=\frac{1}{\frac{\Delta x}{\Delta y}}.$$

因 $y=f^{-1}(x)$ 连续，故

$$\lim_{\Delta x\to 0}\Delta y=0,$$

于是有

$$[f^{-1}(x)]'=\lim_{\Delta x\to 0}\frac{\Delta y}{\Delta x}=\lim_{\Delta y\to 0}\frac{1}{\dfrac{\Delta x}{\Delta y}}=\frac{1}{f'(y)}.$$

简而言之,**反函数的导数等于直接函数的导数的倒数**.

下面根据上述结论来求指数函数及反三角函数的导数公式.

例 5 对数函数 $x=\log_a y\,(a>0,\ a\neq 1)$ 是直接函数,则指数函数 $y=a^x$ 是它的反函数,函数 $x=\log_a y$ 在区间 $0<y<+\infty$ 内单调可导,其导数为

$$\frac{\mathrm{d}x}{\mathrm{d}y}=(\log_a y)'=\frac{1}{y\ln a}.$$

因此,在对应区间 $-\infty<x<+\infty$ 内,所求的指数函数 $y=a^x$ 的导数为

$$(a^x)'=\frac{1}{(\log_a y)'}=\frac{1}{\dfrac{1}{y\ln a}}=y\ln a.$$

将 $y=a^x$ 代入上式可得指数函数的导数为

$$(a^x)'=a^x\ln a\quad (a>0,\ a\neq 1).$$

当指数的底数为 e 时,公式为

$$(\mathrm{e}^x)'=\mathrm{e}^x.$$

例 6 设 $x=\sin y$ 是直接函数,则 $y=\arcsin x$ 是它的反函数.函数 $x=\sin y$ 在区间 $-\frac{\pi}{2}<y<\frac{\pi}{2}$ 内单调可导,且导数为

$$(\sin y)'=\cos y>0.$$

因此,在对应区间 $-1<x<1$ 内,有

$$(\arcsin x)'=\frac{1}{(\sin y)'}=\frac{1}{\cos y},$$

其中, $\cos y=\sqrt{1-\sin^2 y}=\sqrt{1-x^2}$ $\left(当 -\frac{\pi}{2}<y<\frac{\pi}{2} 时,\cos y>0\right)$.

从而得到反正弦三角函数的导数公式为

$$(\arcsin x)'=\frac{1}{\sqrt{1-x^2}}.$$

用类似的方法也可得到反余弦函数的导数公式为

$$(\arccos x)'=-\frac{1}{\sqrt{1-x^2}}.$$

2.2.3　复合函数的求导法则

到目前为止,已经掌握了基本初等函数的导数公式以及函数的四则运算的求导法则.但是对于一般的初等函数的求导,还需要解决复合函数的求导问题.

例如,如果计算 $y=\sin 2x$ 的导数,就不能直接采用导数公式 $(\sin x)'=\cos x$ 来计算得出 $(\sin 2x)'=\cos 2x$. 事实上,利用正弦函数的二倍角公式展开后的导数乘法法则,得出

$$(\sin 2x)'=(2\sin x\cos x)'=2[(\sin x)'\cos x+\sin x\,(\cos x)']=2\cos 2x\neq\cos 2x.$$

由此发现, $y=\sin 2x$ 是由 $y=\sin u$, $u=2x$ 组成的复合函数.下面就来推导复合函数的求导法则.

定理　如果函数 $u=\varphi(x)$ 在点 x 处可导, $y=f(u)$ 在点 $u=\varphi(x)$ 处也可导,那么,复合函数 $y-f[\varphi(x)]$ 在点 x 处也可导,且

$$\frac{\mathrm{d}y}{\mathrm{d}x}=\frac{\mathrm{d}y}{\mathrm{d}u}\cdot\frac{\mathrm{d}u}{\mathrm{d}x}.$$

上式可以写成

$$y'_x=y'_u u'_x \quad 或 \quad y'(x)=f'(u)\varphi'(x).$$

式中, y'_x 表示 y 对 x 的导数, y'_u 表示 y 对中间变量 u 的导数,而 u'_x 表示中间变量 u 对自变量 x 的导数.

证明　因为函数 $u=\varphi(x)$ 在点 x 处可导, $y=f(u)$ 在点 $u=\varphi(x)$ 处也可导,因此

$$\lim_{\Delta x\to 0}\frac{\Delta u}{\Delta x}=\frac{\mathrm{d}u}{\mathrm{d}x},\quad \lim_{\Delta u\to 0}\frac{\Delta y}{\Delta u}=\frac{\mathrm{d}y}{\mathrm{d}u}$$

存在,当 $\Delta u\neq 0$ 时,

$$\frac{\Delta y}{\Delta x}=\frac{\Delta y}{\Delta u}\cdot\frac{\Delta u}{\Delta x}.$$

由于 $u=\varphi(x)$ 可导则必连续,故当 $\Delta x\to 0$ 时,必有 $\Delta u\to 0$, 则对上式两边同时取极限,可得

$$\lim_{\Delta x\to 0}\frac{\Delta y}{\Delta x}=\lim_{\Delta x\to 0}\frac{\Delta y}{\Delta u}\cdot\frac{\Delta u}{\Delta x}=\lim_{\Delta u\to 0}\frac{\Delta y}{\Delta u}\cdot\lim_{\Delta x\to 0}\frac{\Delta u}{\Delta x}=\frac{\mathrm{d}y}{\mathrm{d}u}\cdot\frac{\mathrm{d}u}{\mathrm{d}x},$$

结论成立.

当 $\Delta u=0$ 时, $\Delta u=\varphi(x+\Delta x)-\varphi(x)=\varphi(x+\Delta x)-u$, 即 $\varphi(x+\Delta x)=\Delta u+u$. 于是有

$$\lim_{\Delta x\to 0}\frac{\Delta y}{\Delta x}=\lim_{\Delta x\to 0}\frac{f[\varphi(x+\Delta x)]-f[\varphi(x)]}{\Delta x}=\lim_{\Delta x\to 0}\frac{f(u+\Delta u)-f(u)}{\Delta x}=\lim_{\Delta x\to 0}\frac{0}{\Delta x}=0.$$

所以复合函数 $y=f[\varphi(x)]$ 在点 x 处可导,且 $\frac{\mathrm{d}y}{\mathrm{d}x}=0$.

接下来,用链式法则来解决一开始提到的计算 $y=\sin 2x$ 的导数. $y=\sin 2x$ 是由 $y=\sin u$ 和 $u=2x$ 组成的复合函数,可得

$$(\sin 2x)'=(\sin u)'_u(2x)'_x=\cos u\cdot 2=2\cos 2x.$$

例 7 设 $y=\mathrm{e}^{x^2}$,求 $\dfrac{\mathrm{d}y}{\mathrm{d}x}$.

解 $y=\mathrm{e}^{x^2}$ 可分解为 $y=\mathrm{e}^u$ 和 $u=x^2$,因此

$$\frac{\mathrm{d}y}{\mathrm{d}x}=\frac{\mathrm{d}y}{\mathrm{d}u}\cdot\frac{\mathrm{d}u}{\mathrm{d}x}=\mathrm{e}^u\cdot 2x=2x\mathrm{e}^{x^2}.$$

从上述例题可以看出,用复合函数求导法则,首先要分解成比较简单的函数的复合,先对中间变量求导,然后乘以中间变量对自变量求导.对复合函数的分解比较熟练后,就不再写中间变量,而可以采用下列例题的运算方式.

例 8 设 $y=\ln(1+x^3)$,求 $\dfrac{\mathrm{d}y}{\mathrm{d}x}$.

解 $\dfrac{\mathrm{d}y}{\mathrm{d}x}=[\ln(1+x^3)]'=\dfrac{1}{1+x^3}(1+x^3)'=\dfrac{3x^2}{1+x^3}$.

例 9 $y=\sqrt{1-3x^2}$,求 $\dfrac{\mathrm{d}y}{\mathrm{d}x}$.

解 $\dfrac{\mathrm{d}y}{\mathrm{d}x}=[(1-3x^2)^{\frac{1}{2}}]'=\dfrac{1}{2}(1-3x^2)^{-\frac{1}{2}}\cdot(1-3x^2)'=\dfrac{-3x}{\sqrt{1-3x^2}}$.

复合函数的求导法则,可以推广到多个中间变量的情形.下面以两个中间变量为例,设有复合函数 $y=f[\varphi(\psi(x))]$,分解为 $y=f(u)$, $u=\varphi(v)$, $v=\psi(x)$,则

$$\frac{\mathrm{d}y}{\mathrm{d}x}=\frac{\mathrm{d}y}{\mathrm{d}u}\cdot\frac{\mathrm{d}u}{\mathrm{d}v}\cdot\frac{\mathrm{d}v}{\mathrm{d}x}.$$

上式也可以写成

$$y'_x=y'_u u'_v v'_x \quad 或 \quad y'(x)=f'(u)\varphi'(v)\psi'(x).$$

例 10 设 $y=\ln\sin(\mathrm{e}^x)$,求 $\dfrac{\mathrm{d}y}{\mathrm{d}x}$.

解 $y=\ln\sin(\mathrm{e}^x)$ 可以分解成 $y=\ln u$, $u=\sin v$, $v=\mathrm{e}^x$. 利用上述复合函数的求导法则,得

$$\begin{aligned}\frac{\mathrm{d}y}{\mathrm{d}x}&=\frac{\mathrm{d}y}{\mathrm{d}u}\cdot\frac{\mathrm{d}u}{\mathrm{d}v}\cdot\frac{\mathrm{d}v}{\mathrm{d}x}=(\ln u)'(\sin v)'(\mathrm{e}^x)'=\frac{1}{u}\cos v\cdot\mathrm{e}^x\\&=\frac{\mathrm{e}^x\cos\mathrm{e}^x}{\sin\mathrm{e}^x}=\mathrm{e}^x\cot\mathrm{e}^x.\end{aligned}$$

例 11 设 $y=2^{\sin\frac{1}{x}}$,求 $\dfrac{\mathrm{d}y}{\mathrm{d}x}$.

解 $\frac{\mathrm{d}y}{\mathrm{d}x}=2^{\sin\frac{1}{x}}\ln 2\left(\sin\frac{1}{x}\right)'=2^{\sin\frac{1}{x}}\ln 2\cos\frac{1}{x}\left(\frac{1}{x}\right)'=-\frac{2^{\sin\frac{1}{x}}\ln 2\cos\frac{1}{x}}{x^2}.$

2.2.4　基本求导公式与求导运算法则

基本初等函数的导数公式在初等函数的求导运算中起着重要的作用，必须熟记.为了便于使用，现将这些导数公式和求导法则归纳如下：

1. 基本求导公式

(1) $(C)'=0$ (C 为常数)；

(2) $(x^{\mu})'=\mu x^{\mu-1}$(μ 为实数，$\mu\neq 0$)；

(3) $(\sin x)'=\cos x$；

(4) $(\cos x)'=-\sin x$；

(5) $(\tan x)'=\sec^2 x$；

(6) $(\cot x)'=-\csc^2 x$；

(7) $(\sec x)'=\sec x\tan x$；

(8) $(\csc x)'=-\csc x\cot x$；

(9) $(a^x)'=a^x\ln a$ ($a>0$, $a\neq 1$)；

(10) $(\mathrm{e}^x)'=\mathrm{e}^x$；

(11) $(\log_a x)'=\frac{1}{x\ln a}$ ($a>0$, $a\neq 1$)；

(12) $(\ln x)'=\frac{1}{x}$；

(13) $(\arcsin x)'=\frac{1}{\sqrt{1-x^2}}$；

(14) $(\arccos x)'=-\frac{1}{\sqrt{1-x^2}}$；

(15) $(\arctan x)'=\frac{1}{1+x^2}$；

(16) $(\mathrm{arccot}\, x)'=-\frac{1}{1+x^2}$.

2. 函数的和、差、积、商的求导法则

设 $u=u(x)$, $v=v(x)$ 均可导，则

(1) $(u\pm v)'=u'\pm v'$；

(2) $(Cu)'=Cu'$ (C 为常数)；

(3) $(uv)'=u'v+uv'$；

(4) $\left(\frac{u}{v}\right)'=\frac{u'v-uv'}{v^2}$ ($v\neq 0$).

3. 反函数的求导法则

设函数 $x=f(y)$ 在某区间内单调连续，在区间内任一点 y 处可导，且 $f'(y)\neq 0$，那么，其反函数 $y=f^{-1}(x)$ 在对应的点 x 处也可导，且其导数为

$$[f^{-1}(x)]'=\frac{1}{f'(y)}\quad 或\quad \frac{\mathrm{d}y}{\mathrm{d}x}=\frac{1}{\frac{\mathrm{d}x}{\mathrm{d}y}}.$$

4. 复合函数的求导法则

如果函数 $u=\varphi(x)$ 及 $y=f(u)$ 均可导，那么，复合函数 $y=f[\varphi(x)]$ 的导数为

$$\frac{\mathrm{d}y}{\mathrm{d}x}=\frac{\mathrm{d}y}{\mathrm{d}u}\cdot\frac{\mathrm{d}u}{\mathrm{d}x}\quad 或\quad y'(x)=f'(u)\varphi'(x).$$

最后，再举一个求初等函数的导数的例子.

例 12 设 $y=x\ln(x+\sqrt{1+x^2})$，求 y'.

解
$$
\begin{aligned}
y'&=\ln(x+\sqrt{1+x^2})+x\left[\ln(x+\sqrt{1+x^2})\right]'\\
&=\ln(x+\sqrt{1+x^2})+\frac{x}{x+\sqrt{1+x^2}}(x+\sqrt{1+x^2})'\\
&=\ln(x+\sqrt{1+x^2})+\frac{x}{x+\sqrt{1+x^2}}\left(1+\frac{2x}{2\sqrt{1+x^2}}\right)\\
&=\ln(x+\sqrt{1+x^2})+\frac{x}{\sqrt{1+x^2}}.
\end{aligned}
$$

2.3 高阶导数

我们已经知道,变速直线运动的速度 $v(t)$ 是位置函数 $s(t)$ 对时间 t 的导数,即

$$v=\frac{\mathrm{d}s}{\mathrm{d}t}\quad 或 \quad v=s'(t).$$

而加速度 a 又是速度函数 $v(t)$ 对时间 t 的导数,即

$$a=\frac{\mathrm{d}v}{\mathrm{d}t}=\frac{\mathrm{d}}{\mathrm{d}t}\left(\frac{\mathrm{d}s}{\mathrm{d}t}\right)\quad 或 \quad a=[s'(t)]'.$$

这种导数的导数称为 s 对 t 的二阶导数,记作

$$\frac{\mathrm{d}^2s}{\mathrm{d}t^2}\quad 或 \quad s''(t).$$

所以,变速直线运动的加速度 a 就是位置函数 $s(t)$ 对时间 t 的二阶导数.

通常,如果函数 $y=f(x)$ 的导数 $y'=f'(x)$ 仍是 x 的函数,我们把 $y'=f'(x)$ 的导数称为函数 $y=f(x)$ 的**二阶导数**,记作 $f''(x)$, y'' 或 $\frac{\mathrm{d}^2y}{\mathrm{d}x^2}$, 即

$$f''(x)=f'[f'(x)],\quad y''=(y')'\quad 或 \quad \frac{\mathrm{d}^2y}{\mathrm{d}x^2}=\frac{\mathrm{d}}{\mathrm{d}x}\left(\frac{\mathrm{d}y}{\mathrm{d}x}\right).$$

相应地, $y=f(x)$ 的导数 $y'=f'(x)$ 也称为函数 $y=f(x)$ 的**一阶导数**.

类似地,二阶导数的导数,称为三阶导数,三阶导数的导数称为四阶导数……一般地, $(n-1)$ 阶导数的导数称为 n **阶导数**,分别记作

$$y''',\ y^{(4)},\ \cdots,\ y^{(n)}\quad 或 \quad \frac{\mathrm{d}^3y}{\mathrm{d}x^3},\ \frac{\mathrm{d}^4y}{\mathrm{d}x^4},\ \cdots,\ \frac{\mathrm{d}^ny}{\mathrm{d}x^n}.$$

函数 $y=f(x)$ 具有 n 阶导数,也称函数 $f(x)$ 为 n 阶可导.函数的二阶及二阶以上的导

数统称为**高阶导数**.由此可见,若需要求函数的高阶导数,则需要逐次求导,并寻找它的某种规律.

例 1　设 $y=ax+b$,求 y''.

解　$y'=a$, $y''=0$.

例 2　设 $s=A\sin\omega t$,求 s''.

解　$s'=\omega A\cos\omega t$, $s''=-\omega^2 A\sin\omega t$.

例 3　求指数函数 $y=\mathrm{e}^x$ 的 n 阶导数.

解　$y'=\mathrm{e}^x$, $y''=\mathrm{e}^x$, $y'''=\mathrm{e}^x$, $\cdots$, $y^{(n)}=\mathrm{e}^x$,

即
$$(\mathrm{e}^x)^{(n)}=\mathrm{e}^x,\quad n=1,\ 2,\ 3,\ \cdots.$$

例 4　求对数函数 $y=\ln(x+1)$ 的 n 阶导数.

解
$$y'=\frac{1}{1+x},$$
$$y''=-\frac{1}{(1+x)^2},\quad y'''=\frac{1\times 2}{(1+x)^3},\quad y^{(4)}=-\frac{1\times 2\times 3}{(1+x)^4}.$$

由此可推出
$$y^{(n)}=(-1)^{n-1}\frac{(n-1)!}{(1+x)^n},$$

即
$$[\ln(1+x)]^{(n)}=(-1)^{n-1}\frac{(n-1)!}{(1+x)^n}.$$

我们规定 $0!=1$,所以,上述结论当 $n=1$ 时也成立.

例 5　求正弦函数 $y=\sin x$ 的 n 阶导数.

解
$$y=\sin x,$$
$$y'=\cos x=\sin\left(x+\frac{\pi}{2}\right),$$
$$y''=\cos\left(x+\frac{\pi}{2}\right)=\sin\left[\left(x+\frac{\pi}{2}\right)+\frac{\pi}{2}\right]=\sin\left(x+2\times\frac{\pi}{2}\right),$$
$$y'''=\cos\left(x+2\times\frac{\pi}{2}\right)=\sin\left(x+3\times\frac{\pi}{2}\right).$$

由此可推出
$$y^{(n)}=\sin\left(x+n\times\frac{\pi}{2}\right),$$

即
$$(\sin x)^{(n)}=\sin\left(x+\frac{n\pi}{2}\right),\quad n=1,\ 2,\ 3,\ \cdots.$$

用类似的方法,可得
$$(\cos x)^{(n)}=\cos\left(x+\frac{n\pi}{2}\right),\quad n=1,\ 2,\ 3,\ \cdots.$$

例 6 求幂函数 $y=x^{\mu}$ 的 n 阶导数.

解 设 $y=x^{\mu}$(μ 为任意常数),那么

$$y'=\mu x^{\mu-1},$$
$$y''=\mu(\mu-1)x^{\mu-2},$$
$$y'''=\mu(\mu-1)(\mu-2)x^{\mu-3}.$$

可推导出 $$y^{(n)}=\mu(\mu-1)(\mu-2)\cdots(\mu-n+1)x^{\mu-n},$$

即 $$(x^{\mu})^{(n)}=\mu(\mu-1)(\mu-2)\cdots(\mu-n+1)x^{\mu-n}.$$

当 $\mu=n$ 时,得到

$$(x^{n})^{(n)}=n(n-1)(n-2)\cdot\cdots\cdot 3\times 2\times 1=n!,$$

而 $$(x^{n})^{(n+k)}=0,\quad k=1,2,\cdots.$$

如果函数 $u=u(x)$ 及 $v=v(x)$ 在点 x 处具有 n 阶导数,可以采用同样的方法得到乘积 $u(x)\cdot v(x)$ 的 n 阶导数公式,即

$$(uv)^{(n)}=\sum_{k=0}^{n}C_n^k u^{(n-k)}v^{(k)}.$$

上式称为**莱布尼茨公式**,通过以上基本初等函数的高阶导数公式,可以解决更为复杂的初等函数的高阶导数问题.

例 7 设 $y=x^2e^x$,求 $y^{(10)}$.

解 设 $u=e^x$, $v=x^2$,则

$$u^{(k)}=e^x,\quad k=1,2,\cdots,10,$$
$$v'=2x,\ v''=2,\ v^{(k)}=0,\quad k=3,4,\cdots,10.$$

代入莱布尼茨公式,可得

$$y^{(10)}=(x^2e^x)^{(10)}=e^x\cdot x^2+10\cdot 2xe^x+\frac{10\times 9}{2!}\cdot 2e^x$$
$$=e^x(x^2+20x+90).$$

2.4 隐函数的导数及由参数方程所确定的函数的导数

2.4.1 隐函数的导数

在通常情况下,函数 $y=f(x)$ 表示两个变量 y 与 x 之间的对应关系,这种对应关系可以用各种不同的方式表示.例如,$y=\sin x$, $y=e^{2x}+x^2$,可以表示成 $y=f(x)$ 的形式,这样的函数称为**显函数**,表达式的特点是:等号左端是因变量的符号,而右端是含有自变量的式子.但是,有些函数表示方式不是这样,例如,方程 $x^4+2x^3y-5y^2+4=0$ 就不能确定 y 是 x

的函数.

一般来说,如果变量 y 与 x 满足一个方程 $F(x, y)$, 在一定条件下,当 x 取某区间内任一值时,相对应总有一个 y 值与之对应,那么,就说该方程确定了 y 是 x 的函数,这样的函数称为**隐函数**.

把一个隐函数化成显函数的过程,称为**隐函数的显化**.例如,从方程 $2x-y^3+1=0$ 得到 $y=\sqrt[3]{2x+1}$, 就把隐函数化成了显函数.又如,方程 $x^4+2x^3y-5y^2+4=0$ 对任一 x 都能得到至少一个 y 的实根,所以,该方程确定了 x 的一个隐函数 y, 但是却无法把隐函数显化.由此可见,隐函数的显化有时是很困难的,甚至是不可能显化的.因此我们希望有一种方法,不管隐函数是否可以显化,都可以直接由方程算出它所确定的隐函数的导数.下面通过具体的例题来说明这种方法.

例 1　求由方程 $x^3-2xy+4y+3=0$ 所确定的隐函数的导数 $\frac{dy}{dx}$.

解　方程两边分别对 x 求导数,要注意 y 是 x 的函数,那么, xy 就应该按照乘法的求导法则来进行运算,得

$$\frac{d}{dx}(x^3-2xy+4y+3)=3x^2-2y-2x\frac{dy}{dx}+4\frac{dy}{dx},$$

方程右边对 x 求导,得

$$(0)'=0.$$

由于等式两边对 x 的导数相等,所以有

$$3x^2-2y-2x\frac{dy}{dx}+4\frac{dy}{dx}=0,$$

从而

$$\frac{dy}{dx}=\frac{3x^2-2y}{2x-4}.$$

结果中的 y 是由方程 $x^3-2xy+4y+3=0$ 所确定的隐函数.

例 2　求由方程 $xy-e^x+e^y=0$ 所确定的隐函数的导数 $\frac{dy}{dx}$, $\left.\frac{dy}{dx}\right|_{x=0}$.

解　方程两边分别对 x 求导,由于等式两边对 x 的导数相等,所以有

$$y+x\frac{dy}{dx}-e^x+e^y\frac{dy}{dx}=0,$$

解得

$$\frac{dy}{dx}=\frac{e^x-y}{x+e^y}.$$

由原方程得,当 $x=0$, $y=0$ 时,有

$$\left.\frac{\mathrm{d}y}{\mathrm{d}x}\right|_{x=0}=\left.\frac{\mathrm{e}^x-y}{x+\mathrm{e}^y}\right|_{x=0,\ y=0}=1.$$

例 3 设 $x^4-xy+y^4=1$,求二阶导数 y'' 在点 $(0, 1)$ 处的值.

解 方程两边对 x 求导,得

$$4x^3-y-xy'+4y^3y'=0,$$

代入点 $(0, 1)$ 有

$$y'|_{x=0,\ y=1}=\frac{1}{4}.$$

将上述方程两边再对 x 求导,得

$$12x^2-2y'-xy''+12y^2(y')^2+4y^3y''=0,$$

代入 $x=0$, $y=1$, $y'|_{x=0,\ y=1}=\frac{1}{4}$,得

$$y''|_{x=0,\ y=1}=-\frac{1}{16}.$$

2.4.2 对数求导法

对函数 $y=f(x)$ 两边取对数,通过对数运算法则简化后,再利用隐函数求导法则求出函数的导数,这种求导方法称为**对数求导法**.下面通过具体例子来说明.

例 4 设 $y=\frac{(x+1)\sqrt[3]{x-1}}{(x+4)^2\mathrm{e}^x}$,求 y'.

解 等式两边取对数,得

$$\ln y=\ln(x+1)+\frac{1}{3}\ln(x-1)-2\ln(x+4)-x,$$

上式两边对 x 求导,注意到 $y=y(x)$,得

$$\frac{1}{y}y'=\frac{1}{x+1}+\frac{1}{3(x-1)}-\frac{2}{x+4}-1,$$

于是

$$\begin{aligned}y'&=y\left[\frac{1}{x+1}+\frac{1}{3(x-1)}-\frac{2}{x+4}-1\right]\\&=\frac{(x+1)\sqrt[3]{x-1}}{(x+4)^2\mathrm{e}^x}\left[\frac{1}{x+1}+\frac{1}{3(x-1)}-\frac{2}{x+4}-1\right].\end{aligned}$$

例 5　设 $y=x^{\sin x}(x>0)$，求 y'.

解　首先注意到，函数 $y=x^{\sin x}$ 的底和指数都是含有自变量 x，它既不是幂函数，也不是指数函数，这种函数称为**幂指函数**.为了求这类函数的导数，可以在等式两边取对数，得

$$\ln y=\sin x\cdot\ln x,$$

上式两边对 x 求导，注意到 $y=y(x)$，得

$$\frac{1}{y}y'=\cos x\cdot\ln x+\sin x\cdot\frac{1}{x},$$

于是

$$y'=y\left(\cos x\ln x+\frac{\sin x}{x}\right)=x^{\sin x}\left(\cos x\ln x+\frac{\sin x}{x}\right).$$

对于一般形式的幂指函数

$$y=[u(x)]^{v(x)},\quad u(x)>0,$$

若函数 $u(x)$ 和 $v(x)$ 都有导数，则可以利用对数求导法来解决导数问题.

2.4.3　由参数方程所确定的函数的导数

一般地，若参数方程

$$\begin{cases}x=\varphi(t),\\ y=\psi(t)\end{cases}$$

确定 y 与 x 之间的函数关系，则称为**由参数方程所确定的函数**.

在实际问题中，如果要计算由参数方程所确定的函数的导数，有的时候消去参数 t 很困难，因此，下面推导由参数方程所确定的函数的求导公式.

如果函数 $x=\varphi(t)$ 与 $y=\psi(t)$ 都有导数，且 $\varphi'(t)\neq 0$，$x=\varphi(t)$ 具有单调连续反函数 $t=\varphi^{-1}(x)$，则 y 是 x 的复合函数，即

$$y=\psi(t),\quad t=\varphi^{-1}(x)\quad 或\quad y=\psi[\varphi^{-1}(x)].$$

根据复合函数的求导法则与反函数的求导法则，有

$$\frac{dy}{dx}=\frac{dy}{dt}\cdot\frac{dt}{dx}=\frac{dy}{dt}\cdot\frac{1}{\frac{dx}{dt}}=\frac{\psi'(t)}{\varphi'(t)},$$

即

$$\frac{dy}{dx}=\frac{\psi'(t)}{\varphi'(t)}.$$

上式也可以写成

$$\frac{\mathrm{d}y}{\mathrm{d}x}=\frac{\frac{\mathrm{d}y}{\mathrm{d}t}}{\frac{\mathrm{d}x}{\mathrm{d}t}}.$$

上式就是由参数方程所确定的 x 的函数的导数公式.

在上述条件下,如果函数 $x=\varphi(t)$ 与 $y=\psi(t)$ 还有二阶导数,则有

$$\begin{aligned}\frac{\mathrm{d}^2y}{\mathrm{d}x^2}&=\frac{\mathrm{d}}{\mathrm{d}x}\left(\frac{\mathrm{d}y}{\mathrm{d}x}\right)=\frac{\mathrm{d}}{\mathrm{d}x}\left[\frac{\psi'(t)}{\varphi'(t)}\right]\\&=\frac{\mathrm{d}}{\mathrm{d}t}\left[\frac{\psi'(t)}{\varphi'(t)}\right]\frac{\mathrm{d}t}{\mathrm{d}x}=\frac{\mathrm{d}}{\mathrm{d}t}\left[\frac{\psi'(t)}{\varphi'(t)}\right]\frac{1}{\frac{\mathrm{d}x}{\mathrm{d}t}}\\&=\frac{\psi''(t)\varphi'(t)-\psi'(t)\varphi''(t)}{\varphi'^2(t)}\cdot\frac{1}{\varphi'(t)},\end{aligned}$$

即

$$\frac{\mathrm{d}^2y}{\mathrm{d}x^2}=\frac{\psi''(t)\varphi'(t)-\psi'(t)\varphi''(t)}{\varphi'^3(t)}.$$

例 6 已知椭圆的参数方程为

$$\begin{cases}x=a\cos t,\\y=b\sin t,\end{cases}$$

求椭圆在 $t=\frac{\pi}{6}$ 对应的点的切线的斜率.

解 参数方程确定的导数为

$$\frac{\mathrm{d}y}{\mathrm{d}x}=\frac{\frac{\mathrm{d}y}{\mathrm{d}t}}{\frac{\mathrm{d}x}{\mathrm{d}t}}=\frac{b\cos t}{-a\sin t},$$

则曲线在点 $t=\frac{\pi}{6}$ 处切线的斜率为

$$k=\left.\frac{b\cos t}{-a\sin t}\right|_{t=\frac{\pi}{6}}=-\frac{\sqrt{3}b}{a}.$$

例 7 计算由摆线的参数方程

$$\begin{cases}x=a(t-\sin t),\\y=a(1-\cos t),\end{cases}\quad t\neq 2n\pi,\ n\in\mathbf{Z}$$

所确定的函数的二阶导数.

解　$\dfrac{dy}{dx}=\dfrac{\frac{dy}{dt}}{\frac{dx}{dt}}=\dfrac{a\sin t}{a(1-\cos t)}=\dfrac{\sin t}{1-\cos t}\quad (t\neq 2n\pi,\ n\in\mathbf{Z}).$

由参数方程的二阶导数公式 $\dfrac{d^2y}{dx^2}=\dfrac{\psi''(t)\varphi'(t)-\psi'(t)\varphi''(t)}{\varphi'^3(t)}$,

因为 $\varphi''(t)=a\sin t$, $\psi''(t)=a\cos t$, 则

$$\begin{aligned}\frac{d^2y}{dx^2}&=\frac{a\cos t\cdot a(1-\cos t)-a\sin t\cdot a\sin t}{a^3(1-\cos t)^3}=\frac{\cos t-1}{a(1-\cos t)^3}\\&=-\frac{1}{a(1-\cos t)^2},\quad t\neq 2n\pi,\ n\in\mathbf{Z}.\end{aligned}$$

2.4.4　相关变化率

设 $x=x(t)$ 与 $y=y(t)$ 都是可导函数,如果 y 与 x 之间存在某种关系,对应变化率 $\dfrac{dy}{dt}$ 与 $\dfrac{dx}{dt}$ 间也存在一定的关系,那么,这两个相互依赖的变化率称为**相关变化率**.相关变化率问题就是研究两个变化率之间的关系,以便于从其中一个变化率求出另一个变化率.

例 8　在离观测者 100 m 处一气球垂直上升,其速率为 140 m/s,当气球上升到 100 m 时,观测者视线的仰角增加率是多少?

解　设气球上升 t s 后,上升的高度为 h m,观测者的仰角为 α,则

$$\tan\alpha=\frac{h}{100},$$

上式两边同时对 t 求导得

$$\frac{1}{\cos^2\alpha}\cdot\frac{d\alpha}{dt}=\frac{1}{100}\cdot\frac{dh}{dt}.$$

又因为速度

$$v=\frac{dh}{dt}=140\ \text{m/s},$$

当 $h=100$ m 时,

$$\cos\alpha=\frac{\sqrt{2}}{2},$$

所以

$$\frac{d\alpha}{dt}=0.14 \text{ rad/min},$$

即此时观测员的仰角增加率是 0.14 rad/min.

2.5 函数的微分

2.5.1 微分的定义

引例 一个正方形的金属薄片受温度变化的影响,它的边长改变了 Δx (图 2-2),问该金属薄片的面积改变了多少?

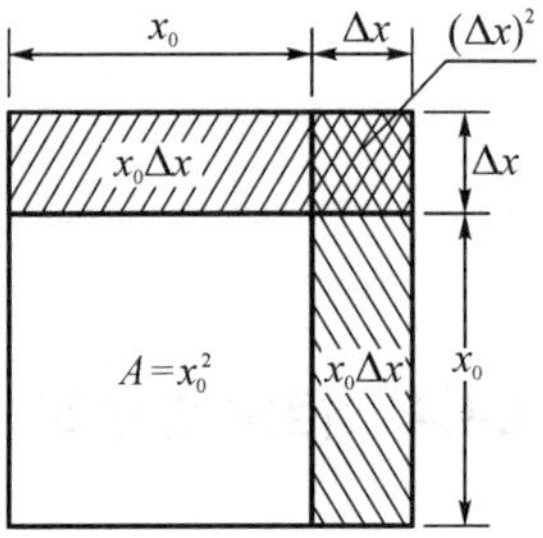

解 设正方形金属薄片的面积为 A,边长为 x,则 A 是 x 的函数: $A=x^2$. 薄片受温度的变化的影响时,面积的改变量可以看成是当自变量 x 自 x_0 取得增量 Δx 时,函数 A 相应的增量 ΔA,即

$$\Delta A=(x_0+\Delta x)^2-x_0^2=2x_0\Delta x+(\Delta x)^2.$$

图 2-2

从上式可以看出,ΔA 分成两个部分,第一部分 $2x_0\Delta x$ 是 Δx 的线性函数,第二部分是 $(\Delta x)^2$.

当 $\Delta x \to 0$ 时,第二部分 $(\Delta x)^2$ 是比 Δx 高阶的无穷小,即 $(\Delta x)^2=o(\Delta x)$. 由此可见,如果边长改变很微小,即 $|\Delta x|$ 很小的时候,面积改变量 ΔA 可近似的用第一部分来代替. 也就是说,如果函数 $y=f(x)$ 满足一定条件,那么,增量 Δy 可以表示为

$$\Delta y=A\Delta x+o(\Delta x),$$

其中,A 是并不依赖 Δx 的常数,$o(\Delta x)$ 是比 Δx 高阶的无穷小.那么,当 $A\neq 0$ 且 $|\Delta x|$ 很小时,就有函数增量的近似表达式

$$\Delta y\approx A\Delta x.$$

定义 设函数 $y=f(x)$ 在某区间内有定义,x_0 及 $x_0+\Delta x$ 均在这个区间,如果函数的增量 $\Delta y=f(x_0+\Delta x)-f(x_0)$ 可表示为

$$\Delta y=A\Delta x+o(\Delta x),$$

其中,A 是并不依赖 Δx 的常数,$o(\Delta x)$ 是比 Δx 高阶的无穷小,则称函数 $y=f(x)$ 在点 x_0 处是可微的,而 $A\Delta x$ 称为函数 $y=f(x)$ 在点 x_0 处的**微分**,记作 dy,即

$$dy=A\Delta x.$$

2.5.2 函数可微与可导之间的关系

定理 函数 $f(x)$ 在点 x_0 处可微的充分必要条件是该函数在点 x_0 处可导.

证明 必要性.设 $y=f(x)$ 在点 x_0 处可微,根据微分的定义,有

$$\Delta y = A\Delta x + o(\Delta x),$$

上式两边同时除以 $\Delta x(\Delta x \neq 0)$，得

$$\frac{\Delta y}{\Delta x} = A + \frac{o(\Delta x)}{\Delta x}.$$

对上式取极限 $\Delta x \to 0$，得到

$$\lim_{\Delta x \to 0} \frac{\Delta y}{\Delta x} = \lim_{\Delta x \to 0}\left[A + \frac{o(\Delta x)}{\Delta x}\right] = A + \lim_{\Delta x \to 0} \frac{o(\Delta x)}{\Delta x} = A,$$

即 $A = f'(x_0)$.

因此，如果函数在点 x_0 处可微，那么，该函数在点 x_0 处可导，且 $A = f'(x_0)$.

充分性.如果函数 $y = f(x)$ 在点 x_0 处可导，即有

$$\lim_{\Delta x \to 0} \frac{\Delta y}{\Delta x} = f'(x_0),$$

根据极限与无穷小的关系，有

$$\frac{\Delta y}{\Delta x} = f'(x_0) + \alpha,$$

其中，α 是当 $\Delta x \to 0$ 时的无穷小，即

$$\Delta y = f'(x_0)\Delta x + \alpha \Delta x.$$

这里，$\alpha \Delta x = o(\Delta x)$，$f'(x_0) = A$ 与 Δx 无关，故函数 $f(x)$ 在点 x_0 处可微.

以上定理表明，当函数 $f(x)$ 在点 x_0 处可微时，函数 $f(x)$ 在点 x_0 处的微分就是

$$\mathrm{d}y = f'(x_0)\Delta x.$$

同时，微分定义式可以写为

$$\Delta y = \mathrm{d}y + o(\Delta x),$$

其中，$\mathrm{d}y = f'(x_0)\Delta x$ 是 Δy 的主部，且又是 Δx 的线性式.因此，函数的微分 $\mathrm{d}y$ 也称为函数增量 Δy 的**线性主部**.于是得到结论，在 $f'(x_0) \neq 0$ 时，当 $|\Delta x|$ 充分小时，$\dfrac{\Delta y}{\mathrm{d}y}$ 可以任意接近于 1，即 $\dfrac{\Delta y}{\mathrm{d}y} \approx 1$. 从而有精度较好的近似式：$\Delta y \approx \mathrm{d}y$.

例 1　求函数 $y = x^2$ 在 $x_0 = 1$ 处的微分.

解　由于 $f'(x_0) = 2x\,|_{x_0=1} = 2$，于是在 $x_0 = 1$ 处的微分为

$$\mathrm{d}y = f'(x_0)\Delta x = 2\Delta x.$$

例 2　求函数 $y = x^4$ 在 $x_0 = 2$，$\Delta x = 0.01$ 时的微分.

解　函数在 $x_0 = 2$，$\Delta x = 0.01$ 时的微分为

$$\mathrm{d}y\Big|_{\substack{x_0=2\\ \Delta x=0.01}}=(x^4)'\Delta x\Big|_{\substack{x_0=2\\ \Delta x=0.01}}=4x^3\Delta x\Big|_{\substack{x_0=2\\ \Delta x=0.01}}=0.32.$$

通常把自变量 x 的增量 Δx 称为自变量的微分,记作 $\mathrm{d}x$,即 $\mathrm{d}x=\Delta x$. 于是,函数 $y=f(x)$ 的微分又可以记作

$$\mathrm{d}y=f'(x)\mathrm{d}x, \tag{2-10}$$

从而有

$$\frac{\mathrm{d}y}{\mathrm{d}x}=f'(x).$$

所以说,函数的微分 $\mathrm{d}y$ 与自变量的微分 $\mathrm{d}x$ 之商等于该函数的导数.因此,导数也称为**微商**.

例 3 求函数 $y=\sin x+\mathrm{e}^x$ 的微分 $\mathrm{d}y$.

解 由于 $y'=\cos x+\mathrm{e}^x$,所以

$$\mathrm{d}y=(\cos x+\mathrm{e}^x)\mathrm{d}x.$$

2.5.3 微分的几何意义

下面通过几何图形来说明函数的微分与导数以及函数的增量之间的关系(图 2-3).

在直角坐标系中,函数 $y=f(x)$ 的图象是一条曲线,确定曲线上一点 $M(x_0, y_0)$,当自变量 x 有微小增量 Δx 时,就得到曲线上另一点 $N(x_0+\Delta x, y_0+\Delta y)$. 由图 2-3 可知

$$MQ=\Delta x, \quad QN=\Delta y,$$

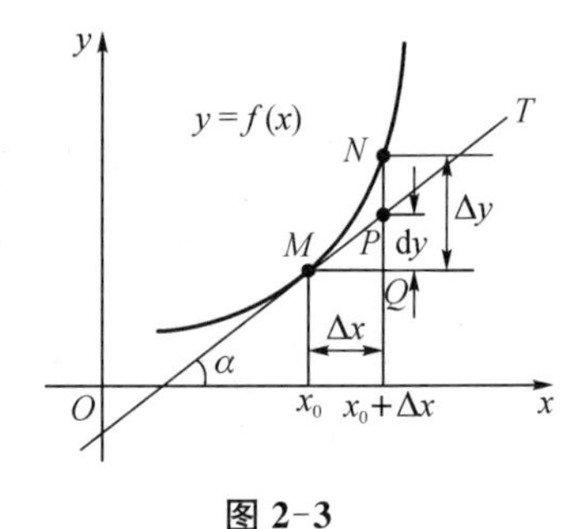

图 2-3

过点 M 作曲线的切线 MT,切线的倾斜角为 α,在直角 ΔMQP 中,

$$PQ=MQ\tan\alpha=\Delta x f'(x_0),$$

即
$$\mathrm{d}y=PQ.$$

它表示曲线 $y=f(x)$ 上的一点 $M(x_0, y_0)$ 处切线的纵坐标的增量.而

$$\Delta y=QN$$

则表示曲线在点 $M(x_0, y_0)$ 处纵坐标的增量.

比较 PQ 与 QN 可知,当 $|\Delta x|$ 充分小时,在点 M 的邻近处,切线与曲线十分接近,$|\Delta y-\mathrm{d}y|=|PN|$ 很小.因此,从几何上看,用 $\mathrm{d}y$ 近似代替 Δy,就是在点 M 的邻近利用切线段 MP 近似取代曲线弧 MN. 这就是微分学的基本思想方法之一.

2.5.4 函数的微分公式与微分法则

函数的微分公式是

$$\mathrm{d}y = f'(x)\mathrm{d}x,$$

由于函数在某点可微与可导是等价的，因此可以直接从函数的导数公式和求导法则，推出相应的微分公式和微分法则.

1. 基本初等函数的微分公式

为了方便导数公式与微分公式对照，列于表 2-1.

表 2-1　基本初等函数的导数公式和微分公式

导数公式	微分公式
$(x^\mu)' = \mu x^{\mu-1}$	$\mathrm{d}(x^\mu) = \mu x^{\mu-1}\mathrm{d}x$
$(\sin x)' = \cos x$	$\mathrm{d}(\sin x) = \cos x\,\mathrm{d}x$
$(\cos x)' = -\sin x$	$\mathrm{d}(\cos x) = -\sin x\,\mathrm{d}x$
$(\tan x)' = \sec^2 x$	$\mathrm{d}(\tan x) = \sec^2 x\,\mathrm{d}x$
$(\cot x)' = -\csc^2 x$	$\mathrm{d}(\cot x) = -\csc^2 x\,\mathrm{d}x$
$(\sec x)' = \sec x\tan x$	$\mathrm{d}(\sec x) = \sec x\tan x\,\mathrm{d}x$
$(\csc x)' = -\csc x\cot x$	$\mathrm{d}(\csc x) = -\csc x\cot x\,\mathrm{d}x$
$(a^x)' = a^x\ln a$	$\mathrm{d}(a^x) = a^x\ln a\,\mathrm{d}x$
$(\log_a x)' = \dfrac{1}{x\ln a}$	$\mathrm{d}(\log_a x) = \dfrac{1}{x\ln a}\mathrm{d}x$
$(\arcsin x)' = \dfrac{1}{\sqrt{1-x^2}}$	$\mathrm{d}(\arcsin x) = \dfrac{1}{\sqrt{1-x^2}}\mathrm{d}x$
$(\arctan x)' = \dfrac{1}{1+x^2}$	$\mathrm{d}(\arctan x) = \dfrac{1}{1+x^2}\mathrm{d}x$

2. 函数的和、差、积、商的微分法则

为了便于对照，同时列出函数的和、差、积、商的求导法则于表 2-2，其中，$u=u(x)$，$v=v(x)$ 都具有导数.

表 2-2　函数的和、差、积、商的求导法则和微分法则

函数的和、差、积、商的求导法则	函数的和、差、积、商的微分法则
$(u\pm v)' = u'\pm v'$	$\mathrm{d}(u\pm v) = \mathrm{d}u\pm\mathrm{d}v$
$(Cu)' = Cu'$（C 为常数）	$\mathrm{d}(Cu) = C\mathrm{d}u$（$C$ 为常数）
$(uv)' = u'v+uv'$	$\mathrm{d}(uv) = v\mathrm{d}u+u\mathrm{d}v$
$\left(\dfrac{u}{v}\right)' = \dfrac{u'v-uv'}{v^2}\quad(v\neq 0)$	$\mathrm{d}\left(\dfrac{u}{v}\right) = \dfrac{v\mathrm{d}u-u\mathrm{d}v}{v^2}\quad(v\neq 0)$

3. 复合函数的微分法则

根据复合函数的求导法则,可以推出复合函数的微分法则.

设函数 $y=f[\varphi(x)]$ 由可导函数 $y=f(u)$, $u=\varphi(x)$ 复合而成的复合函数,其导数为

$$\frac{dy}{dx}=\frac{dy}{du}\cdot\frac{du}{dx}=f'(u)\varphi'(x)=f'[\varphi(x)]\varphi'(x),$$

再根据微分的定义,就可以得到复合函数的微分公式:

$$dy=f'(u)\varphi'(x)dx.$$

又知道 $\varphi'(x)dx=du$, 则可得复合函数的微分公式

$$dy=f'(u)du.$$

由此可见,无论 u 是自变量还是中间变量, $y=f(u)$ 的微分 dy 保持不变.这性质称为**一阶微分形式不变性**.

例 4 $y=\sin(2x+1)$, 求 dy.

解 函数 $y=\sin(2x+1)$ 是由 $y=\sin(u)$, $u=2x+1$ 复合而成的复合函数,接下来尝试三种不同的解题思路.

首先,应用复合函数的微分法则,得

$$dy=(\sin u)'(2x+1)'dx=2\cos u dx=2\cos(2x+1)dx.$$

其次,也可以应用微分形式的不变形来计算,即

$$dy=(\sin u)'du=\cos u du,$$
$$du=u'dx=(2x+1)'dx=2dx,$$

所以

$$dy=\cos u du=2\cos(2x+1)dx.$$

最后,也可以根据函数的微分公式 $dy=f'(x)dx$, 得

$$y'=[\sin(2x+1)]'=2\cos(2x+1),$$

所以

$$dy=2\cos(2x+1)dx.$$

例 5 $y=e^x\sin x$, 求 dy.

解 应用函数积的微分法则,得

$$\begin{aligned}dy&=d(e^x\sin x)=\sin x\,d(e^x)+e^x d(\sin x)\\&=e^x(\sin x+\cos x)dx.\end{aligned}$$

例 6 在下列等式的括号中填入适当的函数,使等式成立.

(1) $d(\quad)=x^3dx$; (2) $d(\quad)=\sin 2x dx$; (3) $d(e^{x^2})=(\quad)d(x^2)$.

解　(1) 由 $d(x^4)=4x^3dx$，即得 $d\left(\frac{x^4}{4}\right)=x^3dx$.

一般地，有 $d\left(\frac{x^4}{4}+C\right)=x^3dx$　(C 为任意常数).

(2) 因为 $d(\cos 2x)=-2\sin 2x\,dx$，即得 $d\left(-\frac{\cos 2x}{2}\right)=\sin 2x\,dx$.

一般地，有 $d\left(-\frac{1}{2}\cos 2x+C\right)=\sin 2x\,dx$　(C 为任意常数).

(3) 因为 $d(e^{x^2})=e^{x^2}\cdot 2x\,dx$，$d(x^2)=2x\,dx$，即得 $\frac{d(e^{x^2})}{d(x^2)}=\frac{e^{x^2}\cdot 2x\,dx}{2x\,dx}=e^{x^2}$，

所以

$$d(e^{x^2})=e^{x^2}d(x^2).$$

2.5.5　微分在近似计算中的应用

在工程问题中，经常遇到一些复杂的计算公式.如果直接用这些公式进行计算，计算过程十分烦琐.在这里，可以利用微分把一些复杂的计算公式用简单的等式来代换，进而快速得到结果.

根据微分的定义可以给出

$$\Delta y=f(x_0+\Delta x)-f(x_0)\approx f'(x_0)\Delta x$$

或

$$f(x_0+\Delta x)\approx f(x_0)+f'(x_0)\Delta x.$$

令 $x=x_0+\Delta x$，即 $\Delta x=x-x_0$，那么，上式可以改写为

$$f(x)\approx f(x_0)+f'(x_0)(x-x_0).$$

如果上式中 $f(x_0)$ 与 $f'(x_0)$ 都已知，那么便可以得到 $f(x)$ 的近似值.

下面我们通过微分的应用给出几个在工程上常用的近似公式(假定 $|x|$ 很小)：

(1) $(1+x)^{\mu}\approx 1+\mu x$　($\mu\in\mathbf{R}$)；

(2) $\sin x\approx x$ (x 用弧度单位)；

(3) $\tan x\approx x$ (x 用弧度单位)；

(4) $e^x\approx 1+x$.

读者有兴趣可以自己讨论证明，下面通过例题学习微分的应用.

例 7　计算 $\sqrt{1.002}$ 的近似值.

解　$\sqrt{1.002}=\sqrt{1+0.002}$.

这里 $x=0.002$，数值较小，则可采用上面的近似公式(1)，得

$$\sqrt{1.002}=\sqrt{1+0.002}\approx 1+\frac{1}{2}(0.002)=1.001.$$

总习题2

1. 选择题.

(1) 已知函数 $f(x)$ 在点 x_0 处可导,且 $f'(x_0)=2$, 则 $\lim\limits_{h\to 0}\dfrac{h}{f(x_0-2h)-f(x_0)}=$(　　).

A. $\dfrac{1}{4}$　　B. $-\dfrac{1}{4}$　　C. $\dfrac{1}{2}$　　D. $-\dfrac{1}{2}$

(2) 函数的导数 $f'_-(x_0)$ 和 $f'_+(x_0)$ 存在,且 $f'_-(x_0)=f'_+(x_0)$ 是 $f'(x_0)$ 存在的(　　).

A. 充分非必要条件　　B. 必要非充分条件

C. 既不是充分条件,也不是必要条件　　D. 充要条件

(3) 下列命题中,正确的是(　　).

A. 函数 $f(x)$ 在点 x_0 处可导,但不一定连续

B. 函数 $f(x)$ 在点 x_0 处连续,则一定可导

C. 函数 $f(x)$ 在点 x_0 处不可导,则一定不连续

D. 函数 $f(x)$ 在点 x_0 处不连续,则一定不可导

(4) 函数 $f(x)=2|x|+1$ 在 $x=0$ 处(　　).

A. 不连续　　B. 可导

C. 连续但不可导　　D. 无定义

(5) 设函数 $f(x)$ 是可微函数,则 $\mathrm{d}y$(　　).

A. 与 Δx 无关　　B. 为 Δx 的线性函数

C. 为 Δx 的高阶无穷小 $(\Delta x\to 0)$　　D. 与 Δx 为等价无穷小

2. 填空题.

(1) 曲线 $y=\mathrm{e}^x$ 在点(0, 1)处的切线方程为________.

(2) 设 $y=\sin^2 x$, 则 $y'=$ ________.

(3) 设 $y=\ln\cos x$, 则 $y'=$ ________.

(4) 设 $f(x)$ 可导,且 $y=f(x^2)$, 则 $\dfrac{\mathrm{d}y}{\mathrm{d}x}=$ ________.

(5) 设 $x^3-2x^2y+5xy^2-5y+1=0$ 确定了 y 是 x 的函数,则 $\left.\dfrac{\mathrm{d}y}{\mathrm{d}x}\right|_{(1,\,1)}=$ ________,

$\dfrac{\mathrm{d}^2y}{\mathrm{d}x^2}=$ ________.

(6). 曲线 $x^3+y^3-xy=7$ 在点(1, 2)处的切线方程为________.

(7) 曲线 $\begin{cases}x=\mathrm{e}^t\cos t,\\ y=\mathrm{e}^t\sin t,\end{cases}$ 则 $\dfrac{\mathrm{d}y}{\mathrm{d}x}=$ ________, $\left.\dfrac{\mathrm{d}^2y}{\mathrm{d}x^2}\right|_{t=\frac{\pi}{3}}=$ ________.

3. 函数 $y=x\mathrm{e}^{2x^2-1}$, 求二阶导数 y''.

4. 用对数求导法则计算函数 $y=\dfrac{\sqrt{x+2}\,(x-3)^4}{(x+1)^5}$ 的导数.

5. 函数 $y=\mathrm{e}^{\cos x}$, 求 $\mathrm{d}y$.

阅读材料

一、微积分发展简史(一)

微积分学是微分学和积分学的总称,它是一种数学思想,“无限细分”就是微分,“无限求和”就是积分.微积分的产生一般分为三个阶段: 极限的概念,求积的无限小方法,积分与微分的互逆关系.

17世纪,欧洲的社会经济迅猛发展,资本主义工业的大型生产使得力学在科学中的地位越来越重要.于是,一系列的力学问题及与此有关问题便呈现在科学家们的面前.以力学的需要为中心,产生了大量的数学问题.例如,由距离和时间的函数关系,求物体在任意时刻的速度和加速度;由加速度和时间的函数关系,求物体的速度和距离;求曲线上任意一点处的切线,或确定运动物体在运行轨道上任意点处的运动方向;求函数的最大值和最小值;找到求曲线的长度、曲线所围图形的面积、曲面所围成立体的体积及物体的重心的一般方法等.微分的概念起源于对曲线切线、函数极值及瞬时变化率问题的处理.微积分正是围绕着这些问题的解决逐步建立起来的.微分的概念和方法在欧洲也经历了一段酝酿的过程.

费马(Fermat, 1601—1665)是微积分创立的先驱工作者之一,他于1629年撰写了《求极大值与极小值的方法》,用与现代方法十分相似的方法求切线和极值.意大利物理学家、数学家伽利雷(Galilei, 1564—1642)通过列表法研究求函数最值问题,在观察中得出很多重要结果.1669年,英国数学家巴罗(Barrow, 1630—1677)首次采用微分三角形来求切线,这种方法非常接近现代微分法,弥补了费马求切线方法的不足,为微分理论做出了重要的贡献,进一步推动了微分学概念的产生.笛卡尔(Descartes, 1596—1650)的代数方法对推动微积分的早期发展方向有很大的影响,在创立了坐标系系后,他又于1637年成功地创立了解析几何学.笛卡尔的解析几何引入了变数,加深了函数的理念.有了函数才能真正地建立起微积分,他的这一成就为微积分的创立奠定了基础.

17世纪下半叶,在前人工作的基础上,英国科学家牛顿(Newton, 1643—1727)和德国数学家莱布尼茨(Leibniz, 1646—1716)各自独立创立了微积分.牛顿在1671年写了《流数法和无穷级级数》,这本书直到1736年才出版.他在书中指出,变量是由点、线、面的连续运动产生的,否定了以前自己认为的变量是无穷小元素的静止集合.1684年,他发表了现在世界上认为是最早的微积分文献,这篇文章有一个很长且很古怪的名字——“一种求极大极小值和切线的新方法,它也适用于分式和无理量,以及这种新方法的奇妙类型的计算”.文章从几何学的角度论述了微分法则,得到微分学的一系列基本结果.1686年,他又发表了第一篇积分学的论文,可以求出原函数.这两篇文献的发表均早于牛顿首次发表的微积分结果(1687年),但他开始从事研究的时间要晚近十年,因此数学史上将他们二人并列作为微积分的创立者.

二、数学家介绍

费马是一名17世纪的法国律师,也是一位业余数学家.之所以称业余,是由于费马从事着律师的全职工作.17 世纪是杰出数学家活跃的世纪,而贝尔认为费马是 17 世纪数学家中最多产的明星.

费马(1601—1665)

1601 年 8 月 17 日,费马出生于法国南部图卢兹附近的博蒙·德·洛马涅.他的父亲在当地开了一家大皮革商店,拥有相当丰厚的产业,使得费马从小生活在富裕、舒适的环境中.费马的父亲由于富有和经营有道,颇受人们尊敬,并因此获得了地方事务顾问的头衔.但费马小时候并没有因为家境的富裕而产生优越感.费马的母亲出身穿袍贵族.费马小时候受教于他的叔叔皮埃尔,得到了良好的启蒙教育,培养了他广泛的兴趣和爱好,对他的性格也产生了重要的影响.直到 14 岁时,费马才进入博蒙·德·洛马涅公学,毕业后先后在奥尔良大学和图卢兹大学学习法律.

17 世纪的法国,男子最体面的职业是律师.因此,男子学习法律成为时髦,也使人敬羡.有趣的是,法国政府为那些有产的而缺少资历的“准律师”尽快成为律师创造了良好的条件.1523 年,佛朗期瓦一世成立了一个专门鬻卖官爵的机关,公开出售官职.这种官职鬻卖的社会现象一经产生,便应时代的需要而一发不可收拾.鬻卖官职,一方面迎合了那些富有者,使其获得官位从而提高社会地位,另一方面也使政府的财政状况得以好转.到了 17 世纪,除宫廷官员和军官以外的任何官职都可以买卖了.许多中产阶级从中受惠,费马也不例外.费马尚没有大学毕业,便在博蒙·德·洛马涅买好了“律师”和“参议员”的职位.等到 1631 年费马毕业返回家乡以后,他便很容易地当上了图卢兹议会的议员.

尽管费马从步入社会直到去世都没有失去官职,而且逐年得到提升,但是据记载,费马并没有什么政绩,应付官场的能力也极普通,更谈不上领导才能.不过,费马并未因此而中断升迁.在费马任了七年地方议会议员之后,升任了调查参议员,这个官职有权对行政当局进行调查和提出质疑.1642 年,有一位权威人士、最高法院顾问勃里斯亚斯推荐费马进入最高刑事法庭和法国大理院主要法庭,这使得费马以后得到了更好的升迁机会.1646 年,费马升任议会首席发言人,还任过天主教联盟主席等职.费马的官场生涯没有什么突出政绩值得称道,不过费马从不利用职权向人们勒索,从不受贿,为人敦厚、公开廉明,赢得了人们的信任和称赞.费马的婚姻使费马跻身于穿袍贵族的行列,费马娶了他的舅表妹罗格.原本就以母亲的贵族血统而感骄傲的费马,后来干脆在自己的姓名上加上了贵族姓氏的标志“de”.

费马生有三女二男,除了大女儿克拉莱出嫁之外,其余四个子女都使费马感到体面.两个女儿当上了牧师,次子当上了菲玛雷斯的副主教.尤其是长子萨摩尔,他不仅继承了费马的公职,在 1665 年当上了律师,而且还整理了费马的数学论著.如果不是费马长子积极出版费马的数学论著,很难说费马能对数学产生如此重大的影响.因为大部分论文都是在费马死后,由其长子负责发表的.从这个意义上说,萨摩尔也称得上是费马事业上的继承人.

费马一生从未受过专门的数学教育,数学研究也不过是业余之爱好.然而,在 17 世纪的法国还找不到哪位数学家可以与之匹敌:他是解析几何的发明者之一,对于微积分诞生的贡献仅次于牛顿、莱布尼茨,他还是概率论的主要创始人,以及独撑 17 世纪数论天地的人.此外,费马对物理学也有重要贡献.一代数学天才费马堪称是 17 世纪法国最伟大的数学家.

第 3 章　中值定理与导数的应用

3.1 中值定理

3.1.1 罗尔定理

首先观察图 3-1.设曲线弧 $\overset{\frown}{AB}$ 是函数 $y=f(x)(a\leqslant x\leqslant b)$ 的图形,是一条连续的曲线弧,除端点外每一点处有不垂直于 x 轴的切线,且两个端点的纵坐标相等,即 $f(a)=f(b)$.

可以发现,在曲线弧的最高点 C 处或最低点 D 处,曲线有水平的切线.如果记点 C 的横坐标为 ξ,那么,就有 $f'(\xi)=0$.只要用分析语言表述这个几何现象,就可得下面的罗尔定理,为了应用方便,先介绍费马(Fermat)定理.

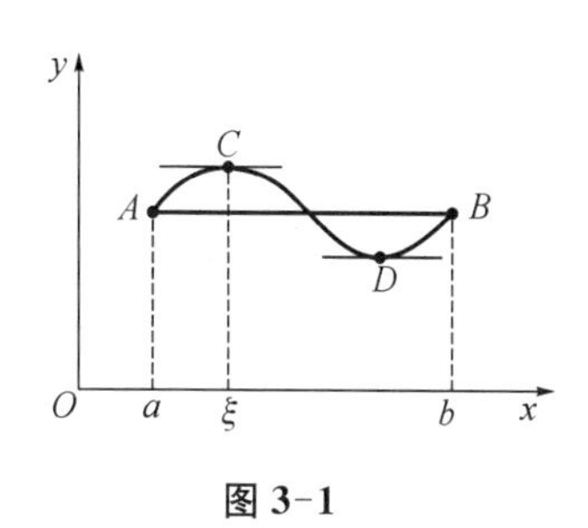

图 3-1

费马定理　设函数 $f(x)$ 在点 x_0 处的某邻域 $U(x_0)$ 内有定义,并且在 x_0 处可导,如果对任意的 $x\in U(x_0)$,有

$$f(x)\leqslant f(x_0)\quad \text{或}\quad f(x)\geqslant f(x_0)$$

恒成立,那么 $f'(x_0)=0$.

通常称导数等于零的点为函数的驻点(或稳定点,临界点).

罗尔定理　如果函数 $f(x)$ 满足以下条件:

(1) 在闭区间 $[a, b]$ 上连续;

(2) 在开区间 (a, b) 内可导;

(3) 在区间两个端点处的函数值相等,即 $f(a)=f(b)$,

那么,在 (a, b) 内至少有一点 ξ,使得函数在该点的导数等于零,即

$$f'(\xi)=0,\quad a<\xi<b.$$

证明　由于 $f(x)$ 在闭区间 $[a, b]$ 上连续,根据闭区间上连续函数的最值定理,$f(x)$ 在闭区间 $[a, b]$ 上必定取得最大值 M 和最小值 m.有两种情形,分别讨论:

(1) 当 $M=m$ 时,$f(x)$ 在闭区间 $[a, b]$ 上必取相同的数值 M:$f(x)=M$.由此,$\forall x\in(a, b)$,有 $f'(x)=0$.因此,任取 $\xi\in(a, b)$,有 $f'(\xi)=0$.

(2) 当 $M>m$ 时,因 $f(a)=f(b)$,所以 M 和 m 中至少有一个不等于 $f(x)$ 在闭区间 $[a, b]$ 的端点处的函数值.不妨设 $M\neq f(a)$(或 $m\neq f(a)$),那么,必定在开区间 (a, b) 内有一点 ξ,使 $f(\xi)=M$.因此,$\forall x\in(a, b)$,有 $f(x)\leqslant f(\xi)$,从而由费马定理可知 $f'(\xi)=0$.

例 1 验证函数 $f(x)=x^2-4x-12$ 在区间 $[-2, 6]$ 上罗尔定理成立.

证明 由 $f(x)=x^2-4x-12=(x-6)(x+2)$, 则

$$f'(x)=2x-4=2(x-2),$$
$$f(-2)=f(6)=0.$$

显然, $f(x)$ 在 $[-2, 6]$ 上满足罗尔定理的三个条件, $\exists \xi=2$, $2 \in (-2, 6)$, 使得 $f'(2)=0$. 符合罗尔定理的结论.

3.1.2 拉格朗日中值定理

罗尔定理中 $f(a)=f(b)$ 这个特殊条件限制了它的应用,若将这个 $f(a)=f(b)$ 条件取消,但仍保留剩余两个条件,并相应的改变结论,就可得到微分学中十分重要的拉格朗日中值定理.

拉格朗日中值定理 如果函数 $f(x)$ 满足以下条件:

(1) 在闭区间 $[a, b]$ 上连续;

(2) 在开区间 (a, b) 内可导,

那么,在 (a, b) 内至少有一点 ξ, 使得

$$f'(\xi)=\frac{f(b)-f(a)}{b-a}, \quad a<\xi<b.$$

成立.

证明 作辅助函数 $\varphi(x)=f(x)-f(a)-\dfrac{f(b)-f(a)}{b-a}(x-a)$, 可知 $\varphi(x)$ 满足罗尔定理,可得至少存在一点 $\xi \in (a, b)$, 使得

$$\varphi'(\xi)=f'(\xi)-\frac{f(b)-f(a)}{b-a}=0,$$

即

$$f'(\xi)=\frac{f(b)-f(a)}{b-a}.$$

容易看出,罗尔定理是拉格朗日定理当 $f(a)=f(b)$ 时的特殊情形.并且由拉格朗日中值定理可得出下面两个重要的推论:

推论 1 若函数 $f(x)$ 在区间 (a, b) 内任意一点的导数 $f'(x)$ 恒等于零,则函数 $f(x)$ 在 (a, b) 内是一个常数.

推论 2 若函数 $f(x)$ 与 $g(x)$ 在区间 (a, b) 内任意一点都有 $f'(x)=g'(x)$, 则两个函数在区间 (a, b) 内至多相差一个常数.

例 2 证明: 不等式 $\ln(1+x)-\ln x>\dfrac{1}{1+x}(x>0)$.

证明 设 $f(x)=\ln x(x>0)$, 因 $f(x)$ 在 $[x, 1+x]$ 上满足拉格朗日中值定理的条件,因此有

$$f(1+x)-f(x)=f'(\xi)(1+x-x),\quad \xi\in(x,1+x),$$

即
$$\ln(1+x)-\ln x=\frac{1}{\xi},\quad \xi\in(x,1+x).$$

又因
$$0<x<\xi<1+x,$$

即得证.

3.1.3　柯西中值定理

柯西中值定理　如果函数 $f(x)$ 与 $g(x)$ 满足以下条件：

(1) 在闭区间 $[a,b]$ 上连续；

(2) 在开区间 (a,b) 内可导；

(3) 在 (a,b) 内任何一点处都有 $g'(x)\neq 0$，

则至少存在一点 ξ，使得

$$\frac{f(b)-f(a)}{g(b)-g(a)}=\frac{f'(\xi)}{g'(\xi)},\quad a<\xi<b$$

成立.

证明　由假设 $g'(x)\neq 0$，可以肯定 $g(b)-g(a)\neq 0$；否则，如果 $g(b)-g(a)=0$，则 $g(x)$ 满足罗尔定理的三个条件，因而至少存在一点 $\xi\in(a,b)$，使 $g'(\xi)=0$，则与 $g'(x)\neq 0$ 矛盾.

仿照证明拉格朗日中值定理的方法，作辅助函数

$$\varphi(x)=f(x)-f(a)-\frac{f(b)-f(a)}{g(b)-g(a)}[g(x)-g(a)].$$

易知，$\varphi(x)$ 满足罗尔定理的全部条件，并且

$$\varphi'(x)=f'(x)-\frac{f(b)-f(a)}{g(b)-g(a)}g'(x),$$

即至少存在一点 $\xi\in(a,b)$，使得

$$\varphi'(\xi)=f'(\xi)-\frac{f(b)-f(a)}{g(b)-g(a)}g'(\xi)=0,$$

即
$$\frac{f(b)-f(a)}{g(b)-g(a)}=\frac{f'(\xi)}{g'(\xi)}.$$

容易看出，拉格朗日中值定理是柯西定理当 $g(x)=x$ 时的特殊情形.

3.2　洛必达法则

3.1 节介绍的中值定理，可应用计算某些函数的极限.如果当 $x\to a$（或 $x\to\infty$）时，两个

函数 $f(x)$ 与 $g(x)$ 都趋于零或都趋于无穷大，那么，极限 $\lim\limits_{\substack{x\to a\\(x\to\infty)}}\dfrac{f(x)}{F(x)}$ 可能存在，也可能不存在，通常称这类极限为**未定式**，分别简记为 $\dfrac{0}{0}$ 型或 $\dfrac{\infty}{\infty}$ 型.重要极限中的 $\lim\limits_{x\to 0}\dfrac{\sin x}{x}$ 就是 $\dfrac{0}{0}$ 型未定式.对于这类极限，即使它存在也不能用“商的极限等于极限的商”这一法则.所以依据柯西中值定理推导出一个求未定式极限的法则，称为**洛必达法则**.

3.2.1 $\dfrac{0}{0}$和$\dfrac{\infty}{\infty}$型未定式的洛必达法则

定理 1 如果函数 $f(x)$ 与 $g(x)$ 满足以下条件：

(1) $\lim\limits_{x\to a}f(x)=\lim\limits_{x\to a}g(x)=0$；

(2) 在点 a 处的某个邻域内(点 a 本身可以除外)可导，且 $g'(x)\neq 0$；

(3) $\lim\limits_{x\to a}\dfrac{f'(x)}{g'(x)}=A$(或 ∞)，

则必有

$$\lim_{x\to a}\frac{f(x)}{g(x)}=\lim_{x\to a}\frac{f'(x)}{g'(x)}=A(\text{或 }\infty).$$

证明 在点 $x=a$ 处补充定义函数值 $f(a)=g(a)=0$，则函数 $f(x)$ 与 $g(x)$ 在点 a 某邻域内连续.设 x 为这个邻域内的任意一点，如设 $x>a$(或 $x<a$)，则在区间 $[a,x]$(或 $[x,a]$)上，$f(x)$ 与 $g(x)$ 满足柯西定理的全部条件，因此有

$$\frac{f(x)}{g(x)}=\frac{f(x)-f(a)}{g(x)-g(a)}=\frac{f'(\xi)}{g'(\xi)},\quad \xi \text{ 在 } x \text{ 与 } a \text{ 之间}.$$

显然当 $x\to a$ 时，$\xi\to a$. 于是，求上式两边的极限得

$$\lim_{x\to a}\frac{f(x)}{g(x)}=\lim_{\xi\to a}\frac{f'(\xi)}{g'(\xi)}=\lim_{x\to a}\frac{f'(x)}{g'(x)}=A(\text{或 }\infty).$$

当求出 $\dfrac{f'(x)}{g'(x)}$ 的极限值 A 或断定它是无穷大量时，应用这个定理就解决了这一类 $\dfrac{0}{0}$ 型未定式的极限问题.

例 1 求 $\lim\limits_{x\to 2}\dfrac{x^4-16}{x-2}$. $\left(\dfrac{0}{0}\text{ 型}\right)$

解 $\lim\limits_{x\to 2}\dfrac{x^4-16}{x-2}=\lim\limits_{x\to 2}\dfrac{4x^3}{1}=32.$

例 2 求 $\lim\limits_{x\to 1}\dfrac{2x^3-3x^2+1}{x^3-x^2-x+1}$. $\left(\dfrac{0}{0}\text{ 型}\right)$

解 $\lim\limits_{x\to 1}\dfrac{2x^3-3x^2+1}{x^3-x^2-x+1}=\lim\limits_{x\to 1}\dfrac{6x^2-6x}{3x^2-2x-1}=\lim\limits_{x\to 1}\dfrac{12x-6}{6x-2}=\dfrac{3}{2}.$

注意 若 $\lim\limits_{x\to a}\dfrac{f'(x)}{g'(x)}$ 还是 $\dfrac{0}{0}$ 型未定式，且函数 $f'(x)$ 与 $g'(x)$ 能满足定理中 $f(x)$ 与 $g(x)$ 应满足的条件，可再次使用洛必达法则，即

$$\lim_{x\to a}\frac{f(x)}{g(x)}=\lim_{x\to a}\frac{f'(x)}{g'(x)}=\lim_{x\to a}\frac{f''(x)}{g''(x)},$$

且可以此类推，直到求出极限.

例3 求 $\lim\limits_{x\to 0}\dfrac{\ln(1+x)}{x^2}$. $\left(\dfrac{0}{0}\text{ 型}\right)$

解 $\lim\limits_{x\to 0}\dfrac{\ln(1+x)}{x^2}=\lim\limits_{x\to 0}\dfrac{1}{2x(x+1)}=\infty$.

例4 求 $\lim\limits_{x\to 0}\dfrac{x^2\sin\dfrac{1}{x}}{\sin x}$. $\left(\dfrac{0}{0}\text{ 型}\right)$

解 这个问题虽然属于 $\dfrac{0}{0}$ 型，但是分子中 $\sin\dfrac{1}{x}$ 的 x 在趋于0时是振荡且无极限的，故洛必达法则失效，不能使用.但原极限是存在的，可用如下方法求得.

$$\lim_{x\to 0}\frac{x^2\sin\dfrac{1}{x}}{\sin x}=\lim_{x\to 0}\left(\frac{x}{\sin x}\cdot x\sin\frac{1}{x}\right)=0.$$

注意 若无法断定 $\dfrac{f'(x)}{g'(x)}$ 的极限状态，或能断定振荡从而无极限，则洛必达法则失效，需要另寻它法.

定理2 如果函数 $f(x)$ 与 $g(x)$ 满足以下条件：

(1) $\lim\limits_{x\to a}f(x)=\lim\limits_{x\to a}g(x)=\infty$；

(2) 在点 a 处的某个邻域内(点 a 本身可以除外)可导，且 $g'(x)\neq 0$；

(3) $\lim\limits_{x\to a}\dfrac{f'(x)}{g'(x)}=A$(或 ∞)，

则必有

$$\lim_{x\to a}\frac{f(x)}{g(x)}=\lim_{x\to a}\frac{f'(x)}{g'(x)}=A\quad(\text{或 }\infty).$$

例5 求 $\lim\limits_{x\to\frac{\pi}{2}}\dfrac{\tan x}{\tan 3x}$. $\left(\dfrac{\infty}{\infty}\text{ 型}\right)$

解 $\lim\limits_{x\to\frac{\pi}{2}}\dfrac{\tan x}{\tan 3x}=\lim\limits_{x\to\frac{\pi}{2}}\dfrac{\dfrac{1}{\cos^2 x}}{\dfrac{3}{\cos^2 3x}}=\dfrac{1}{3}\lim\limits_{x\to\frac{\pi}{2}}\dfrac{\cos^2 3x}{\cos^2 x}=\lim\limits_{x\to\frac{\pi}{2}}\dfrac{\sin 6x}{\sin 2x}=\lim\limits_{x\to\frac{\pi}{2}}\dfrac{6x}{2x}=3.$

当定理 1 与定理 2 中 $x \to a$ 改为 $x \to \infty$ 时,洛必达法则同样有效.

例 6 求 $\lim\limits_{x \to +\infty} \dfrac{\ln x}{x^n}(n > 0)$. $\left(\dfrac{\infty}{\infty}\text{型}\right)$

解 $$\lim_{x \to +\infty} \frac{\ln x}{x^n} = \lim_{x \to +\infty} \frac{\frac{1}{x}}{nx^{n-1}} = \lim_{x \to +\infty} \frac{1}{nx^n} = 0.$$

注意 除了 $\dfrac{0}{0}$ 型或 $\dfrac{\infty}{\infty}$ 型未定式,洛必达法则还适用于其他类型的未定式.

3.2.2 其他未定式的计算

对于 $0 \cdot \infty$ 及 $\infty - \infty$ 型未定式,需适当变换,将其化成 $\dfrac{0}{0}$ 或 $\dfrac{\infty}{\infty}$ 型未定式来求其极限.

例 7 求 $\lim\limits_{x \to +\infty} x\left(\dfrac{\pi}{2} - \arctan x\right)$. ($\infty \cdot 0$ 型)

解 $$\lim_{x \to +\infty} x\left(\frac{\pi}{2} - \arctan x\right) = \lim_{x \to +\infty} \frac{\frac{\pi}{2} - \arctan x}{\frac{1}{x}} = \lim_{x \to +\infty} \frac{-\frac{1}{1+x^2}}{-\frac{1}{x^2}} = \lim_{x \to +\infty} \frac{x^2}{1+x^2} = 1.$$

例 8 求 $\lim\limits_{x \to 1}\left(\dfrac{x}{x-1} - \dfrac{1}{\ln x}\right)$. ($\infty - \infty$ 型)

解 $$\lim_{x \to 1}\left(\frac{x}{x-1} - \frac{1}{\ln x}\right) = \lim_{x \to 1} \frac{x\ln x - x + 1}{(x-1)\ln x} = \lim_{x \to 1} \frac{\ln x + 1 - 1}{\frac{x-1}{x} + \ln x} = \lim_{x \to 1} \frac{\ln x}{1 - \frac{1}{x} + \ln x}$$

$$= \lim_{x \to 1} \frac{\frac{1}{x}}{\frac{1}{x^2} + \frac{1}{x}} = \frac{1}{2}.$$

对于 1^∞, 0^0, ∞^0 等型未定式,可先化成以 e 为底的指数函数,在利用指数函数的连续性转化成求指数部分的极限值,其中指数部分的极限需要化成 $\dfrac{0}{0}$ 型或 $\dfrac{\infty}{\infty}$ 型未定式.

例 9 求 $\lim\limits_{x \to 1} x^{\frac{1}{1-x}}$. ($1^\infty$ 型)

解 因 $\lim\limits_{x \to 1} x^{\frac{1}{1-x}} = \lim\limits_{x \to 1} \mathrm{e}^{\frac{\ln x}{1-x}} = \mathrm{e}^{\lim\limits_{x \to 1} \frac{\ln x}{1-x}}$, 而

$$\lim_{x \to 1} \frac{\ln x}{1-x} = \lim_{x \to 1} \frac{\frac{1}{x}}{-1} = -1,$$

即 $$\lim_{x \to 1} x^{\frac{1}{1-x}} = \mathrm{e}^{-1} = \frac{1}{\mathrm{e}}.$$

例 10　求 $\lim\limits_{x\to0^+}x^x$.（0^0 型）

解　因 $\lim\limits_{x\to0^+}x^x=\lim\limits_{x\to0^+}e^{x\ln x}=e^{\lim\limits_{x\to0^+}x\ln x}$，而

$$\lim_{x\to0^+}x\ln x=\lim_{x\to0^+}\frac{\ln x}{\dfrac{1}{x}}=\lim_{x\to0^+}(-x)=0,$$

即
$$\lim_{x\to0^+}x^x=e^0=1.$$

例 11　求 $\lim\limits_{x\to+\infty}(x+e^x)^{\frac{1}{x}}$.（$\infty^0$ 型）

解　因 $\lim\limits_{x\to+\infty}(x+e^x)^{\frac{1}{x}}=\lim\limits_{x\to+\infty}e^{\frac{1}{x}\ln(x+e^x)}=e^{\lim\limits_{x\to+\infty}\frac{\ln(x+e^x)}{x}}$，而

$$\lim_{x\to+\infty}\frac{\ln(x+e^x)}{x}=\lim_{x\to+\infty}\frac{1+e^x}{x+e^x}=\lim_{x\to+\infty}\frac{e^x}{1+e^x}=\lim_{x\to+\infty}\frac{e^x}{e^x}=1,$$

即
$$\lim_{x\to+\infty}(x+e^x)^{\frac{1}{x}}=e^1=e.$$

一般情况下，对于未定式，洛必达法则是一种有效求解方法.但是最好能结合其他求极限方法合理使用.例如，能化简应尽可能先化简，可应用等价无穷小替代或重要极限时，应尽可能应用，这样可以化繁为简，运算简捷.

例 12　求 $\lim\limits_{x\to0}\dfrac{\tan x-x}{x^2\sin x}$.

解　若直接用洛必达法则，会发现分母的导数较繁杂，但若利用等价无穷小替代，那就简捷多了.

$$\lim_{x\to0}\frac{\tan x-x}{x^2\sin x}=\lim_{x\to0}\frac{\tan x-x}{x^3}=\lim_{x\to0}\frac{\sec^2x-1}{3x^2}=\lim_{x\to0}\frac{2\sec^2x\tan x}{6x}=\frac{1}{3}\lim_{x\to0}\frac{\tan x}{x}=\frac{1}{3}.$$

*3.3　泰勒公式

为了便于研究，对于较繁杂的函数，往往会希望用相应简单的函数来近似表达.由于用多项式表示的函数，只要对自变量进行有限次加、减、乘三种算术运算，便能求出它的函数值来，因此我们经常用多项式来近似表达函数.

在微分的应用中已经知道，当 $|x|$ 很小时，有如下的近似等式：

$$e^x\approx1+x,\quad \ln(1+x)\approx x.$$

这些都是用一次多项式来近似表达函数的例子.显然，在 $x=0$ 处这些一次多项式及其一阶导数的值，分别等于被近似表达的函数及其导数的相应值.

虽说这种近似表达式的精确度不够，但是它所产生的误差仅是关于 x 的高阶无穷小.为了提高精确度，自然想到用更高次的多项式来逼近函数.即会作如下假设：

设 $f(x)$ 在 x_0 处具有 n 阶导数,试找出一个关于 $(x-x_0)$ 的 n 次多项式

$$p_n(x)=a_0+a_1(x-x_0)+a_2(x-x_0)^2+\cdots+a_n(x-x_0)^n \tag{3-1}$$

来近似表达 $f(x)$,要求 $p_n(x)$ 与 $f(x)$ 之差是在 $x \to x_0$ 时比 $(x-x_0)^n$ 高阶的无穷小.

针对这个问题,作如下讨论:

假设 $p_n(x)$ 在 x_0 处及直到 x_0 处 n 阶导数的函数值分别用 $f(x_0)$, $f'(x_0)$, $\cdots$, $f^{(n)}(x_0)$ 来表示,即

$$p_n(x_0)=f(x_0),\ p_n'(x_0)=f'(x_0),\ \cdots,\ p_n^{(n)}(x_0)=f^{(n)}(x_0),$$

结合等式依次确定多项式(3-1)的系数 a_0, a_1, a_2, $\cdots$, a_n. 代入上述等式可得

$$a_0=f(x_0),\ a_1=f'(x_0),\ a_2=\frac{1}{2!}f''(x_0),\ \cdots,a_n=\frac{1}{n!}f^{(n)}(x_0),$$

即多项式(3-1)可写成

$$p_n(x)=f(x_0)+f'(x_0)(x-x_0)+\frac{1}{2!}f''(x_0)(x-x_0)^2+\cdots+\frac{1}{n!}f^{(n)}(x_0)(x-x_0)^n. \tag{3-2}$$

结合下面的定理,可知多项式(3-2)的确是所要找的 n 次多项式.

泰勒(Taylor)中值定理 1 如果函数 $f(x)$ 在点 x_0 处具有 n 阶导数,那么,存在 x_0 的一个邻域,对于该邻域内任意 x,都有

$$f(x)=f(x_0)+f'(x_0)(x-x_0)+\frac{1}{2!}f''(x_0)(x-x_0)^2+\cdots+\frac{1}{n!}f^{(n)}(x_0)(x-x_0)^n+R_n(x), \tag{3-3}$$

其中

$$R_n(x)=o[(x-x_0)^n]. \tag{3-4}$$

证明 记 $R_n(x)=f(x)-p_n(x)$,则

$$R_n(x_0)=R_n'(x_0)=R_n''(x_0)=\cdots=R_n^{(n)}(x_0)=0.$$

由于 $f(x)$ 在 x_0 处具有 n 阶导数,因此 $f(x)$ 必在点 x_0 处的某邻域内存在 $(n-1)$ 阶导数,从而 $R_n(x)$ 也在该邻域内 $(n-1)$ 阶可导,反复应用洛必达法则,可得

$$\begin{aligned}\lim_{x\to x_0}\frac{R_n(x)}{(x-x_0)^n}&=\lim_{x\to x_0}\frac{R_n'(x)}{n(x-x_0)^{n-1}}=\lim_{x\to x_0}\frac{R_n''(x)}{n(n-1)(x-x_0)^{n-2}}=\cdots\\&=\lim_{x\to x_0}\frac{R_n^{(n-1)}(x)}{n!(x-x_0)}=\frac{1}{n!}\lim_{x\to x_0}\frac{R_n^{(n-1)}(x)-R_n^{(n-1)}(x_0)}{x-x_0}\\&=\frac{1}{n!}R_n^{(n)}(x_0)=0.\end{aligned}$$

多项式(3-2)称为函数 $f(x)$ 在点 x_0 处(或按 $(x-x_0)$ 的幂展开)的 n 次泰勒多项式,多项式(3-3)称为 $f(x)$ 在点 x_0 处(或按 $(x-x_0)$ 的幂展开)的带有佩亚诺(Peano)余项的 n 阶泰勒公式,而 $R_n(x)$ 的表达式(3-4)称为佩亚诺余项,它就是用 n 次泰勒多项式来近似表达 $f(x)$ 所产生的误差,这一误差是在 $x \to x_0$ 时比 $(x-x_0)^n$ 高阶的无穷小,但不能由它具体估算出误差的大小.但是有了下面的定理2便解决了这一问题.

泰勒(Taylor)中值定理2　如果函数 $f(x)$ 在 x_0 的某个邻域 $\bigcup(x_0)$ 内具有 $(n+1)$ 阶导数,那么,对 $\forall x \in \bigcup(x_0)$,有

$$f(x)=f(x_0)+f'(x_0)(x-x_0)+\frac{1}{2!}f''(x_0)(x-x_0)^2+\cdots+\frac{1}{n!}f^{(n)}(x_0)(x-x_0)^n+R_n(x), \tag{3-5}$$

其中
$$R_n(x)=\frac{f^{(n+1)}(\xi)}{(n+1)!}(x-x_0)^{n+1}, \quad \xi \in (x_0, x). \tag{3-6}$$

证明　记 $R_n(x)=f(x)-p_n(x)$,只需证明

$$R_n(x)=\frac{f^{(n+1)}(\xi)}{(n+1)!}(x-x_0)^{n+1}, \quad \xi \text{ 在 } x_0 \text{ 与 } x \text{ 之间}.$$

由假设可知,$R_n(x)$ 在 $\bigcup(x_0)$ 内具有 $(n+1)$ 阶导数,且

$$R_n(x_0)=R_n'(x_0)=R_n''(x_0)=\cdots=R_n^{(n)}(x_0)=0.$$

对两个函数 $R_n(x)$ 及 $(x-x_0)^{n+1}$ 在以 x_0 及 x 为端点的区间上应用柯西中值定理,得

$$\frac{R_n(x)}{(x-x_0)^{n+1}}=\frac{R_n(x)-R_n(x_0)}{(x-x_0)^{n+1}-0}=\frac{R_n'(\xi_1)}{(n+1)(\xi_1-x_0)^n}, \quad \xi_1 \text{ 在 } x_0 \text{ 与 } x \text{ 之间},$$

再对函数 $R_n'(x)$ 及 $(n+1)(x-x_0)^n$ 在以 x_0 及 ξ_1 为端点的区间上应用柯西中值定理,得

$$\frac{R_n'(\xi_1)}{(n+1)(\xi_1-x_0)^n}=\frac{R_n'(\xi_1)-R_n'(x_0)}{(n+1)(\xi_1-x_0)^n-0}=\frac{R_n''(\xi_1)}{(n+1)n(\xi_2-x_0)^{n-1}}, \quad \xi_2 \text{ 在 } x_0 \text{ 与 } \xi_1 \text{ 之间},$$

照此方法继续推导,经过 $(n+1)$ 次后,得

$$\frac{R_n(x)}{(x-x_0)^{n+1}}=\frac{R_n^{(n+1)}(\xi)}{(n+1)!}, \quad \xi \text{ 在 } x_0 \text{ 与 } \xi_n \text{ 之间}.$$

注意到 $R_n^{(n+1)}(x)=f^{(n+1)}(x)$(因 $P_n^{(n+1)}(x)=0$),则由上式得

$$R_n(x)=\frac{f^{(n+1)}(\xi)}{(n+1)!}(x-x_0)^{n+1}, \quad \xi \text{ 在 } x_0 \text{ 与 } x \text{ 之间}.$$

式(3-5)称为 $f(x)$ 在点 x_0 处(或按 $(x-x_0)$ 的幂展开)的带有拉格朗日余项的 n 阶**泰勒公式**,而 $R_n(x)$ 的表达式(3-6)称为**拉格朗日余项**.

当 $n=0$ 时,泰勒公式(3-5)变成拉格朗日中值公式

$$f(x)=f(x_0)+f'(\xi)(x-x_0),\quad \xi\text{ 在 }x_0\text{ 与 }x\text{ 之间}.$$

因此,泰勒中值定理 2 是拉格朗日中值定理的推广.

由泰勒中值定理 2 可知,以多项式 $p_n(x)$ 近似表达函数 $f(x)$ 时,其误差为 $|R_n(x)|$. 如果对于某个固定的 n,当 $x\in U(x_0)$ 时,$|f^{(n+1)}(x)|\leqslant M$,那么,有估计式

$$|R_n(x)|=\left|\frac{f^{(n+1)}(\xi)}{(n+1)!}(x-x_0)^{n+1}\right|\leqslant\frac{M}{(n+1)!}|x-x_0|^{n+1}. \tag{3-7}$$

在泰勒公式(3-3)中,如果取 $x_0=0$,那么,就是带有佩亚诺余项的**麦克劳林(Maclaurin)**公式

$$f(x)=f(0)+f'(0)x+\cdots+\frac{f^{(n)}(0)}{n!}x^n+o(x^n). \tag{3-8}$$

在泰勒公式(3-5)中,如果取 $x_0=0$,那么,ξ 在 0 与 x 之间.因此,令 $\xi=\theta x\,(0<\theta<1)$,从而泰勒公式(3-5)变成较简单的形式,即所谓带有拉格朗日余项的麦克劳林公式

$$f(x)=f(0)+f'(0)x+\frac{f''(0)}{2!}x^2+\cdots+\frac{f^{(n)}(0)}{n!}x^n+\frac{f^{(n+1)}(\theta x)}{(n+1)!}x^{n+1},\quad 0<\theta<1. \tag{3-9}$$

由式(3-8)或式(3-9)可得近似公式

$$f(x)\approx f(0)+f'(0)x+\frac{f''(0)}{2!}x^2+\cdots+\frac{f^{(n)}(0)}{n!}x^n.$$

误差估计式(3-7)相应地变成

$$|R_n(x)|\leqslant\frac{M}{(n+1)!}|x|^{n+1}. \tag{3-10}$$

例 1 写出函数 $f(x)=e^x$ 的带有拉格朗日余项的 n 阶麦克劳林公式.

解 因为

$$f'(x)=f''(x)=\cdots=f^{(n)}(x)=e^x,$$

所以
$$f(0)=f'(0)=f''(0)=\cdots=f^{(n)}(0)=1.$$

将这些值代入式(3-9),并注意到 $f^{(n+1)}(\theta x)=e^{\theta x}$,便得

$$e^x=1+x+\frac{x^2}{2!}+\cdots+\frac{x^n}{n!}+\frac{e^{\theta x}}{(n+1)!}x^{n+1},\quad 0<\theta<1.$$

由这个公式可知,若把 e^x 用它的 n 次泰勒多项式表达为

$$e^x \approx 1 + x + \frac{x^2}{2!} + \cdots + \frac{x^n}{n!},$$

这时所产生的误差为

$$|R_n(x)| = \left|\frac{e^{\theta x}}{(n+1)!}x^{n+1}\right| < \frac{e^{|x|}}{(n+1)!}|x|^{n+1}, \quad 0 < \theta < 1.$$

如果取 $x=1$，则得无理数 e 的近似式为

$$e^x \approx 1 + 1 + \frac{1}{2!} + \cdots + \frac{1}{n!},$$

其误差

$$|R_n| < \frac{e}{(n+1)!} < \frac{3}{(n+1)!}.$$

当 $n=10$ 时，可算出 $e \approx 2.718\,282$，其误差不超过 10^{-6}.

例 2　求 $f(x)=\sin x$ 的带有拉格朗日余项的 n 阶麦克劳林公式.

解　因为

$$f'(x)=\cos x,\ f''(x)=-\sin x,\ f'''(x)=-\cos x,\ \cdots,\ f^{(n)}(x)=\sin\left(x+\frac{n\pi}{2}\right),$$

所以

$$f(0)=0, \quad f'(0)=1, \quad f''(0)=0, \quad f'''(0)=-1, \quad f^{(4)}(0)=0.$$

它们顺序循环地取四个数 0，1，0，−1，于是按式(3-9)得(令 $n=2m$)

$$\sin x = x - \frac{x^3}{3!} + \frac{x^5}{5!} - \cdots + (-1)^{m-1}\frac{x^{2m-1}}{(2m-1)!} + R_{2m}(x),$$

其中

$$R_{2m}(x) = \frac{\sin\left[\theta x + (2m+1)\frac{\pi}{2}\right]}{(2m+1)!}x^{2m+1} = (-1)^m\frac{\cos\theta x}{(2m+1)!}x^{2m+1}, \quad 0<\theta<1.$$

如果取 $m=1$，那么，得近似式

$$\sin x \approx x,$$

这时误差为

$$|R_2| = \left|-\frac{\cos\theta x}{3!}x^3\right| \leqslant \frac{|x|^3}{6}, \quad 0<\theta<1.$$

如果 m 分别取 2 和 3，那么，可得 $\sin x$ 的 3 次和 5 次泰勒多项式分别为

$$\sin x \approx x-\frac{1}{3!}x^3 \quad 和 \quad \sin x \approx x-\frac{1}{3!}x^3+\frac{1}{5!}x^5,$$

其误差的绝对值分别不超过 $\frac{1}{5!}|x|^5$ 和 $\frac{1}{7!}|x|^7$. 以上三个泰勒多项式及正弦函数的图形如图 3-2 所示,以便于比较.

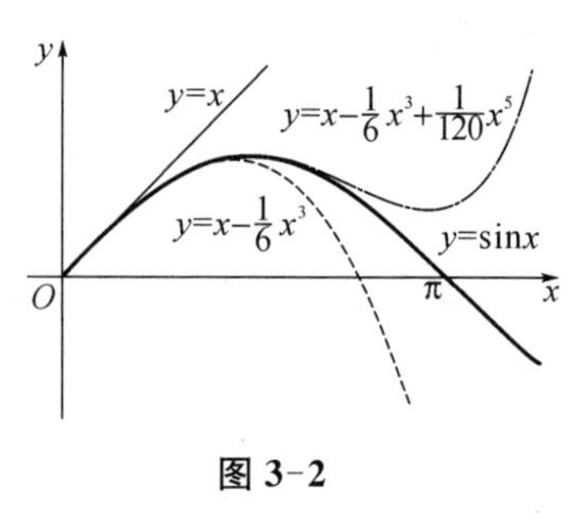

图 3-2

类似地,还可以得到

$$\cos x=1-\frac{1}{2!}x^2+\frac{1}{4!}x^4-\cdots+(-1)^m\frac{1}{(2m)!}x^{2m}+R_{2m+1}(x),$$

其中,$R_{2m+1}(x)=\frac{\cos[\theta x+(m+1)\pi]}{(2m+2)!}x^{2m+2}=(-1)^{m+1}\frac{\cos\theta x}{(2m+2)!}x^{2m+2}(0<\theta<1)$;

$$\ln(1+x)=x-\frac{1}{2}x^2+\frac{1}{3}x^3-\cdots+(-1)^{n-1}\frac{1}{n}x^n+R_n(x),$$

其中,$R_n(x)=\frac{(-1)^n}{(n+1)(1+\theta x)^{n+1}}x^{n+1}(0<\theta<1)$;

$$(1+x)^\alpha=1+\alpha x+\frac{\alpha(\alpha-1)}{2!}x^2+\cdots+\frac{\alpha(\alpha-1)\cdots(\alpha-n+1)}{n!}x^n+R_n(x),$$

其中,$R_n(x)=\frac{\alpha(\alpha-1)\cdots(\alpha-n+1)(\alpha-n)}{(n+1)!}(1+\theta x)^{\alpha-n-1}x^{n+1}$.

由以上带有拉格朗日余项的**麦克劳林公式**,易得相应带有佩亚诺余项的麦克劳林公式.

例 3 利用带有佩亚诺余项的麦克劳林公式,求极限 $\lim\limits_{x\to 0}\frac{\sin x-x\cos x}{\sin^3 x}$.

解 由于分式的分母 $\sin^3 x\sim x^3(x\to 0)$,只需将分子中的 $\sin x$ 和 $\cos x$ 分别用带有佩亚诺余项的三阶麦克劳林公式表示,即

$$\sin x=x-\frac{x^3}{3!}+o(x^3),\quad x\cos x=x-\frac{x^3}{2!}+o(x^3).$$

于是

$$\sin x-x\cos x=x-\frac{x^3}{3!}+o(x^3)-x+\frac{x^3}{2!}-o(x^3)=\frac{1}{3}x^3+o(x^3),$$

对上式作运算时,把两个比 x^3 高阶的无穷小的代数和仍记作 $o(x^3)$,故

$$\lim_{x\to 0}\frac{\sin x-x\cos x}{\sin^3 x}=\lim_{x\to 0}\frac{\frac{1}{3}x^3+o(x^3)}{x^3}=\frac{1}{3}.$$

3.4　函数的单调性与曲线的凹凸性

3.4.1　函数的单调性

一个函数在某个区间内单调增减性的变化规律，是研究函数图形时首先要考虑的问题. 在第 1 章已经给出了函数在某个区间内单调增减性的定义，现在介绍利用函数的导数判定函数单调增减性的方法.

先从几何直观分析. 如果在区间 (a, b) 内，曲线上每一点的切线斜率都为正值，即 $\tan\alpha = f'(x) > 0$，则曲线是上升的，即函数 $f(x)$ 是单调增加的，如图 3-3 所示.

如果切线斜率都为负值，即 $\tan\alpha = f'(x) < 0$，则曲线是下降的，即函数 $f(x)$ 是单调减少的，如图 3-4 所示. 对于上升或下降的曲线，它的切线在个别点可能平行于 x 轴（即导数等于 0），如图 3-5 所示.

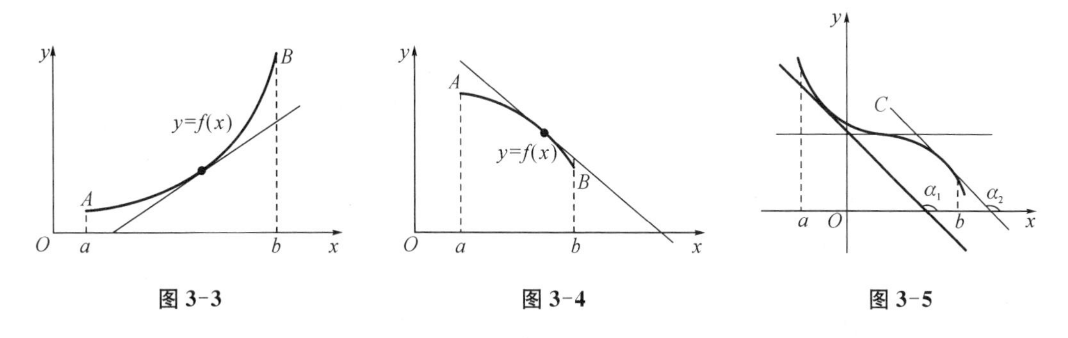

图 3-3　　图 3-4　　图 3-5

定理 1　设函数 $f(x)$ 在闭区间 $[a, b]$ 内连续，在开区间 (a, b) 内可导，那么

(1) 如果 $x \in (a, b)$ 时，恒有 $f'(x) > 0$，则函数 $f(x)$ 在区间 (a, b) 内单调增加；

(2) 如果 $x \in (a, b)$ 时，恒有 $f'(x) < 0$，则函数 $f(x)$ 在区间 (a, b) 内单调减少.

证明　在区间 (a, b) 内任取两点 x_1, x_2，设 $x_1 < x_2$，则由拉格朗日中值定理有

$$f(x_2) = f(x_1) + f'(\xi)(x_2 - x_1), \quad \xi \in (x_1, x_2). \tag{3-11}$$

(1) 如果 $x \in (a, b)$ 时，$f'(x) > 0$，则 $f'(\xi) > 0$，由式(3-11)，得 $f(x_2) > f(x_1)$，所以函数 $f(x)$ 在区间 (a, b) 内单调增加；

(2) 如果 $x \in (a, b)$ 时，$f'(x) < 0$，则 $f'(\xi) < 0$，由式(3-11)，得 $f(x_2) < f(x_1)$，所以函数 $f(x)$ 在区间 (a, b) 内单调减少.

例 1　确定函数 $f(x) = x^3 - 3x$ 的单调增减区间.

解　因 $f'(x) = 3x^2 - 3 = 3(x+1)(x-1)$，当 $x \in (-\infty, -1)$ 时，$f'(x) > 0$，函数 $f(x)$ 在区间 $(-\infty, -1)$ 内单调增加；而当 $x \in (-1, 1)$ 时，$f'(x) < 0$，函数 $f(x)$ 在区间 $(-1, 1)$ 内单调减少；当 $x \in (1, +\infty)$ 时，$f'(x) > 0$，函数 $f(x)$ 在区间 $(1, +\infty)$ 内单调增加.

注意 如果在区间 (a, b) 内 $f'(x) \geqslant 0$(或 $f'(x) \leqslant 0$),但等号只有在有限个点处成立,则函数 $f(x)$ 在区间 (a, b) 内仍是单调增加(或单调减少)的.

例 2 确定函数 $f(x)=x^3$ 的增减性.

解 因 $f'(x)=3x^2 \geqslant 0$,且只有当 $x=0$ 时,$f'(0)=0$,所以 $f(x)=x^3$ 在 R 内是单调增加的,如图 3-6 所示.

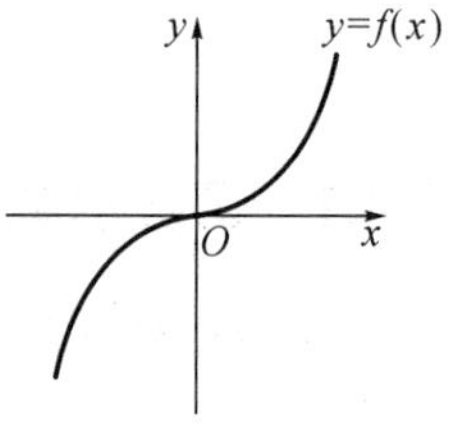

图 3-6

例 3 证明:当 $x>0$ 时,$e^x>1+x$.

证明 设 $f(x)=e^x-1-x$,则 $f'(x)=e^x-1$.

因为 $x>0$,所以 $f'(x)>0$,

因此 $f(x)$ 在 $(0,+\infty)$ 内单调增加.

又因为 $f(x)$ 为连续函数,

所以当 $x>0$ 时,$f(x)>f(0)=0$,即 $e^x-1-x>0$.

3.4.2 曲线的凹凸性

在研究函数图形的变化状况时,了解它的上升和下降规律很有用处,但其还不能完全反映它的变化规律.

如图 3-7 所示函数 $y=f(x)$ 的图形,在区间 (a, b) 内虽然一直是上升的,但却有不同的弯曲状况.从左向右,曲线先是向上弯曲,通过 P 点后,扭转了弯曲的方向,而向下弯曲.因此,研究函数图形时,考察它的弯曲方向以及扭转弯曲方向的点,是很必要的.从图 3-7 可以看出,曲线向上弯曲的弧段位于这弧段上任意一点的切线的上方,曲线向下弯曲的弧段位于这弧段上任意一点的切线的下方.据此,给出下面的定义.

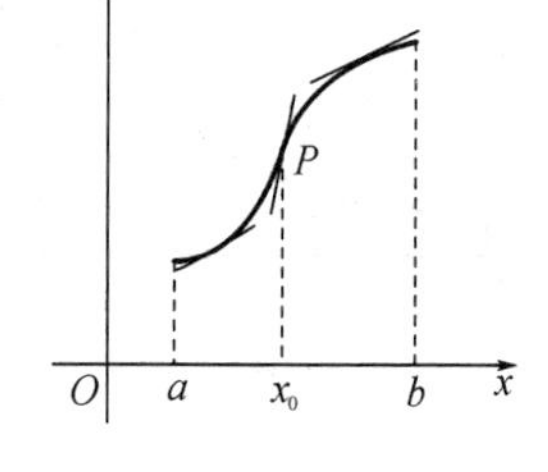

图 3-7

定义 1 如果在某区间内,曲线弧位于其上任意一点的切线的上方,则称曲线弧在该区间内是凹的(简称**凹弧**),如图3-8所示.

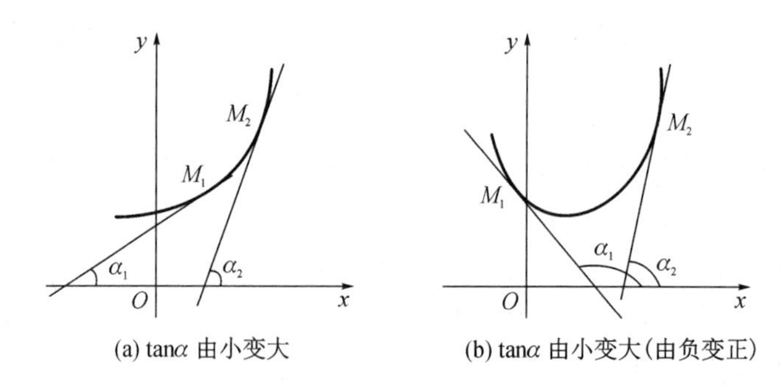

(a) tanα 由小变大　　(b) tanα 由小变大(由负变正)

图 3-8

如果在某区间内,曲线弧位于其上任意一点的切线的下方,则称曲线弧在该区间内是凸的(简称**凸弧**),如图 3-9 所示.

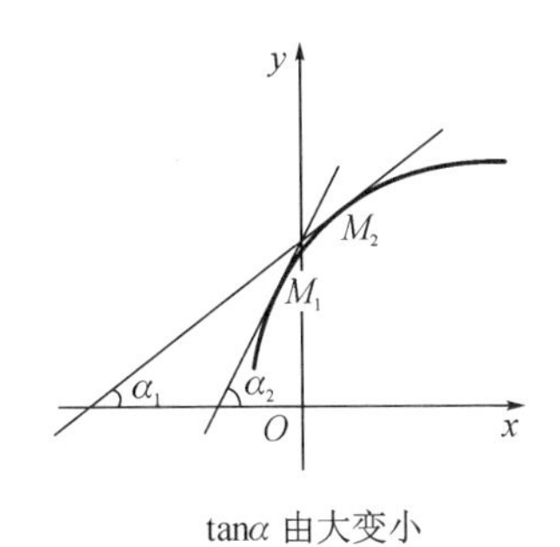

tanα 由大变小

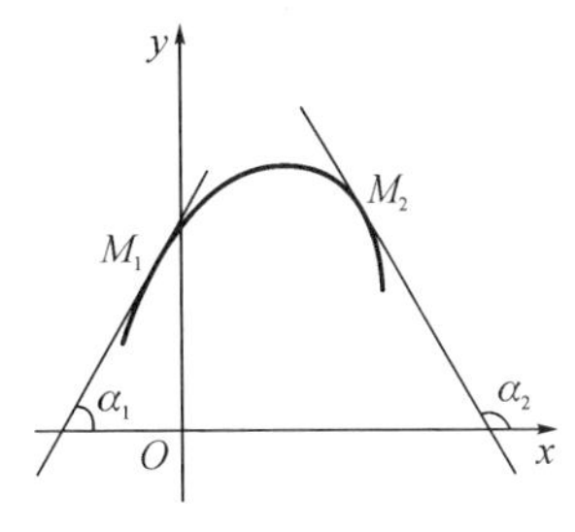

tanα 由大变小(由正变负)

图 3-9

定理 2　设函数 $f(x)$ 在区间 $[a, b]$ 上连续，且在区间 (a, b) 内具有二阶导数，那么

(1) 如果 $x \in (a, b)$ 时，恒有 $f''(x) > 0$，则函数 $f(x)$ 在区间 (a, b) 上是凹的；

(2) 如果 $x \in (a, b)$ 时，恒有 $f''(x) < 0$，则函数 $f(x)$ 在区间 (a, b) 上是凸的.

因为当 $f''(x) > 0$ 时，$f'(x)$ 单调增加，即 $\tan\alpha$ 由小变大，所以由图 3-8 可见该曲线是凹的；反之，当 $f''(x) < 0$ 时，$f'(x)$ 单调减少，即 $\tan\alpha$ 由大变小，所以由图 3-9 可见该曲线是凸的.

定义 2　连续曲线上凹弧与凸弧的分界点，称为曲线的拐点.

拐点既然是凹与凸的分界点，在拐点适当小的左右邻域 $f''(x)$ 就必然异号，因而在拐点处 $f''(x)=0$ 或 $f''(x)$ 不存在.

例 4　求曲线 $y=x^4-2x^3+1$ 的凹凸性与拐点.

解　求导数

$$y'=4x^3-6x^2,\quad y''=12x^2-12x=12x(x-1).$$

令 $y''=0$，得 $x_1=0$，$x_2=1$.

下面列表说明函数的凹凸性、拐点，具体情况见表 3-1.

表 3-1　函数的凹凸性及拐点

x	$(-\infty, 0)$	0	$(0, 1)$	1	$(1, +\infty)$
y''	+	0	—	0	+
y	∪	(0, 1)拐点	∩	(1, 0)拐点	∪

注　符号“∪”表示曲线凹，符号“∩”表示曲线凸.

由表 3-1 可见，曲线在区间 $(-\infty, 0)$，$(1, +\infty)$ 上是凹的；在区间 $(0, 1)$ 上是凸的；曲线的拐点是 $(0, 1)$ 和 $(1, 0)$，如图 3-10 所示.

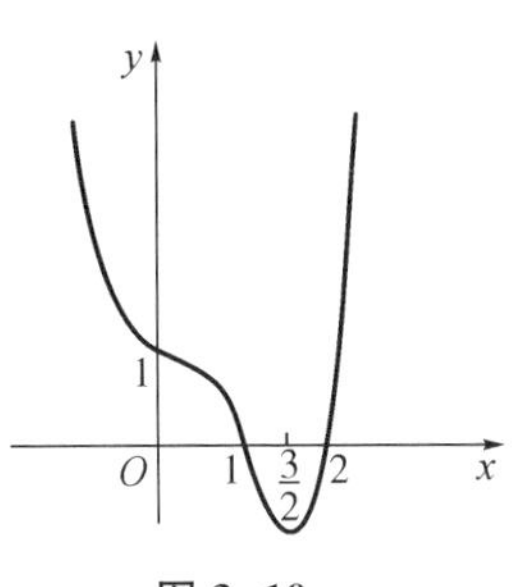

图 3-10

有两种特殊情况要加以注意：

(1) 在点 x_0 处一阶导数存在而二阶导数不存在时，如果在点 x_0 适当小的左右邻域二阶导数存在且符号相反，则 $(x_0, f(x_0))$ 是拐点；如果符号相同，则不是拐点.

(2) 在点 x_0 处函数连续而一、二阶导数都不存在时,如果在点 x_0 适当小的左右邻域二阶导数存在且符号相反,则 $(x_0, f(x_0))$ 是拐点;如果符号相同,则不是拐点.

例 5 求曲线 $y=(x-2)^{\frac{5}{3}}$ 的凹凸性与拐点.

解 求导数

$$y'=\frac{5}{3}(x-2)^{\frac{2}{3}},\quad y''=\frac{10}{9}(x-2)^{-\frac{1}{3}}.$$

当 $x=2$ 时, $y'=0$, y'' 不存在.具体情况见表 3-2.

表 3-2 曲线 $y=(x-2)^{\frac{5}{3}}$ 的凹凸性与拐点

x	$(-\infty, 2)$	2	$(2, +\infty)$
y''	$-$	不存在	$+$
y	$\cap$	$(2, 0)$拐点	$\cup$

因此,曲线在区间 $(-\infty, 2)$ 上是凸的;在区间 $(2, +\infty)$ 上是凹的;拐点是$(2, 0)$.

例 6 求曲线 $y=x^{\frac{1}{3}}$ 的凹凸性与拐点.

解 求导数

$$y'=\frac{1}{3}x^{-\frac{2}{3}},\quad y''=-\frac{2}{9}x^{-\frac{5}{3}}.$$

当 $x=0$ 时, y' 与 y'' 都不存在.具体情况见表 3-3.

表 3-3 曲线 $y=x^{\frac{1}{3}}$ 的凹凸性与拐点

x	$(-\infty, 0)$	0	$(0, +\infty)$
y''	$+$	∞	$-$
y	$\cup$	$(0, 0)$拐点	$\cap$

因此,曲线在区间 $(-\infty, 0)$ 上是凹的;在 $(0, +\infty)$ 上是凸的; $(0, 0)$ 是拐点.

思考题: 曲线 $y=x^4$ 是否存在拐点?

3.5 函数的极值与最值

3.5.1 函数的极值

在 3.4 节的例 1 中,当 x 从点 $x=-1$ 的左边邻域变成右边邻域时,函数 $f(x)=x^3-3x$ 的函数值由单调增加变为单调减少,即点 $x=-1$ 是函数由增加变为减少的转折点,因此在点 $x=-1$ 的左右邻域恒有 $f(-1)>f(x)$, 称 $f(-1)$ 为 $f(x)$ 的极大值.同样,点 $x=1$ 是函数由减少变为增加的转折点,因此在点 $x=1$ 的左右邻域恒有 $f(1)<f(x)$, 称 $f(1)$ 为

$f(x)$ 的极小值.

定义 1　若函数 $f(x)$ 在点 $x=x_0$ 的一个 δ 邻域内有定义,对于 $\forall x \in (x_0-\delta, x_0) \cup (x_0, x_0+\delta)$,恒有 $f(x)<f(x_0)$,那么,$f(x_0)$ 为函数的**极大值**,且 x_0 为函数的极大值点;若对于 $\forall x \in (x_0-\delta, x_0) \cup (x_0, x_0+\delta)$,恒有 $f(x)>f(x_0)$,那么,$f(x_0)$ 为函数的**极小值**,且 x_0 为函数的极小值点.

注意　极大值与极小值统称为**极值**,极值指的是函数值.极大值点与极小值点统称为**极值点**.显然,极值是一个局部性的概念,它只是与极值点邻近的所有点的函数值相比较而言,并不意味着它在函数的整个定义区间内最大或最小.

定理 1(极值存在的必要条件)　设函数 $f(x)$ 在点 x_0 处具有导数,且在 x_0 处取得极值,则函数 $f(x)$ 在点 x_0 处的导数一定为零,即 $f'(x_0)=0$.

注意　驻点可能是函数的极值点,也可能不是函数的极值点,即函数的极值点必是函数的驻点或导数不存在的点.但是,驻点或导数不存在的点不一定是函数的极值点.

如何判断函数在驻点或导数不存在的点处是否取得极值,以及如何判定极大值和极小值?下面给出两种判定方法.

定理 2(判定极值的第一充分条件)　设函数 $f(x)$ 在点 x_0 的某个邻域内连续,且在该邻域内可导(点 x_0 可以除外),点 x_0 是驻点(即 $f'(x)=0$ 的点)或不可导点(即 $f'(x)$ 不存在的点),若在该邻域内点 x_0 的左、右两侧邻近处有

(1) 当 $x<x_0$(x 在 x_0 的左侧)时,$f'(x)>0$;当 $x>x_0$(x 在 x_0 的右侧)时,$f'(x)<0$,则函数 $f(x)$ 在点 x_0 处取得极大值;

(2) 当 $x<x_0$(x 在 x_0 的左侧)时,$f'(x)<0$;当 $x>x_0$(x 在 x_0 的右侧)时,$f'(x)>0$,则函数 $f(x)$ 在点 x_0 处取得极小值;

(3) 在 x_0 的左右两侧,$f'(x)$ 的符号相同,当 $x<x_0$(x 在 x_0 的左侧)时,$f'(x)>0$;当 $x>x_0$(x 在 x_0 的右侧)时,$f'(x)>0$,则函数 $f(x)$ 在点 x_0 处没有极值.

应用定理,求 $f(x)$ 的极值点和极值的步骤可归纳如下.

(1) 求出导数 $f'(x)$;

(2) 求出 $f(x)$ 的所有驻点(即 $f'(x)=0$ 在所讨论的区间内的全部实根)及不可导点(即 $f'(x)$ 不存在的点);

(3) 考察 $f'(x)$ 的符号在每个驻点或不可导点的左、右邻近的情形,以确定该点,并在极值点处确定 $f(x)$ 是取得极大值还是极小值;

(4) 求出函数 $f(x)$ 在各极值点处的函数值,即函数的极大(小)值.

例 1　求函数 $f(x)=(x-1)\sqrt[3]{x^2}$ 的极值.

解　由题意可知,定义域为 $\mathbf{R}$,即

$$f'(x)=x^{\frac{2}{3}}+\frac{2}{3}(x-1)x^{-\frac{1}{3}}=\frac{5x-2}{3\sqrt[3]{x}}.$$

当 $x=0$ 时,$f'(x)$ 不存在;令 $f'(x)=0$,求得驻点 $x=\frac{2}{5}$.具体情况见表 3-4.

表 3-4　函数 $f(x)=(x-1)\sqrt[3]{x^2}$ 的极值

x	$(-\infty, 0)$	0	$\left(0, \frac{2}{5}\right)$	$\frac{2}{5}$	$\left(\frac{2}{5}, +\infty\right)$
$f'(x)$	$+$	不存在	$-$	0	$+$
$f(x)$	↗	极大值	↘	极小值	↗

由上表可得，$f(x)$ 在 $x=0$ 处有极大值 $f(0)=0$；在 $x=\frac{2}{5}$ 处有极小值 $f\left(\frac{2}{5}\right)=-\frac{3}{5}\sqrt[3]{\frac{4}{25}}$.

当函数 $f(x)$ 在驻点处的二阶导数存在且不为零时，也可利用下述定理来判定函数 $f(x)$ 在驻点处是否取得极值.

定理 3(判定极值的第二充分条件)　设函数 $f(x)$ 在点 x_0 处具有二阶导数，且 $f'(x_0)=0$，$f''(x_0)\neq 0$，则

(1) 当 $f''(x_0)<0$ 时，函数 $f(x)$ 在 x_0 处取得极大值；

(2) 当 $f''(x_0)>0$ 时，函数 $f(x)$ 在 x_0 处取得极小值.

定理 3 表明，如果函数 $f(x)$ 在驻点 x_0 处的二阶导数 $f''(x_0)\neq 0$，那么，该驻点 x_0 一定是极值点，并且可以按二阶导数 $f''(x_0)$ 的符号来判定 $f(x_0)$ 是极大值还是极小值.但如果 $f''(x_0)=0$，那么，定理 3 就不能应用.事实上，当 $f'(x_0)=0$，$f''(x_0)=0$ 时，$f(x)$ 在 x_0 处可能有极值，也可能没有极值.例如，$f_1(x)=-x^4$，$f_2(x)=x^4$，$f_3(x)=x^3$ 这三个函数在 $x=0$ 处就分别有极大值、极小值和没有极值.因此，如果函数在 x_0 处 $f''(x_0)=0$，那么，可以用 $f'(x_0)$ 在驻点邻近的符号来判定；若函数在驻点处有

$$f''(x_0)=\cdots=f^{(n-1)}(x_0)=0,\quad f^{(n)}(x_0)\neq 0,$$

也可利用具有佩亚诺余项的泰勒公式来讨论判定.

例 2　求函数 $f(x)=(x^2-1)^3+1$ 的极值.

解　$f'(x)=6x(x^2-1)^2$.

令 $f'(x)=0$，求得驻点 $x_1=-1$，$x_2=0$，$x_3=1$.

$f''(x)=6(x^2-1)(5x^2-1)$.

因 $f''(0)=6>0$，故 $f(x)$ 在 $x=0$ 处取得极小值，极小值为 $f(0)=0$.

因 $f''(-1)=f''(1)=0$，故用定理 3 无法判别.即考察 $f'(x)$ 在驻点 $x_1=-1$ 及 $x_3=1$ 左右邻近的符号：当 x 取 -1 左侧邻近的值时，$f'(x)<0$；当 x 取 -1 右侧邻近的值时，$f'(x)<0$；符号未改变，故 $f(x)$ 在 $x=-1$ 处没有极值.同理，$f(x)$ 在 $x=1$ 处也没有极值，如图 3-11 所示.

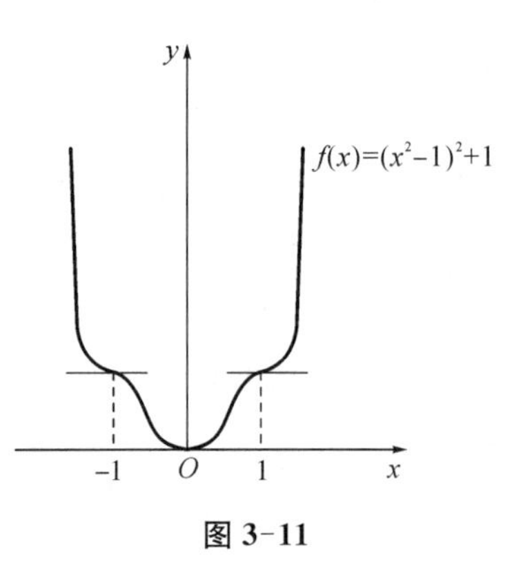

图 3-11

3.5.2　函数的最值

假定函数 $f(x)$ 在闭区间 $[a, b]$ 上连续,在开区间 (a, b) 内除有限个点外可导,且至多有有限个驻点.在上述条件下,讨论 $f(x)$ 在 $[a, b]$ 上的最值求法.

首先,由闭区间上连续函数的性质可知, $f(x)$ 在 $[a, b]$ 上的最大值和最小值一定存在.

其次,如果最大值(或最小值) $f(x_0)$ 在开区间 (a, b) 内的点 x_0 处取得,那么,按 $f(x)$ 在开区间内除有限个点外可导且至多有有限个驻点的假定,可知 $f(x_0)$ 一定也是 $f(x)$ 的极大值(或极小值),从而 x_0 一定是 $f(x)$ 的驻点或不可导点.又 $f(x)$ 的最大值和最小值也可能在区间的端点处取得.因此,求 $f(x)$ 在 $[a, b]$ 上的最大值和最小值可按以下步骤进行:

(1) 求出 $f(x)$ 在 (a, b) 内的驻点及不可导点;

(2) 计算 $f(x)$ 在上述驻点、不可导点处的函数值及 $f(a)$, $f(b)$;

(3) 比较(2)中诸值的大小,其中最大者为 $f(x)$ 在 $[a, b]$ 上的最大值,最小值者为 $f(x)$ 在 $[a, b]$ 上的最小值.

例 3　求函数 $f(x)=|x^2-3x+2|$ 在 $[-3, 4]$ 的最大值与最小值.

解　$$f(x)=\begin{cases} x^2-3x+2, & x\in[-3, 1]\cup[2, 4], \\ -x^2+3x-2, & x\in(1, 2); \end{cases}$$

$$f'(x)=\begin{cases} 2x-3, & x\in[-3, 1]\cup[2, 4], \\ -2x+3, & x\in(1, 2). \end{cases}$$

在 $(-3, 4)$ 内, $f(x)$ 的驻点为 $x=\frac{3}{2}$; 不可导点为 $x=1$, 2. 具体情况见表 3-5.

表 3-5　函数 $f(x)=|x^2-3x+2|$ 在 $[-3, 4]$ 的最值

x	-3	1	$\frac{3}{2}$	2	4
$f(x)$	20	0	$\frac{1}{4}$	0	6

由上表可得, $f(x)$ 在 $x=-3$ 处取得最大值 20,在 $x=1$ 或 $x=2$ 处取得最小值 0.

3.5.3　实际问题的应用

在工农业生产、工程技术及科学实验等实际应用中,经常会碰到一些问题: 在一定的条件下,怎样使“产品最多”“成本最低”“效率最高”等问题,这类问题可归结为求某一函数(目标函数)的最值问题。

例 4　铁路线上 AB 段的距离为 100 km. 工厂 C 距 A 处为 20 km, AC 垂直于 AB. 为了运输需要,要在 AB 线上选定一点 D 向工厂修筑一条公路.已知铁路与公路每千米货运运费之比为 3∶5.为了使货物从供应站 B 运到工厂 C 的运费最省,问 D 点应选在何处?

解 设 $AD=x$ km，则

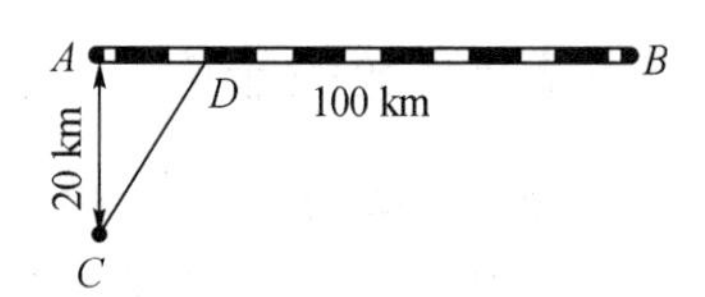

图 3-12

$$DB=(100-x)\text{km},\quad CD=\sqrt{20^2+x^2}=\sqrt{400+x^2}.$$

由于铁路与公路每千米货运运费之比为 3∶5，因此不妨设铁路上每千米的运费为 $3k$，公路上每千米的运费为 $5k$(k 为某个正数，因它与本题的解无关，所以不必定出).设从 B 点到 C 点需要的总运费为 y，则

$$y=5k\cdot CD+3k\cdot DB,$$

即

$$y=5k\sqrt{400+x^2}+3k(100-x),\quad 0\leqslant x\leqslant 100.$$

现在，问题就归结为 x 在 $[0,100]$ 内取何值时目标函数 y 的值最小.

先求 y 对 x 的导数

$$y'=k\left(\frac{5x}{\sqrt{400+x^2}}-3\right),$$

解方程 $y'=0$，得 $x=15$ km.

由于 $y|_{x=0}=400k$，$y|_{x=15}=380k$，$y|_{x=100}=500k\sqrt{1+\frac{1}{5^2}}$，其中，以 $y|_{x=15}=380k$ 最小，因此，当 $AD=x=15$ km 时，总运费为最省.

3.6 函数图形的描绘

前面章节讨论了函数的基本性质和一阶、二阶导数及函数图形变化形态的关系，这些都可以应用在函数图形的描绘中去，再结合即将介绍的曲线渐近线，可对某些函数的图形描绘有极大的帮助.

3.6.1 曲线的渐近线

有些函数的定义域与值域都是有限区间，此时函数的图形局限于一定的范围之内，如圆、椭圆等.而有些函数的定义域或值域是无穷区间，此时函数的图形向无穷远处延伸，如双曲线、抛物线等.有些向无穷远处延伸的曲线，呈现出越来越接近某一直线的形态，这种直线就是曲线的渐近线.

定义 1 如果曲线上的一点沿着曲线趋于无穷远时，该点与某条直线的距离趋于 0，则称此直线为曲线的**渐近线**.

如果给定曲线的方程为 $y=f(x)$，如何确定该曲线是否有渐近线呢？如果有渐近线，又怎样求出它呢？下面分三种情形进行讨论.

1. 水平渐近线

如果曲线 $y=f(x)$ 的定义域是无穷区间，且

$$\lim_{x \to -\infty} f(x) = b \quad \text{或} \quad \lim_{x \to +\infty} f(x) = b,$$

则直线 $y=b$ 为曲线 $y=f(x)$ 的**水平渐近线**,如图 3-13 所示.

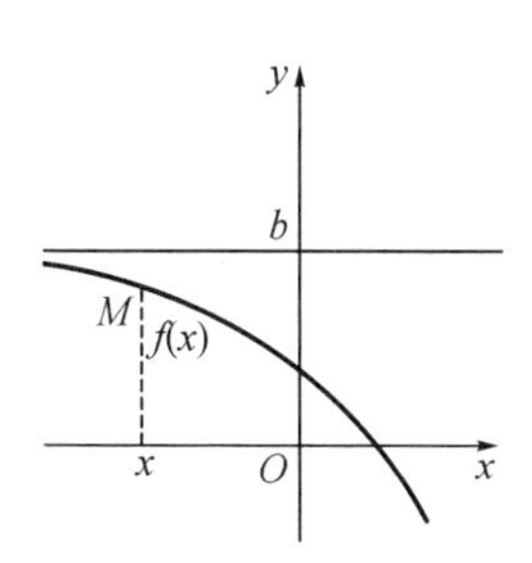

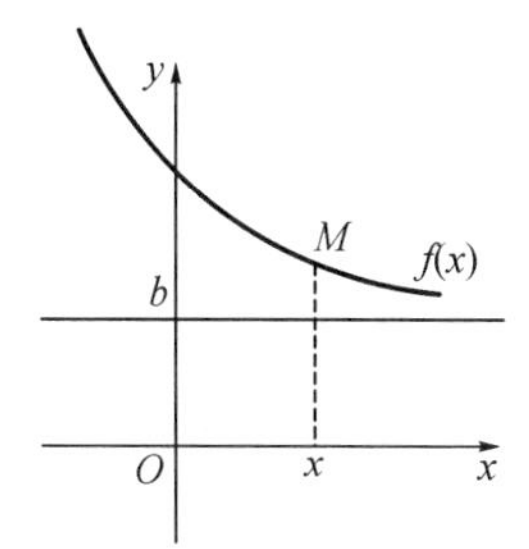

图 3-13

例 1　求曲线 $y=\dfrac{1}{x-1}$ 的水平渐近线.

解　因为 $\lim\limits_{x \to \pm\infty} \dfrac{1}{x-1}=0$,

所以 $y=0$ 是曲线的一条水平渐近线,如图 3-14 所示.

2. 铅直渐近线

如果曲线 $y=f(x)$ 的定义域是无穷区间,且

$$\lim_{x \to c^-} f(x) = \infty \quad \text{或} \quad \lim_{x \to c^+} f(x) = \infty,$$

则直线 $x=c$ 为曲线 $y=f(x)$ 的**铅直渐近线**(或**垂直渐近线**),如图 3-15 所示.

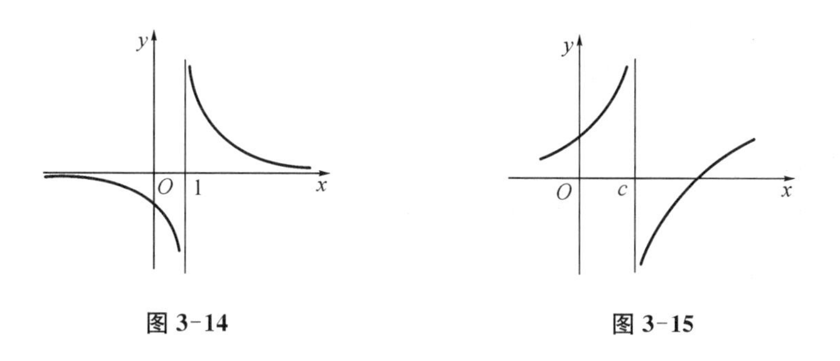

图 3-14　　图 3-15

例 2　求曲线 $y=\dfrac{1}{x-1}$ 的铅直渐近线.

解　因为 $\lim\limits_{x \to 1^-} \dfrac{1}{x-1}=-\infty$, $\lim\limits_{x \to 1^+} \dfrac{1}{x-1}=+\infty$,

所以 $x=1$ 是曲线的一条铅直渐近线,如图 3-14 所示.

3. 斜渐近线

如果 $\lim\limits_{x\to\pm\infty}\dfrac{f(x)}{x}=a\neq 0$，求出 a 后，将 a 代入式 $\lim\limits_{x\to\pm\infty}[f(x)-ax]$，存在极限 b，即

$$\lim_{x\to\pm\infty}[f(x)-(ax+b)]=0$$

成立，则 $y=ax+b$ 为曲线 $y=f(x)$ 的**斜渐近线**，如图3-16所示.

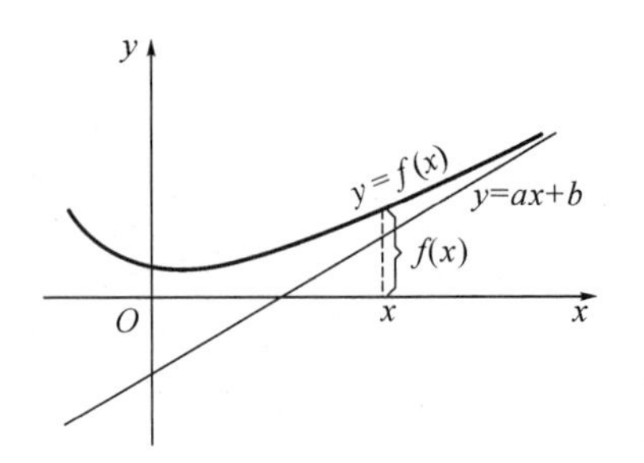

图 3-16

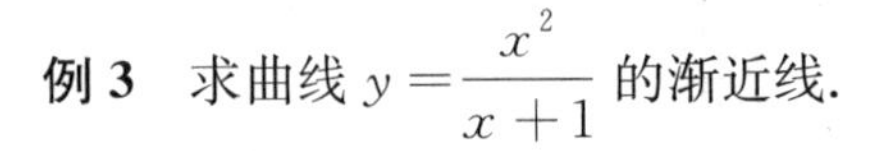

例 3　求曲线 $y=\dfrac{x^2}{x+1}$ 的渐近线.

解　(1)由 $\lim\limits_{x\to-1^-}\dfrac{x^2}{x+1}=-\infty$，$\lim\limits_{x\to-1^+}\dfrac{x^2}{x+1}=+\infty$，可知 $x=-1$ 是曲线的铅直渐近线.

(2) 由
$$k=\lim_{x\to\infty}\frac{f(x)}{x}=\lim_{x\to\infty}\frac{x}{x+1}=1$$

和

$$b=\lim_{x\to\infty}[f(x)-kx]=\lim_{x\to\infty}\left(\frac{x^2}{x+1}-x\right)=\lim_{x\to\infty}\frac{-x}{x+1}=-1,$$

可得 $y=x-1$ 是曲线的斜渐近线.

3.6.2　函数图形的描绘

结合上文所了解的函数的各种性态，函数图形描绘的具体步骤如下：

(1) 确定函数的定义域；

(2) 确定曲线的对称性；

(3) 讨论函数的增减性和极值；

(4) 讨论曲线的凹凸性和拐点；

(5) 确定曲线的渐近线；

(6) 由曲线的方程可得特殊点的坐标，尤其是曲线与坐标轴的交点坐标.

例 4　作出函数 $y=\dfrac{4(x+1)}{x^2}-2$ 的图形.

解　(1) 定义域：$x\neq 0$.

(2) 增减性、极值、凹凸性和拐点：

$$y'=-\frac{4(x+2)}{x^3},\quad y''=\frac{8(x+3)}{x^4}.$$

令 $y'=0$，得 $x=-2$；令 $y''=0$，得 $x=-3$. 具体情况见表 3-6.

表 3-6　函数 $y=\frac{4(x+1)}{x^2}-2$ 的极值、凹凸性和拐点

x	$(-\infty,-3)$	-3	$(-3,-2)$	-2	$(-2,0)$	0	$(0,+\infty)$
y'	$-$		$-$	0	$+$		$-$
y''	$-$	0	$+$		$+$		$+$
y	∩↘	$-\frac{26}{9}$	∩↘	-3 极小值	∪↗	间断	∪↘

(3) 确定渐近线：

因为 $\lim\limits_{x\to\pm\infty}\left[\frac{4(x+1)}{x^2}-2\right]=-2$，所以 $y=-2$ 是水平渐近线；

又因为 $\lim\limits_{x\to 0}\left[\frac{4(x+1)}{x^2}-2\right]=\infty$，所以 $x=0$ 是铅直渐近线.

(4) 描出函数图形上的点：

$$A(-1,-2),\quad B(1,6),\quad C(2,1),\quad D\left(3,-\frac{2}{9}\right),$$

即可作出函数的图形，如图 3-17 所示.

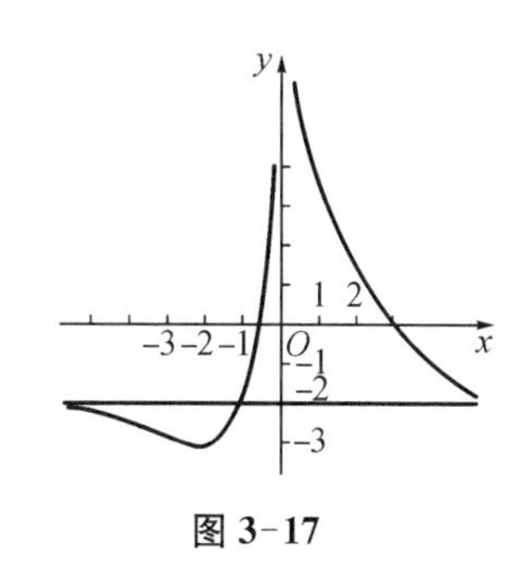

图 3-17

例 5　作函数 $y=\frac{c}{1+b\mathrm{e}^{-ax}}(a,b,c>0)$ 的图形.

解　(1) 定义域：**R**，

(2) 增减性、极值、凹凸性及拐点：

$$y'=\frac{abc\mathrm{e}^{-ax}}{(1+b\mathrm{e}^{-ax})^2}>0,$$

所以函数单调递增，无极值.

$$y''=\frac{a^2bc\mathrm{e}^{-ax}(b\mathrm{e}^{-ax}-1)}{(1+b\mathrm{e}^{-ax})^3}.$$

令 $y''=0$，有 $\mathrm{e}^{-ax}=\frac{1}{b}$，即 $ax=\ln b$，$x=\frac{\ln b}{a}$.

当 $x<\frac{\ln b}{a}$ 时，$y''>0$，曲线凹；当 $x>\frac{\ln b}{a}$ 时，$y''<0$，曲线凸，

因此，$\left(\frac{\ln b}{a},\frac{c}{2}\right)$ 为拐点.

(3) 确定渐近线：

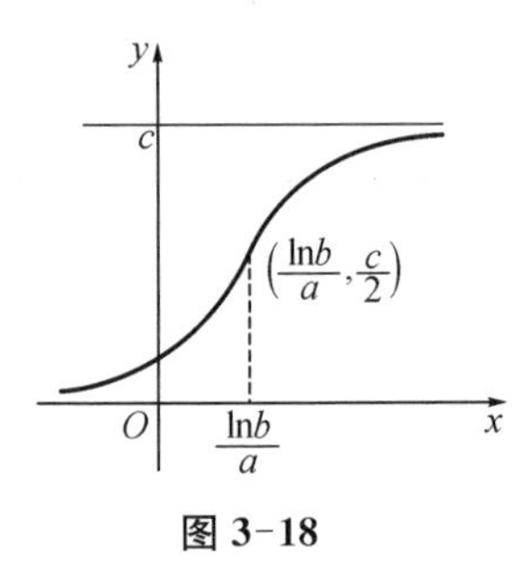

图 3-18

$$\lim_{x\to+\infty}\frac{c}{1+b\mathrm{e}^{-ax}}=c,\quad \lim_{x\to-\infty}\frac{c}{1+b\mathrm{e}^{-ax}}=0.$$

所以 $y=0$ 及 $y=c$ 为两条水平渐近线，如图 3-18 所示.该曲线称为**逻辑斯蒂曲线**，在实际问题中应用广泛.

3.7 曲　　率

在工程技术中常需要考虑曲线的弯曲程度.例如，公路、铁路的弯道，梁在荷载作用下弯曲的程度，等等.为此，引入曲率的概念.

3.7.1 弧微分

设函数 $f(x)$ 具有一阶连续导数.在曲线 $y=f(x)$ 上取定一点 A 作为度量弧长的起点，并规定以 x 增大的方向作为曲线的正向.对于曲线上任意一点 $M(x, y)$，规定有向弧段 $\overset{\frown}{AM}$ 的值 s（简称为弧 s）如下：s 的绝对值等于弧 $\overset{\frown}{AM}$ 的长度，当 $\overset{\frown}{AM}$ 的方向与曲线的正向一致时，$s>0$；当 $\overset{\frown}{AM}$ 的方向与曲线的正向相反时，$s<0$. 显然，弧 s 是 x 的函数，即 $s=s(x)$，且它是单调增加的.下面先求 $s(x)$ 的导数和微分.

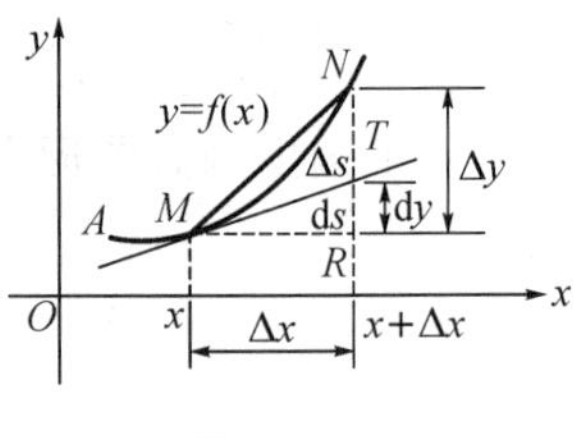

图 3-19

在点 $M(x, y)$ 的邻近取一点 $N(x+\Delta x, y+\Delta y)$，则弧 s 的增量 Δs 为 $\overset{\frown}{MN}$（图 3-19），于是

$$\left(\frac{\Delta s}{\Delta x}\right)^2=\left(\frac{\overset{\frown}{MN}}{\Delta x}\right)^2=\left(\frac{\overset{\frown}{MN}}{|MN|}\right)^2\left(\frac{|MN|}{\Delta x}\right)^2=\left(\frac{\overset{\frown}{MN}}{|MN|}\right)^2\cdot\frac{(\Delta x)^2+(\Delta y)^2}{(\Delta x)^2},$$

$$\frac{\Delta s}{\Delta x}=\pm\sqrt{\frac{(\Delta x)^2+(\Delta y)^2}{(\Delta x)^2}}\cdot\frac{|\overset{\frown}{MN}|}{|MN|}=\pm\sqrt{1+\left(\frac{\Delta y}{\Delta x}\right)^2}\cdot\frac{|\overset{\frown}{MN}|}{|MN|}.$$

因为当 $\Delta x\to 0$ 时，$N\to M$，可证得 $\lim\limits_{\Delta x\to 0}\dfrac{|\overset{\frown}{MN}|}{|MN|}=1$，而 $\lim\limits_{\Delta x\to 0}\dfrac{\Delta y}{\Delta x}=y'$，故得

$$\frac{\mathrm{d}s}{\mathrm{d}x}=\lim_{\Delta x\to 0}\frac{\Delta s}{\Delta x}=\pm\lim_{\Delta x\to 0}\sqrt{1+\left(\frac{\Delta y}{\Delta x}\right)^2}=\pm\sqrt{1+y'^2}.$$

又因为 $s(x)$ 是单调增加的，有 $\dfrac{\mathrm{d}s}{\mathrm{d}x}>0$，即

$$\frac{\mathrm{d}s}{\mathrm{d}x}=\sqrt{1+y'^2}. \tag{3-12}$$

由导数与微分的关系，可得弧的微分为

$$ds = \sqrt{1 + y'^2}\, dx. \tag{3-13}$$

这就是**弧微分公式**.

3.7.2　曲率的概念及计算公式

先从图形上来分析曲线的弯曲程度与哪些因素量有关.

在图 3-20 中,曲线弧 $\widehat{M_1M_2}$ 与 $\widehat{M_2M_3}$ 的长度相等,但 $\widehat{M_2M_3}$ 比 $\widehat{M_1M_2}$ 的弯曲程度大. 当动点沿曲线弧 $\widehat{M_1M_2}$ 由点 M_1 移动到点 M_2 时,相应的切线由 M_1T_1 转动到 M_2T_2, 切线所转过的角(简称转角)就是切线 M_1T_1 与 M_2T_2 所夹的角 $\Delta\alpha_1$; 当动点沿曲线弧 $\widehat{M_2M_3}$ 由点 M_2 移动到点 M_3 时,切线的转角 $\Delta\alpha_2$, 明显 $\Delta\alpha_2 > \Delta\alpha_1$. 由此可知,当弧长相等时,切线的转角越大,曲线的弯曲程度也就越大.

但是,切线的转角的大小还不能完全反映曲线的弯曲程度. 如图 3-21 所示,曲线弧 $\widehat{M_1N_1}$ 的长度为 Δs_1, 曲线弧 $\widehat{M_2N_2}$ 的长度为 Δs_2, $\Delta s_1 < \Delta s_2$. 尽管切线的转角相同,都是 $\Delta\alpha$, 但是由图可看出,当转角相等时,弧长越短,曲线的弯曲程度就越大.

从以上直观的分析可知,曲线的弯曲程度不仅与切线的转角 $\Delta\alpha$ 的大小有关,而且还与所考察的曲线弧段的弧长 Δs 有关. 下面引入描述曲线弯曲程度的曲率的概念.

设曲线 C 具有连续转动的切线,在曲线 C 上选定一点 A 作为度量弧 s 的起点. 设曲线上点 M 对应于弧 s, 切线的倾角为 α; 曲线上另一点 N 对应于弧 $s + \Delta s$, 切线的倾角为 $\alpha + \Delta\alpha$ (图 3-22). 那么,曲线弧 $\widehat{MN}$ 的长度为 $|\Delta s|$, 当动点 M 沿曲线 C 移动至点 N 时,切线转过的角度为 $|\Delta\alpha|$.

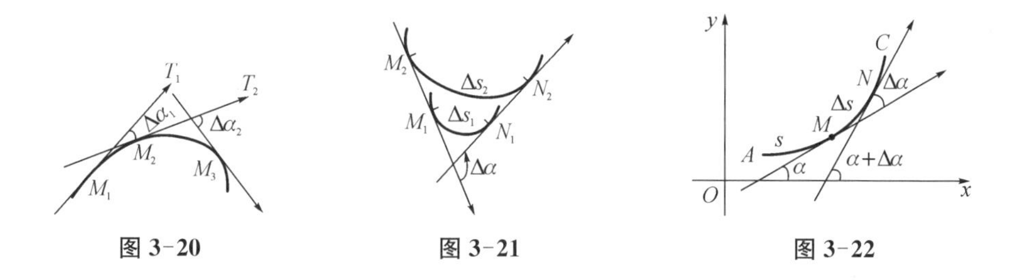

图 3-20　　图 3-21　　图 3-22

用比值 $\dfrac{|\Delta\alpha|}{|\Delta s|}$, 即单位弧段上切线转角的大小来表达曲线弧 $\widehat{MN}$ 的平均弯曲程度,称此比值为曲线弧 $\widehat{MN}$ 的**平均曲率**,记作 $\bar{K}$, 即

$$\bar{K} = \left|\frac{\Delta\alpha}{\Delta s}\right|.$$

一般来说,曲线上各点处的弯曲情形常常是不相同的,因此,就需要讨论每一点处曲线的弯曲程度. 但是,平均曲率并不能精确地表示曲线在某一点处的弯曲程度. 那么,如何描述曲线在某一点 M 处的弯曲程度呢?

类似于从平均速度引进瞬时速度的方法,当 $\Delta s \to 0$(即 $N \to M$) 时,上述平均曲率

$\left|\frac{\Delta\alpha}{\Delta s}\right|$ 的极限称为**曲线 C 在点 M 处的曲率**，记作 K，即

$$K=\lim_{\Delta s\to 0}\left|\frac{\Delta\alpha}{\Delta s}\right|.$$

在 $\lim\limits_{\Delta s\to 0}\left|\frac{\Delta\alpha}{\Delta s}\right|=\frac{d\alpha}{ds}$ 存在的条件下，$K=\left|\frac{d\alpha}{ds}\right|$，即曲线在点 M 处的曲率是切线的倾角对弧长的变化率(导数)的绝对值.

例 1 证明：直线的曲率等于零.

证明 对于直线来说，切线与直线重合，当点沿直线移动时，切线的倾角 α 不变(图 3-23).此时，$\Delta\alpha=0$，$\frac{\Delta\alpha}{\Delta s}=0$. 从而平均曲率 $\bar{K}=\left|\frac{\Delta\alpha}{\Delta s}\right|=0$. 当 $\Delta s\to 0$ 时，取平均曲率的极限，得

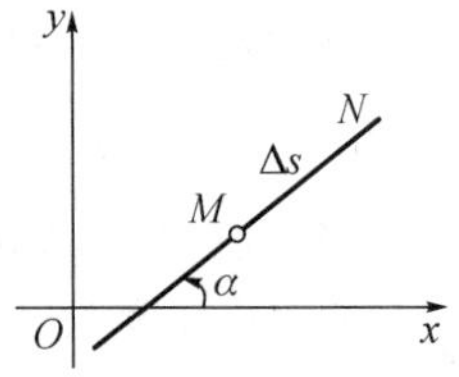

图 3-23

$$K=\lim_{\Delta s\to 0}\left|\frac{\Delta\alpha}{\Delta s}\right|=0.$$

这就是说，直线上任意点 M 处的曲率等于零，直线是没有弯曲的.

例 2 求半径为 a 的圆的曲率.

解 如图 3-24 所示.在圆上任取点 M 及 N，在点 M 及 N 处圆的切线所夹的角 $\Delta\alpha$ 等于圆心角 $\angle MCN$，而

$$\angle MCN=\frac{\Delta s}{a}，\quad 即 \quad \Delta\alpha=\frac{\Delta s}{a},$$

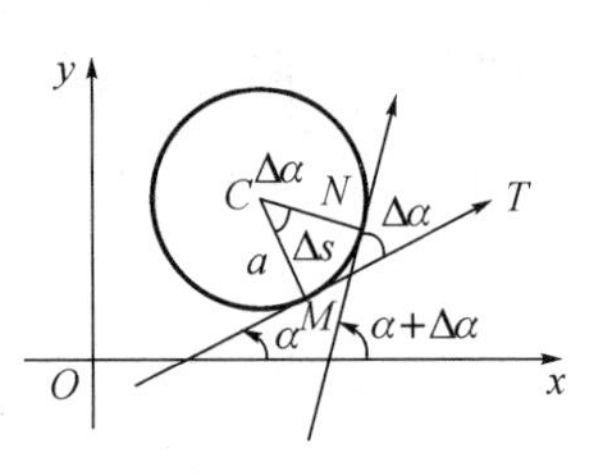

图 3-24

于是，平均曲率为

$$\bar{K}=\left|\frac{\Delta\alpha}{\Delta s}\right|=\frac{1}{a}.$$

根据曲率的定义，半径为 a 的圆上任意一点 M 处的曲率为

$$K=\lim_{\Delta s\to 0}\left|\frac{\Delta\alpha}{\Delta s}\right|=\lim_{\Delta s\to 0}\frac{1}{a}=\frac{1}{a}.$$

这个结果表示，圆上各点处的曲率都等于半径 a 的倒数 $\frac{1}{a}$，即圆上各点处的弯曲程度都相同，且半径越小，则曲率越大，即圆弧弯曲程度越大.

一般来说，直接由定义计算曲线的曲率是比较困难的，因此，要根据曲率的定义式 $K=\left|\frac{d\alpha}{ds}\right|$ 导出便于实际计算曲率的公式.

设曲线 $y=f(x)$，且 $f(x)$ 具有二阶导数.由导数的几何意义可知，曲线在点 $M(x,y)$ 处的切线斜率为

$$y' = \tan\alpha.$$

上式两边对 x 求导，且 α 是 x 的函数，利用复合函数求导法则，得

$$y'' = \sec^2\alpha \frac{d\alpha}{dx}.$$

于是

$$\frac{d\alpha}{dx} = \frac{y''}{\sec^2\alpha} = \frac{y''}{1+\tan^2\alpha} = \frac{y''}{1+y'^2},$$

即

$$d\alpha = \frac{y''}{1+y'^2}dx.$$

又因

$$ds = \sqrt{1+y'^2}\,dx,$$

有

$$K = \left|\frac{d\alpha}{ds}\right| = \left|\frac{\frac{y''}{1+y'^2}dx}{\sqrt{1+y'^2}\,dx}\right| = \left|\frac{y''}{(1+y'^2)^{\frac{3}{2}}}\right|,$$

即

$$K = \frac{|y''|}{(1+y'^2)^{\frac{3}{2}}}. \tag{3-14}$$

例3 求立方抛物线 $y = ax^3 (a > 0)$ 在点 $(0, 0)$ 及点 $(1, a)$ 处的曲率.

解 $y' = 3ax^2$，$y'' = 6ax$. 代入曲率公式(3-14)，得

$$K = \frac{6a|x|}{(1+9a^2x^4)^{\frac{3}{2}}}.$$

在点 $(0, 0)$ 及点 $(1, a)$ 处的曲率分别为

$$K(0, 0) = \left.\frac{6a|x|}{(1+9a^2x^4)^{\frac{3}{2}}}\right|_{x=0} = 0$$

及

$$K(1, a) = \left.\frac{6a|x|}{(1+9a^2x^4)^{\frac{3}{2}}}\right|_{x=1} = \frac{6a}{(1+9a^2)^{\frac{3}{2}}}.$$

例4 求椭圆 $\frac{x^2}{4} + \frac{y^2}{6} = 1$ 在点 $\left(1, \frac{3\sqrt{2}}{2}\right)$ 处的曲率.

解 利用隐函数的求导法，两端对 x 求导，得

$$\frac{1}{2}x+\frac{1}{3}yy'=0,$$

解得
$$y'=-\frac{3x}{2y}.$$

上式两边再对 x 求导,得

$$y''=-\frac{3}{2}\cdot\frac{y-xy'}{y^2}.$$

因此

$$y'\Big|_{\substack{x=1\\ y=\frac{3\sqrt{2}}{2}}}=-\frac{\sqrt{2}}{2},\quad y''\Big|_{\substack{x=1\\ y=\frac{3\sqrt{2}}{2}}}=-\frac{3}{2}\cdot\frac{y-xy'}{y^2}\Big|_{\substack{x=1\\ y=\frac{3\sqrt{2}}{2}\\ y'=-\frac{\sqrt{2}}{2}}}=-\frac{2\sqrt{2}}{3}.$$

将其代入曲率公式(3-14),可得曲率为

$$K=\left|\frac{-\frac{2\sqrt{2}}{3}}{\left[1+\left(-\frac{\sqrt{2}}{2}\right)^2\right]^{\frac{3}{2}}}\right|=\frac{8}{9\sqrt{3}}.$$

例 5 求摆线 $\begin{cases}x=a(t-\sin t),\\ y=a(1-\cos t),\end{cases}$ $a>0$ 在 $t=\pi$ 处的曲率.

解 由参数方程所确定的函数的求导法则,得

$$\frac{\mathrm{d}x}{\mathrm{d}t}=a(1-\cos t),\quad \frac{\mathrm{d}y}{\mathrm{d}t}=a\sin t,$$

$$\frac{\mathrm{d}y}{\mathrm{d}x}=\frac{\frac{\mathrm{d}y}{\mathrm{d}t}}{\frac{\mathrm{d}x}{\mathrm{d}t}}=\frac{a\sin t}{a(1-\cos t)}=\frac{2\sin\frac{t}{2}\cos\frac{t}{2}}{2\sin^2\frac{t}{2}}=\cot\frac{t}{2},$$

上式两边再对 x 求导一次,得

$$\frac{\mathrm{d}^2y}{\mathrm{d}x^2}=\frac{\mathrm{d}\left(\cot\frac{t}{2}\right)}{\mathrm{d}t}\frac{\mathrm{d}t}{\mathrm{d}x}=-\frac{1}{2}\csc^2\frac{t}{2}\frac{1}{\frac{\mathrm{d}x}{\mathrm{d}t}}$$

$$=-\frac{1}{2}\csc^2\frac{t}{2}\frac{1}{a(1-\cos t)}=-\frac{1}{4a}\frac{1}{\sin^4\frac{t}{2}}.$$

又因

$$(1+y'^2)^{\frac{3}{2}}=\left(1+\cot^2\frac{t}{2}\right)^{\frac{3}{2}}=\left(\csc^2\frac{t}{2}\right)^{\frac{3}{2}}=\frac{1}{\sin^3\frac{t}{2}},$$

将其代入曲率公式(3-14)，可得在 $t=\pi$ 处的曲率为

$$K\Big|_{t=\pi}=\frac{1}{4a\left|\sin\frac{t}{2}\right|_{t=\pi}}=\frac{1}{4a}.$$

例 6　试问：抛物线 $y=ax^2+bx+c$ 上哪一点处的曲率最大？

解　由 $y=ax^2+bx+c$，得 $y'=2ax+b$，$y''=2a$，代入曲率公式(3-14)，得

$$K=\frac{|2a|}{[1+(2ax+b)^2]^{\frac{3}{2}}}.$$

因为 K 的分子是常数 $|2a|$，所以，只要分母最小，K 就最大.容易看出，当 $2ax+b=0$，即 $x=-\dfrac{b}{2a}$ 时，K 的分母最小，因而 K 有最大值 $|2a|$. 而当 $x=-\dfrac{b}{2a}$ 时，

$$y=-\frac{b^2-4ac}{4a},$$

所以，抛物线在点 $\left(-\dfrac{b}{2a},-\dfrac{b^2-4ac}{4a}\right)$ 处的曲率最大.由平面解析几何可知，这也恰好是抛物线的顶点.因此，抛物线在顶点处的曲率最大.

在一些实际问题里，如果 $|y'|\ll 1$(即 $|y'|$ 与 1 相比较起来要小得多)，则 y'^2 可以忽略不计.这时，由于 $1+y'^2\approx 1$，从而有曲率的近似公式：

$$K=\frac{|y''|}{(1+y'^2)^{\frac{3}{2}}}\approx|y''|. \tag{3-15}$$

这是工程上常用的一种近似计算曲率的方法.

3.7.3　曲率半径与曲率圆

若曲线 $y=f(x)$ 在点 $M(x,y)$ 处的曲率 $K\neq 0$，则称曲率 K 的倒数 $\dfrac{1}{K}$ 为曲线在该点处的曲率半径，记为 ρ，即

$$\rho=\frac{1}{K}=\frac{(1+y'^2)^{\frac{3}{2}}}{|y''|}. \tag{3-16}$$

由例 2 可知，圆的曲率半径就是它的半径.

过曲线 $y=f(x)$ 上点 $M(x, y)$ 作曲线的法线(图 3-25).在法线上沿曲线凹向的一侧取一点 C,使 $|MC|=\frac{1}{K}=\rho$. 以 C 为圆心、ρ 为半径作圆,则称此圆为曲线 $y=f(x)$ 在 M 处的**曲率圆**,而称曲率圆的圆心 C 为曲线在点 M 处的**曲率中心**.

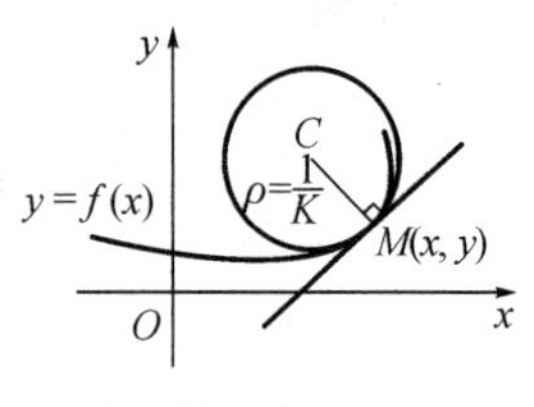

图 3-25

曲率圆具有如下性质:

(1) 它与曲线在点 M 处相切;

(2) 它与曲线在点 M 处凹向相同;

(3) 它的曲率与曲线在点 M 处的曲率相等.

由于在点 M 处的曲率圆与曲线的这种密切关系,有时也称曲率圆为密切圆.在实际问题里,讨论有关曲线在某点处的形态时,经常用该点处的曲率圆来近似代替曲线,从而使问题得到简化.

例 7 求曲线 $y=a\ln\left(1-\frac{x^2}{a^2}\right)(a>0)$ 上的点,使在该点的曲率半径为最小.

解
$$y'=\frac{-2ax}{a^2-x^2},\quad y''=\frac{-2a(a^2+x^2)}{(a^2-x^2)^2}.$$

曲率半径为
$$\rho=\frac{(1+y'^2)^{\frac{3}{2}}}{|y''|}=\frac{(a^2+x^2)^2}{2a(a^2-x^2)}.$$

因为
$$\frac{\mathrm{d}\rho}{\mathrm{d}x}=\frac{x(a^2+x^2)(3a^2-x^2)}{a(a^2-x^2)^2},$$

所以,令 $\frac{\mathrm{d}\rho}{\mathrm{d}x}=0$,便可求得函数 $\rho=\frac{(a^2+x^2)^2}{2a(a^2-x^2)}$ 在定义域 $(-a, a)$ 内的驻点为 $x=0$.

当 $-a<x<0$ 时,$\frac{\mathrm{d}\rho}{\mathrm{d}x}<0$;当 $0<x<a$ 时,$\frac{\mathrm{d}\rho}{\mathrm{d}x}>0$,所以 ρ 在 $x=0$ 处取得极小值,这个极小值也就是定义域内的最小值.因此,曲线在原点 $(0, 0)$ 处的曲率半径最小.

总 习 题 3

1. 选择题.

(1) 下列四个函数中,在 $[-1, 1]$ 上满足罗尔定理条件的是( ).

A. $y=8|x|+1$ B. $y=4x^2+1$

C. $y=\frac{1}{x^2}$ D. $y=|\sin x|$

(2) 函数 $f(x)=\frac{1}{x}$ 满足拉格朗日中值定理条件的区间是( ).

A. $[-2, 2]$ B. $[-2, 0]$ C. $[1, 2]$ D. $[0, 1]$

(3) 设函数 $y=\frac{2x}{1+x^2}$,则( ).

A. 在 $(-\infty, +\infty)$ 单调增加　　B. 在 $(-\infty, +\infty)$ 单调减少

C. 只在区间 $(-1, 1)$ 单调增加　　D. 只在区间 $(-1, 1)$ 单调减少

(4) 下列关于曲线 $y=\dfrac{e^x}{1+x}$ 的拐点说法正确的是(　　).

A. 有 1 个拐点　　B. 有 2 个拐点

C. 有 3 个拐点　　D. 无拐点

(5) 下列关于曲线 $y=\dfrac{x}{3-x^2}$ 的渐近线说法正确的是(　　).

A. 没有水平渐近线,也没有斜渐近线

B. $x=\sqrt{3}$ 为其垂直渐近线,但无水平渐近线

C. 即有垂直渐近线,又有水平渐近线

D. 只有水平渐近线

2. 填空题.

(1) 函数 $f(x)=2x^2-x-3$ 在区间 $\left[-1, \dfrac{3}{2}\right]$ 上满足罗尔定理的条件中的 $\xi=$________.

(2) 在 $[-1, 3]$ 上,函数 $f(x)=1-x^2$ 满足拉格朗日中值定理中的 $\xi=$________.

(3) 曲线 $y=e^{\frac{1}{x}}-1$ 的水平渐近线的方程为________________.

(4) 曲线 $y=\dfrac{3x^2-4x+5}{(x+3)^2}$ 的铅直渐近线的方程为________________.

(5) 曲线 $y=\begin{cases} x\ln x^2, & x\neq 0, \\ 0, & x=0 \end{cases}$ 的图形在________上是凹的,在________上是凸的,________是该曲线的拐点.

(6) 曲率处处为零的曲线为________;曲率处处相等的曲线为________.

(7) 抛物线 $y=x^2-4x+3$ 在顶点处的曲率为________;曲率半径为________.

(8) 曲线 $y=\ln(x+\sqrt{1+x^2})$ 在$(0, 0)$处的曲率为________.

3. 证明:不等式:

$$nb^{n-1}(a-b)<a^n-b^n<na^{n-1}(a-b)\quad (n>1, a>b>0).$$

4. 用洛必达法则求下列极限.

(1) $\lim\limits_{x\to 1}\dfrac{x^3-3x^2+2}{x^3-x^2-x+1}$;　　(2) $\lim\limits_{x\to 0}\dfrac{3^x+3^{-x}-2}{x^2}$;

(3) $\lim\limits_{x\to 0}\left(\dfrac{1}{x^2}-\dfrac{1}{\sin^2 x}\right)$;　　(4) $\lim\limits_{x\to 0}\dfrac{x-\ln(1+x)}{x^2}$;

(5) $\lim\limits_{x\to 0}\left[\dfrac{1}{\ln(1+x)}-\dfrac{1}{x}\right]$;　　(6) $\lim\limits_{x\to \frac{\pi}{6}}\dfrac{1-2\sin x}{\cos 3x}$;

(7) $\lim\limits_{x\to 0}(1+x^2)^{\frac{1}{x}}$;　　(8) $\lim\limits_{x\to +\infty}\left(\dfrac{\pi}{2}-\operatorname{arctg} x\right)^{\frac{1}{\ln x}}$.

5. 按 $(x-4)$ 的幂展开多项式 $f(x)=x^4-5x^3+x^2-3x+4$.

6. 应用麦克劳林公式,按 x 的幂展开函数 $f(x)=(x^2-3x+1)^3$.

7. 已知函数 $f(x)=ax^3-6ax^2+b(a>0)$,在区间 $[-1, 2]$ 上的最大值为 3,最小值为 -29,求 a, b 的值.

8. 若曲线 $f(x)=ax^3+bx^2+cx+d$ 在点 $x=0$ 处有极值 $y=0$，点 $(1,1)$ 为拐点，求 a,b,c,d 的值.

9. 设函数

$$f(x)=\begin{cases}\dfrac{1-\cos x}{x^2}, & x>0,\\ k, & x=0,\\ \dfrac{1}{x}-\dfrac{1}{e^x-1}, & x<0.\end{cases}$$

当 k 为何值时，$f(x)$ 在点 $x=0$ 处连续?

阅读材料

数学家柯西

柯西，1789 年 8 月 21 日出生于法国巴黎，是一位多产的数学家，他的全集从 1882 年开始出版到 1974 年才出齐最后一卷，总计 28 卷.著作有《代数分析教程》《无穷小分析教程概要》和《微积分在几何中应用教程》.这些工作为微积分奠定了基础，促进了数学的发展，成为数学教程的典范.

柯西(1789—1857)

柯西在幼年时，他的父亲常带他到法国参议院内的办公室，并且在那里指导他学习，因此他有机会遇到参议员拉普拉斯和拉格朗日两位大数学家.他们对柯西的才能十分赏识.拉格朗日认为他将来必定会成为大数学家，但建议他的父亲在他学好文科前不要学数学.

柯西于 1802 年入中学.中学时，他的拉丁文和希腊文取得优异成绩，多次参加竞赛获奖；数学成绩也深受老师赞扬.他于 1805 年考入综合工科学校，在那里主要学习数学和力学；1807 年考入桥梁公路学校，1810 年以优异成绩毕业，前往瑟堡参加海港建设工程.

柯西去瑟堡时携带了拉格朗日的《解析函数论》和拉普拉斯的《天体力学》，后来还陆续收到从巴黎寄出或从当地借得的一些数学书.他在业余时间悉心攻读有关数学各分支方面的书籍，从数论直到天文学.根据拉格朗日的建议，他进行了多面体的研究，并于 1811 年及 1812 年向科学院提交了两篇论文，其中主要成果是：

(1) 证明了凸正多面体只有 5 种(面数分别是 4, 6, 8, 12, 20)，星形正多面体只有 4 种(面数是 12 的 3 种，面数是 20 的 1 种).

(2) 得到了欧拉关于多面体的顶点、面和棱的个数关系式的另一证明并加以推广.

(3) 证明了各面固定的多面体必然是固定的，从此可导出从未证明过的欧几里得的一个定理.

这两篇论文在数学界造成了极大的影响.柯西在瑟堡由于工作劳累生病，于1812年回到巴黎的父母家中休养.

柯西于1813年在巴黎被任命为运河工程的工程师，他在巴黎休养和担任工程师期间，继续潜心研究数学并且参加学术活动.这一时期他的主要贡献是：

(1) 研究代换理论，发表了代换理论和群论在历史上的基本论文.

(2) 证明了费马关于多角形数的猜测，即任何正整数是各角形数的和.这一猜测当时已提出了一百多年，经过许多数学家研究，都没有能够解决.

以上两项研究是柯西在瑟堡时开始进行的.

(3) 用复变函数的积分计算实积分，这是复变函数论中柯西积分定理的出发点.

(4) 研究液体表面波的传播问题，得到流体力学中的一些经典结果，于1815年得法国科学院数学大奖.

以上突出成果的发表给柯西带来了很高的声誉，他成为当时国际上著名的青年数学家.

1815年法国拿破仑失败，波旁王朝复辟，路易十八当上了法国国王.柯西于1816年先后被任命为法国科学院院士和综合工科学校教授.1821年又被任命为巴黎大学力学教授，还曾在法兰西学院授课.这一时期他的主要贡献是：

(1) 在综合工科学校讲授分析课程，建立了微积分的基础极限理论，还阐明了极限理论.在此以前，微积分和级数的概念是模糊不清的.由于柯西的讲法与传统方式不同，当时学校师生对他提出了许多非议.柯西在这一时期出版的著作有《代数分析教程》《无穷小分析教程概要》和《微积分在几何中应用教程》.这些工作为微积分奠定了基础，促进了数学的发展，成为数学教程的典范.

(2) 柯西在担任巴黎大学力学教授后，重新研究连续介质力学.在1822年的一篇论文中，他建立了弹性理论的基础.

(3) 继续研究复平面上的积分及留数计算，并应用有关结果研究数学物理中的偏微分方程等.他的大量论文分别在法国科学院论文集和他自己编写的期刊《数学习题》上发表.

1830年法国爆发了推翻波旁王朝的革命，法国国王查理第十仓皇逃走，奥尔良公爵路易·菲力浦继任法国国王.当时规定在法国担任公职必须宣誓对新国王效忠，由于柯西属于拥护波旁王朝的正统派，他拒绝宣誓效忠，并自行离开法国.他先到瑞士，后于1832—1833年任意大利都灵大学数学物理教授，并参加当地科学院的学术活动.那时他研究了复变函数的级数展开和微分方程(强级数法)，并为此作出重要贡献.

1833—1838年，柯西先在布拉格、后在戈尔兹担任波旁王朝"王储"波尔多公爵的教师，最后被授予"男爵"封号.在此期间，他的研究工作进行得较少.

1838年柯西回到巴黎.由于他没有宣誓对法国国王效忠，只能参加科学院的学术活动，不能担任教学工作.他在创办不久的法国科学院报告和他自己编写的期刊《分析及数学物理习题》上发表了关于复变函数、天体力学、弹性力学等方面的大批重要论文.

1848年法国又爆发了革命，路易·菲力浦倒台，重新建立了共和国，废除了公职人员对法国国王效忠的宣誓.柯西于1848年担任了巴黎大学数理天文学教授，重新进行他在法国高等学校中断了18年的教学工作.

1852 年拿破仑第三发动政变,法国从共和国变成了帝国,恢复了公职人员对新政权的效忠宣誓,柯西立即向巴黎大学辞职.后来拿破仑第三特准免除他和物理学家阿拉果的忠诚宣誓.于是柯西得以继续进行所担任的教学工作,直到 1857 年他在巴黎近郊逝世时为止.柯西直到逝世前仍不断参加学术活动和发表科学论文.

柯西的主要贡献是单复变函数,分析基础,常微分方程.

虽然柯西主要研究分析,但在数学各领域都有贡献.关于涉及数学的其他学科,他在天文和光学方面的成果没有多么突出,可是他却是数理弹性理论的奠基人之一.除以上所述外,他对数学的其他贡献如下:

(1) 分析方面: 在一阶偏微分方程论中行进丁特征线的基本概念;认识到傅立叶变换在解微分方程中的作用;等等.

(2) 几何方面: 开创了积分几何,得到了把平面凸曲线的长用它在平面直线上一些正交投影表示出来的公式.

(3) 代数方面: 首先证明了阶数超过了的矩阵有特征值;与比内同时发现两行列式相乘的公式,首先明确提出置换群概念,并得到群论中的一些非平凡的结果;独立发现了所谓“代数要领”,即格拉斯曼的外代数原理.

第 4 章 不 定 积 分

前面讨论了一元函数微分学,自本章开始到第 5 章,将讨论一元函数积分学.一元函数积分学中有两个基本问题——不定积分与定积分.本章先讨论不定积分.

4.1 不定积分的概念与性质

微分学中讨论的基本问题是:已知函数 $f(x)$,如何求它的导数或微分.但在科学技术中,常会遇到与此相反的问题,即寻找一个可导函数,使得它的导函数等于已知函数.

例如,我们在微分学中学过已知作变速直线运动的质点 M 在任一时刻 t 的瞬时速度 $v=s'(t)$,如何求该质点 M 的运动规律,即该质点 M 在数轴上的位置 s 与运动的时间 t 的函数关系:$s=s(t)$.

又如,已知曲线上任一点 $P(x, y)$ 处的切线斜率为 $y'=f'(x)$,如何求此曲线的方程 $y=f(x)$. 这些问题在数学上就是已知函数 $f(x)$,要求出可导函数 $F(x)$,使得 $F'(x)=f(x)$,这就是本章要讨论的问题.

显然这类问题正是微分学的逆问题,即不定积分问题.正如数的乘法与除法一样,不定积分是微分的逆运算.为此,先引入原函数与不定积分的概念.

4.1.1 原函数与不定积分的概念

1. 原函数的概念

定义 1 设函数 $f(x)$ 在区间 I 上有定义,若存在可导函数 $F(x)$,使得对任一点 $x \in I$,都有

$$F'(x)=f(x) \quad \text{或} \quad \mathrm{d}F(x)=f(x)\mathrm{d}x,$$

则称函数 $F(x)$ 为函数 $f(x)$ 在区间 I 上的一个**原函数**.

例如,因为 $(x^2)'=2x$,所以 x^2 是 $2x$ 在 $(-\infty, +\infty)$ 上的一个原函数;

因为 $(\sin x)'=\cos x$,所以 $\sin x$ 是 $\cos x$ 在 $(-\infty, +\infty)$ 上的一个原函数;

因为 $(\arcsin x)'=\dfrac{1}{\sqrt{1-x^2}}(-1<x<1)$,所以 $\arcsin x$ 是 $\dfrac{1}{\sqrt{1-x^2}}$ 在 $(-1, 1)$ 上的一个原函数.

关于原函数现在有如下三个问题:

首先,一个函数应具备什么条件才能保证它的原函数一定存在?

结论 如果函数 $f(x)$ 在某区间上连续,则在该区间上 $f(x)$ 的原函数一定存在,简言之,连续函数必有原函数.这个结果将在第 5 章给出.

其次,函数如果有原函数,则原函数是否唯一,若不唯一,那么它有多少个?

例如,因为 $(\sin x)'=\cos x$;$(\sin x+2)'=\cos x$;$(\sin x+C)'=\cos x$ (C 为任意常数),所以 $\sin x$,$\sin x+2$,$\sin x+C$ 都是 $\cos x$ 的原函数,即在 $(-\infty,+\infty)$ 上 $\cos x$ 的原函数可有无限多个.

定理 1 若 $F(x)$ 是 $f(x)$ 在区间 I 上的原函数,则一切形如 $F(x)+C$ (C 为任意常数)的函数也是 $f(x)$ 的原函数.

证明 由 $F'(x)=f(x)$,则 $(F(x)+C)'=F'(x)+C'=f(x)$,故 $F(x)+C$ 也是 $f(x)$ 的原函数.

由常数 C 的任意性可知,如果函数 $f(x)$ 在某区间 I 上存在原函数,则它的原函数可有无限多个.

最后,$f(x)$ 在某区间 I 上的任意两个原函数之间有什么关系呢?

定理 2 若函数 $F(x)$ 和 $G(x)$ 为 $f(x)$ 在区间 I 上的任意两个不同的原函数,则它们相差一个常数,即 $G(x)=F(x)+C$.

证明 因为 $F'(x)=f(x)$, $G'(x)=f(x)$,
所以 $[F(x)-G(x)]'=F'(x)-G'(x)=f(x)-f(x)=0$,
于是 $G(x)=F(x)+C$.

综上,如果 $F(x)$ 为 $f(x)$ 在区间 I 上的一个原函数,则 $F(x)+C$ 就是 $f(x)$ 的全体原函数,称为 $f(x)$ 的原函数族.

下面引入不定积分的概念.

2. 不定积分的概念

定义 2 若 $F(x)$ 是 $f(x)$ 在区间 I 上的一个原函数,则称 $f(x)$ 的全体原函数 $F(x)+C$ 为 $f(x)$ 在区间 I 上的**不定积分**,记作 $\int f(x)\mathrm{d}x$,即

$$\int f(x)\mathrm{d}x=F(x)+C. \tag{4-1}$$

其中,$\int$ 称为**积分号**,$f(x)$ 称为**被积函数**,$f(x)\mathrm{d}x$ 称为**被积表达式**,x 称为**积分变量**,任意常数 C 称为**积分常数**.今后为了简单起见,不再注明区间.

由定义知 $f(x)$ 的不定积分,即为 $f(x)$ 的一个原函数加常数 C,注意,常数 C 不能去掉.

为叙述方便,今后讨论不定积分时,总假定不定积分是对被积函数在连续区间上讨论的.因此,在不至于发生混淆的情况下,不再指明有关的区间.

例 1 求 $\int x^3\mathrm{d}x$.

解 因为 $\left(\dfrac{x^4}{4}\right)'=x^3$,所以 $\dfrac{x^4}{4}$ 是 x^3 的一个原函数,于是

$$\int x^3\mathrm{d}x=\frac{x^4}{4}+C \quad (C\text{ 为任意常数,下同}).$$

例2 求 $\int \frac{\mathrm{d}x}{1+x^2}$.

解 因为 $(\arctan x)'=\frac{1}{1+x^2}$，所以 $\arctan x$ 是 $\frac{1}{1+x^2}$ 的一个原函数，于是

$$\int \frac{\mathrm{d}x}{1+x^2}=\arctan x+C.$$

例3 求 $\int \frac{1}{x}\mathrm{d}x$.

解 当 $x>0$ 时，由于 $(\ln x)'=\frac{1}{x}$，所以 $\ln x$ 是 $\frac{1}{x}$ 在$(0, +\infty)$内的一个原函数.因此，在$(0, +\infty)$内，

$$\int \frac{1}{x}\mathrm{d}x=\ln x+C.$$

当 $x<0$ 时，由于 $[\ln(-x)]'=\frac{1}{x}$，所以 $\ln(-x)$ 是 $\frac{1}{x}$ 在$(-\infty, 0)$内的一个原函数.因此，在$(-\infty, 0)$内，

$$\int \frac{1}{x}\mathrm{d}x=\ln(-x)+C.$$

把当 $x>0$ 及 $x<0$ 时的结果合起来，可写作

$$\int \frac{1}{x}\mathrm{d}x=\ln|x|+C.$$

3. 原函数与不定积分的几何意义

设 $F(x)$ 是 $f(x)$ 的一个原函数，则 $y=F(x)$ 在几何上表示 xOy 平面上的一条曲线，这条曲线称为 $f(x)$ 的**积分曲线**.而

$$y=F(x)+C \tag{4-2}$$

当 C 取不同的值时，就得到不同的积分曲线.它们可看作是由曲线 $y=F(x)$ 沿 y 轴平行移动距离 $|C|$ 而得到的一族曲线，称此族曲线为 $f(x)$ 的**积分曲线族**.这族积分曲线具有这样的特点：在横坐标 x 相同的点处，曲线的切线都是平行的，且切线的斜率都等于 $f(x)$，而它们的纵坐标只差一个常数.

由于不定积分

$$\int f(x)\mathrm{d}x=F(x)+C \quad (C\text{ 为任意常数})$$

是 $f(x)$ 的任意一个原函数的一般表达式，于是它的几何意义是：**表示 $f(x)$ 的积分曲线族中的任意一条积分曲线**.如果要求出通过点 (x_0, y_0) 的某一条积分曲线，只要把条件“当

$x=x_0$ 时，$y=y_0$”代入式(4-2)，求出 C 的值为 $y_0-F(x_0)$，再代入式(4-2)即可.若记 $C_1=y_0-F(x_0)$，则所求积分曲线的方程为 $y=F(x)+C_1$，对应图形如图 4-1 所示.

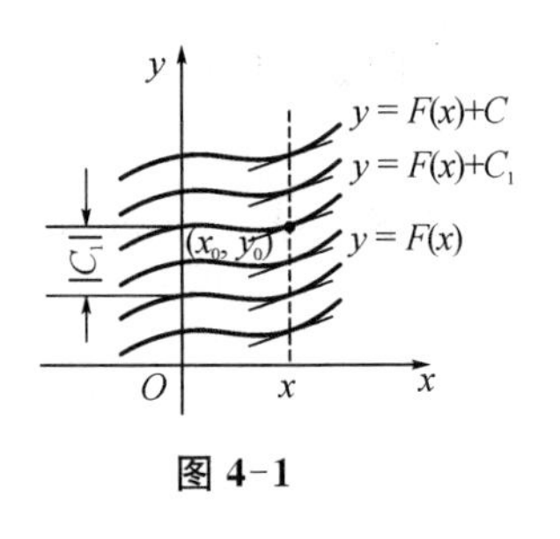

图 4-1

例 4 设曲线通过点 (1, 2)，且其上任一点处的切线斜率等于该点横坐标的 2 倍，求此曲线的方程.

解 设所求的曲线方程为 $y=f(x)$，则由题意可知，曲线上任一点 (x, y) 处切线的斜率为

$$y'=\frac{\mathrm{d}y}{\mathrm{d}x}=2x,$$

即 $f(x)$ 是 $2x$ 的一个原函数.因为 $(x^2)'=2x$，所以 x^2 是 $2x$ 的一个原函数，于是

$$y=\int 2x\,\mathrm{d}x=x^2+C,$$

因所求曲线通过点 (1, 2)，故 $2=1+C$，$C=1$，于是所求曲线方程为

$$y=x^2+1.$$

函数 $f(x)$ 的原函数的图形称为 $f(x)$ 的**积分曲线**.本例即求函数 $y=2x$ 的通过点 (1, 2) 的积分曲线.显然，这条积分曲线可以由另一条积分曲线(例如 $y=x^2$) 经 y 轴方向平移而得(图 4-1).

4.1.2 基本积分表

由前面所讨论的原函数与不定积分的概念可以看到，积分法是微分法的逆运算，利用求导的公式，就可以得到相应的积分公式.

例如，因为 $(x^{\mu+1})'=(\mu+1)x^{\mu}$，所以 $\left(\frac{x^{\mu+1}}{\mu+1}\right)'=x^{\mu}$，这表明 $\frac{x^{\mu+1}}{\mu+1}$ 是 x^{μ} 的一个原函数，于是

$$\int x^{\mu}\,\mathrm{d}x=\frac{x^{\mu+1}}{\mu+1}+C\quad(\mu\neq-1).$$

用类似的方法还可以得到其他一些积分公式.下面把一些基本的积分公式列成一个表，这个表通常称为**基本积分表**.

① $\int k\,\mathrm{d}x=kx+C$ (k 是常数)；

② $\int x^{\mu}\,\mathrm{d}x=\frac{x^{\mu+1}}{\mu+1}+C$ $(\mu\neq-1)$；

③ $\int\frac{\mathrm{d}x}{x}=\ln|x|+C$ $(x\neq0)$；

④ $\int\frac{1}{1+x^2}\mathrm{d}x=\arctan x+C$；

⑤ $\int\frac{\mathrm{d}x}{\sqrt{1-x^2}}=\arcsin x+C$；

⑥ $\int\cos x\,\mathrm{d}x=\sin x+C$；

⑦ $\int\sin x\,\mathrm{d}x=-\cos x+C$；

⑧ $\int\sec^2 x\,\mathrm{d}x=\int\frac{\mathrm{d}x}{\cos^2 x}=\tan x+C$；

⑨ $\int \csc^2 x\,\mathrm{d}x=\int \frac{1}{\sin^2 x}\mathrm{d}x=-\cot x+C$；　⑩ $\int \sec x\tan x\,\mathrm{d}x=\sec x+C$；

⑪ $\int \csc x\cot x\,\mathrm{d}x=-\csc x+C$；　⑫ $\int \mathrm{e}^x\,\mathrm{d}x=\mathrm{e}^x+C$；

⑬ $\int a^x\,\mathrm{d}x=\frac{a^x}{\ln a}+C\quad(a>0,\ a\neq 1)$.

以上13个基本积分公式是求不定积分的基础，必须熟练掌握.要验证这些基本公式的正确性，只要验证各个公式右端的导数是否等于左端的被积函数就行了.下面举几个运用积分公式求解不定积分的例子.

例5　求不定积分$\int \frac{\sqrt{x}}{x^2}\mathrm{d}x$.

$$\int \frac{\sqrt{x}}{x^2}\mathrm{d}x=\int x^{-\frac{3}{2}}\mathrm{d}x=\frac{x^{-\frac{3}{2}+1}}{-\frac{3}{2}+1}+C=-2x^{-\frac{1}{2}}+C.$$

例6　求不定积分$\int 2^x\mathrm{e}^x\,\mathrm{d}x$.

$$\int 2^x\mathrm{e}^x\,\mathrm{d}x=\int (2\mathrm{e})^x\,\mathrm{d}x=\frac{(2\mathrm{e})^x}{\ln(2\mathrm{e})}+C.$$

4.1.3　不定积分的性质

根据不定积分的定义及求导运算法则，可以得到不定积分的如下性质(这里假定出现的不定积分均存在).

性质1　不定积分运算与微分运算的互逆关系.

(1) 因为$\int f(x)\mathrm{d}x$是$f(x)$的任意一个原函数，所以

$$\frac{\mathrm{d}}{\mathrm{d}x}\left[\int f(x)\mathrm{d}x\right]=f(x)\quad 或\quad \mathrm{d}\left[\int f(x)\mathrm{d}x\right]=f(x)\mathrm{d}x. \tag{4-3}$$

(2) 因为$F(x)$是$F'(x)$的原函数，所以

$$\int F'(x)\mathrm{d}x=F(x)+C\quad 或\quad \int \mathrm{d}F(x)=F(x)+C. \tag{4-4}$$

此性质表明，当积分运算记号$\int$与微分运算记号d连在一起时，或者相互抵消，或者抵消后只差一个常数.可以用“先积后微，形式不变；先微后积，差个常数”这句口诀来帮助记忆.

性质2　设函数$f(x)$和$g(x)$的原函数都存在，则

$$\int [f(x)+g(x)]\mathrm{d}x=\int f(x)\mathrm{d}x+\int g(x)\mathrm{d}x. \tag{4-5}$$

证明　对式(4-5)右端求导，得

$$\left[\int f(x)\mathrm{d}x+\int g(x)\mathrm{d}x\right]'=\left[\int f(x)\mathrm{d}x\right]'+\left[\int g(x)\mathrm{d}x\right]'=f(x)+g(x).$$

此性质表明,式(4-5)右端是 $f(x)+g(x)$ 的原函数,又式(4-5)右端有两个积分记号,形式上含两个任意常数,由于任意常数之和仍为任意常数,故实际上含一个任意常数,因此式(4-5)右端是 $f(x)+g(x)$ 的不定积分.

性质 2 对于被积函数为有限个函数的代数和的情形也是成立的,即

$$\int[f_1(x)+f_2(x)+\cdots+f_n(x)]\mathrm{d}x=\int f_1(x)\mathrm{d}x+\int f_2(x)\mathrm{d}x+\cdots+\int f_n(x)\mathrm{d}x,$$

式中,n 是有限的正整数.

性质 3 设函数 $f(x)$ 的原函数存在,k 为非零常数,则

$$\int kf(x)\mathrm{d}x=k\int f(x)\mathrm{d}x \quad (k\text{ 是常数},k\neq 0).$$

证明 根据导数的运算法则及式(4-3)知

$$\left[k\int f(x)\mathrm{d}x\right]'=k\left[\int f(x)\mathrm{d}x\right]'=kf(x).$$

故 $k\int f(x)\mathrm{d}x$ 是 $kf(x)$ 的原函数,且积分号表示了含有一个任意常数,所以它又表示 $kf(x)$ 的原函数的一般表达式,因此

$$\int kf(x)\mathrm{d}x=k\int f(x)\mathrm{d}x.$$

此性质表明,被积函数中不为零的常数乘积因子可以提到积分号外.

结合性质 2 和性质 3 有

$$\int[k_1f_1(x)\pm k_2f_2(x)]\mathrm{d}x=k_1\int f_1(x)\mathrm{d}x\pm k_2\int f_2(x)\mathrm{d}x,$$

其中,k_1 和 k_2 均为非零常数.

利用这些性质与 13 个基本积分公式便可计算出一部分不定积分,所用的方法为**直接积分法**.

例 7 $\int(x^{99}-3\sin x+5)\mathrm{d}x$.

解
$$\begin{aligned}\int(x^{99}-3\sin x+5)\mathrm{d}x&=\int x^{99}\mathrm{d}x-\int 3\sin x\mathrm{d}x+\int 5\mathrm{d}x\\&=\int x^{99}\mathrm{d}x-3\int\sin x\mathrm{d}x+\int 5\mathrm{d}x\\&=\frac{1}{100}x^{100}+3\cos x+5x+C.\end{aligned}$$

注意 (1) 在分项积分后,虽然中间的几个不定积分都分别含有任意常数,但任意常数的代数和仍是任意常数,因此,只要在最后加上一个任意常数 C 即可.

(2) 若要检验积分计算是否正确，只要类似于验证基本积分公式的正确性一样，把积分结果求导数，看它是否等于被积函数，若相等，就是正确的；否则，就是错误的.

例如，就例 7 的计算结果来看，由于

$$\left(\frac{1}{100}x^{100}+3\cos x+5x+C\right)'=x^{99}-3\sin x+5,$$

它恰好等于原积分的被积函数，所以上面的计算结果是正确的.

例 8 求 $\int(1+\sqrt{x})^4\mathrm{d}x$.

解
$$\begin{aligned}\int(1+\sqrt{x})^4\mathrm{d}x&=\int(1+4\sqrt{x}+6x+4x\sqrt{x}+x^2)\mathrm{d}x\\&=\int\mathrm{d}x+4\int x^{\frac{1}{2}}\mathrm{d}x+6\int x\,\mathrm{d}x+4\int x^{\frac{3}{2}}\mathrm{d}x+\int x^2\mathrm{d}x\\&=x+\frac{8}{3}x^{\frac{3}{2}}+3x^2+\frac{8}{5}x^{\frac{5}{2}}+\frac{1}{3}x^3+C.\end{aligned}$$

例 9 求 $\int\frac{x\mathrm{e}^x+x^3+3}{x}\mathrm{d}x$.

解
$$\int\frac{x\mathrm{e}^x+x^3+3}{x}\mathrm{d}x=\int\mathrm{e}^x\mathrm{d}x+\int x^2\mathrm{d}x+3\int\frac{\mathrm{d}x}{x}=\mathrm{e}^x+\frac{x^3}{3}+3\ln|x|+C.$$

例 10 求 $\int\frac{x^4}{x^2+1}\mathrm{d}x$.

解 被积函数是一个有理假分式①，在基本积分表中没有这种类型的积分.先将被积函数变形，再求解.

$$\int\frac{x^4}{x^2+1}\mathrm{d}x=\int\frac{x^4-1+1}{x^2+1}\mathrm{d}x=\int\left(x^2-1+\frac{1}{x^2+1}\right)\mathrm{d}x=\frac{x^3}{3}-x+\arctan x+C.$$

例 11 求 $\int\tan^2x\,\mathrm{d}x$.

解 基本积分表中没有这种类型的积分，先利用三角恒等式化成基本积分表中所列类型的积分，然后再逐项求积分，便得

$$\int\tan^2x\,\mathrm{d}x=\int(\sec^2x-1)\mathrm{d}x=\int\sec^2x\,\mathrm{d}x-\int\mathrm{d}x=\tan x-x+C.$$

例 12 求 $\int\cos^2\frac{x}{2}\mathrm{d}x$.

解 基本积分表中也没有这种类型的积分，同上例一样，可先利用三角恒等式变形，然后再逐项求积分，便得

---

① 参阅 4.5 节.

$$\int \cos^2 \frac{x}{2} \mathrm{d}x = \int \frac{1+\cos x}{2} \mathrm{d}x = \frac{1}{2}\int (1+\cos x) \mathrm{d}x$$
$$= \frac{1}{2}\int \mathrm{d}x + \frac{1}{2}\int \cos x \mathrm{d}x = \frac{1}{2}x + \frac{1}{2}\sin x + C.$$

例 13 求 $\int \frac{1}{\sin^2 x \cos^2 x} \mathrm{d}x$.

解 利用三角恒等式 $\sin^2 x + \cos^2 x = 1$，便得

$$\int \frac{1}{\sin^2 x \cos^2 x} \mathrm{d}x = \int \frac{\sin^2 x + \cos^2 x}{\sin^2 x \cos^2 x} \mathrm{d}x = \int \left(\frac{1}{\cos^2 x} + \frac{1}{\sin^2 x}\right) \mathrm{d}x$$
$$= \int \frac{1}{\cos x^2} \mathrm{d}x + \int \frac{1}{\sin^2 x} \mathrm{d}x = \tan x - \cot x + C.$$

例 14 已知 $\int f(x) \mathrm{d}x = x\ln x + C$，求 $f(x)$.

解 根据不定积分定义，可得

$$f(x) = (x\ln x + C)' = \ln x + 1.$$

4.2 第一类换元积分法

利用直接积分法可求一些简单函数的不定积分，但当被积函数较为复杂时，直接积分法往往难以奏效.例如，求积分 $\int \sin(3x+5)\mathrm{d}x$，它不能直接用公式 $\int \sin x \mathrm{d}x = -\cos x + C$ 进行积分，这是因为被积函数是一个复合函数.复合函数的微分法解决了许多复杂函数的求导(求微分)问题，同样，将复合函数的微分法用于求积分，即得复合函数的积分法——换元积分法.

不定积分的换元积分法，简称换元法.它的基本思想是把复合函数的求导法则反过来用于求不定积分.利用换元法，可以通过适当的变量代换，把某些不定积分化为基本积分表中所列积分的形式，从而可以求出不定积分.换元积分法分为两类：第一类换元积分法，又称为**凑微分**法，也称间接换元法；第二类换元积分法，也称直接换元法.本节介绍第一类换元积分法.

下面先看一个例子.

例 1 求 $\int \cos 2x \mathrm{d}x$.

分析 如果直接由基本积分表中公式⑥：$\int \cos x \mathrm{d}x = \sin x + C$，得到

$$\int \cos 2x \mathrm{d}x = \sin 2x + C.$$

那么，不难验证它是错误的.因为 $(\sin 2x)' = 2\cos 2x \neq \cos 2x$，

所以 $\int \cos 2x \, \mathrm{d}x \neq \sin 2x + C$.

为什么会产生这种错误呢？原因在于被积函数 $\cos 2x$ 与公式⑥中积分 $\int \cos x \, \mathrm{d}x$ 的被积函数不相同.

由于 $\mathrm{d}x = \frac{1}{2}\mathrm{d}(2x)$，如果令 $u = 2x$，则

$$\int \cos 2x \, \mathrm{d}x = \frac{1}{2}\int \cos 2x \, \mathrm{d}2x = \frac{1}{2}\int \cos u \, \mathrm{d}u = \frac{1}{2}\sin u + C.$$

最后再以 $u = 2x$ 代回，即得所求积分的正确结果：

$$\int \cos 2x \, \mathrm{d}x = \left[\frac{1}{2}\sin u + C\right]_{u=2x} = \frac{1}{2}\sin 2x + C.$$

根据以上分析，本题可求解如下：

解 令 $u = 2x$，则 $\mathrm{d}u = 2\mathrm{d}x$，$\mathrm{d}x = \frac{1}{2}\mathrm{d}u$.

$$\int \cos 2x \, \mathrm{d}x = \frac{1}{2}\int \cos 2x \, \mathrm{d}2x = \frac{1}{2}\int \cos u \, \mathrm{d}u = \frac{1}{2}\sin u + C \xlongequal{\text{以 } u = 2x \text{ 回代}} \frac{1}{2}\sin 2x + C.$$

像本例中所采用的变量代换方法，就是第一类换元法.下面对第一类换元法作一般性的讨论.

定理 1 设函数 $f(u)$ 有原函数 $F(u)$，$u=\varphi(x)$ 可导，则 $F[\varphi(x)]$ 是 $f[\varphi(x)]\varphi'(x)$ 的原函数，并有第一类换元积分公式：

$$\int f[\varphi(x)]\varphi'(x)\mathrm{d}x \xlongequal{\text{令 } u = \varphi(x)} \int f(u)\mathrm{d}u = F(u) + C \xlongequal{\text{以 } u = \varphi(x) \text{ 回代}} F[\varphi(x)] + C. \tag{4-6}$$

证明 由假设 $F(u)$ 是 $f(u)$ 的原函数，即

$$F'(u) = f(u), \quad \int f(u)\mathrm{d}u = F(u) + C,$$

有 $\mathrm{d}F(u) = f(u)\mathrm{d}u$. 又根据复合函数微分法

$$\mathrm{d}F[\varphi(x)] = f[\varphi(x)]\varphi'(x)\mathrm{d}x.$$

所以 $F[\varphi(x)]$ 是 $f[\varphi(x)]\varphi'(x)$ 的原函数，从而根据不定积分的定义可得

$$\int f[\varphi(x)]\varphi'(x)\mathrm{d}x = F[\varphi(x)] + C.$$

式(4-6)称为不定积分的**第一类换元积分公式**.它的作用在于：当所求不定积分的被积函数以复合函数形式出现时，如能把被积表达式变形为 $f[\varphi(x)]\varphi'(x)\mathrm{d}x$ 的形式，而把

$\varphi'(x)\mathrm{d}x$ 凑成微分 $\mathrm{d}\varphi(x)$，则通过作变量代换 $u=\varphi(x)$，可把原积分 $\int f[\varphi(x)]\varphi'(x)\mathrm{d}x$ 化为 $\int f[\varphi(x)]\mathrm{d}\varphi(x)$. 只要 $\int f(u)\mathrm{d}u$ 容易积出，或可以直接由基本积分公式(把公式中的积分变量 x 换成 u) 求得，那么在求得的结果 $\int f(u)\mathrm{d}u=F(u)+C$ 中，再以 $u=\varphi(x)$ 代回还原到原积分变量 x，便可得到所求原不定积分的结果.这种积分法的关键是把被积函数中的某一部分与 $\mathrm{d}x$ 凑微分，使被积表达式变成 $f[\varphi(x)]\mathrm{d}\varphi(x)$ 的形式，从而可以寻找出所需作的变量代换 $u=\varphi(x)$. 因此，第一类换元法也称为**凑微分法**.

由此定理可见，虽然 $f[\varphi(x)]\varphi'(x)\mathrm{d}x$ 是一个整体的记号，但从形式上看，被积表达式中的 $\mathrm{d}x$ 也可当作变量 x 的微分来对待，从而微分等式 $\varphi'(x)\mathrm{d}x=\mathrm{d}u$ 可以方便地应用到被积表达式中，在上节中已经这样用了，那里把积分 $\int F'(x)\mathrm{d}x$ 记作 $\int \mathrm{d}F(x)$，就是按微分 $\int F'(x)\mathrm{d}x=\int \mathrm{d}F(x)$，把被积表达式 $\int F'(x)\mathrm{d}x$ 记作 $\int \mathrm{d}F(x)$.

如何应用式(4-6)来求不定积分？设要求 $\int g(x)\mathrm{d}x$，如果函数 $g(x)$ 可以化为 $g(x)=f[\varphi(x)]\varphi'(x)\mathrm{d}x$ 的形式，那么

$$\int g(x)\mathrm{d}x=\int f[\varphi(x)]\varphi'(x)\mathrm{d}x=\int f[\varphi(x)]\mathrm{d}\varphi(x)=\left[\int f(u)\mathrm{d}u\right]_{u=\varphi(x)}.$$

这样，函数 $g(x)$ 的积分即转化为函数 $f(u)$ 的积分.如果能求得 $f(u)$ 的原函数，再通过回代 $u=\varphi(x)$，也就得到了 $g(x)$ 的原函数.

例 2 求 $\int \dfrac{1}{\sqrt[3]{1+3x}}\mathrm{d}x$.

解 因为 $\mathrm{d}(1+3x)=3\mathrm{d}x$，$\mathrm{d}x=\dfrac{1}{3}\mathrm{d}(1+3x)$，所以可进行变量代换 $u=1+3x$，使得

$$\int \frac{1}{\sqrt[3]{1+3x}}\mathrm{d}x=\frac{1}{3}\int(1+3x)^{-\frac{1}{3}}\mathrm{d}(1+3x)\xlongequal{u=1+3x}\frac{1}{3}\int u^{-\frac{1}{3}}\mathrm{d}u=\frac{1}{2}u^{\frac{2}{3}}+C$$

$$\xlongequal{u=1+3x}\frac{1}{2}\sqrt[3]{(1+3x)^2}+C.$$

一般地，对于积分 $\int f(ax+b)\mathrm{d}x$ (a, b 为常数，$a\neq 0$)，总可以作变换 $u=ax+b$，化为

$$\int f(ax+b)\mathrm{d}x=\frac{1}{a}\int f(ax+b)\mathrm{d}(ax+b)=\frac{1}{a}\left[\int(u)\mathrm{d}u\right]_{u=ax+b}.$$

例 3 求 $\int \tan x\,\mathrm{d}x$.

解 $\int \tan x\,\mathrm{d}x=\int\dfrac{\sin x}{\cos x}\mathrm{d}x=-\int\dfrac{\mathrm{d}\cos x}{\cos x}\xlongequal{u=\cos x}-\int\dfrac{1}{u}\mathrm{d}u$

$$=-\ln|u|+C=-\ln|\cos x|+C.$$

类似地,可得 $\int \cot x\,dx=\ln|\sin x|+C$.

例4 求 $\int \csc x\,dx$.

解 $\int \csc x\,dx=\int \frac{1}{\sin x}dx=\int \frac{1}{2\sin\frac{x}{2}\cos\frac{x}{2}}dx=\int \frac{1}{\tan\frac{x}{2}\cos^2\frac{x}{2}}d\left(\frac{x}{2}\right)$

$$=\int \frac{d\tan\frac{x}{2}}{\tan\frac{x}{2}}\overset{u=\tan\frac{x}{2}}{=\!=\!=\!=}\int \frac{1}{u}du=\ln|u|+C=\ln\left|\tan\frac{x}{2}\right|+C.$$

因为 $$\tan\frac{x}{2}=\frac{\sin\frac{x}{2}}{\cos\frac{x}{2}}=\frac{2\sin^2\frac{x}{2}}{\sin x}=\frac{1-\cos x}{\sin x}=\csc x-\cot x,$$

故上述不定积分又可写为

$$\int \csc x\,dx=\ln|\csc x-\cot x|+C.$$

例5 求 $\int \sec x\,dx$.

解 $\int \sec x\,dx=\int \frac{1}{\cos x}dx=\int \frac{d\left(x+\frac{\pi}{2}\right)}{\sin\left(x+\frac{\pi}{2}\right)}\overset{u=x+\frac{\pi}{2}}{=\!=\!=\!=}\int \frac{du}{\sin u}=\ln|\csc u-\cot u|+C,$

$$=\ln\left|\csc\left(x+\frac{\pi}{2}\right)-\cot\left(x+\frac{\pi}{2}\right)\right|+C=\ln|\sec x+\tan x|+C.$$

第一类换元积分法在解题熟练后,可以不写出变量代换 $u=\varphi(x)$,直接凑微分,求出积分结果.

例6 求 $\int \frac{1}{a^2+x^2}dx \quad (a\neq 0)$.

解 $\int \frac{1}{a^2+x^2}dx=\int \frac{1}{a^2\left[1+\left(\frac{x}{a}\right)^2\right]}dx=\frac{1}{a}\int \frac{1}{1+\left(\frac{x}{a}\right)^2}d\left(\frac{x}{a}\right)=\frac{1}{a}\arctan\frac{x}{a}+C.$

例7 求 $\int \frac{1}{\sqrt{a^2-x^2}}dx \quad (a>0)$.

解 $\int \frac{1}{\sqrt{a^2-x^2}}dx=\int \frac{1}{a\sqrt{1-\left(\frac{x}{a}\right)^2}}dx=\int \frac{1}{\sqrt{1-\left(\frac{x}{a}\right)^2}}d\left(\frac{x}{a}\right)=\arcsin\frac{x}{a}+C.$

例 8 求$\int \frac{1}{x^2-a^2}dx \quad (a \neq 0)$.

解
$$\begin{aligned}\int \frac{1}{x^2-a^2}dx &= \int \frac{1}{(x-a)(x+a)}dx = \frac{1}{2a}\int \left(\frac{1}{x-a}-\frac{1}{x+a}\right)dx \\ &= \frac{1}{2a}\left(\int \frac{1}{x-a}dx - \int \frac{1}{x+a}dx\right) \\ &= \frac{1}{2a}\left[\int \frac{1}{x-a}d(x-a) - \int \frac{1}{x+a}d(x+a)\right] \\ &= \frac{1}{2a}[\ln|x-a| - \ln|x+a|]+C \\ &= \frac{1}{2a}\ln\left|\frac{x-a}{x+a}\right|+C.\end{aligned}$$

例 9 求$\int \frac{1}{x^2+4x+29}dx$.

解 $\int \frac{1}{x^2+4x+29}dx = \int \frac{1}{(x+2)^2+5^2}d(x+2) = \frac{1}{5}\arctan\frac{x+2}{5}+C.$

例 10 求$\int \frac{1}{x^2}\cos\frac{1}{x}dx$.

解 $\int \frac{1}{x^2}\cos\frac{1}{x}dx = -\int \cos\frac{1}{x}d\left(\frac{1}{x}\right) = -\sin\frac{1}{x}+C.$

例 11 求$\int x(1+x^2)^{100}dx$.

解 $\int x(1+x^2)^{100}dx = \frac{1}{2}\int (1+x^2)^{100}d(1+x^2) = \frac{1}{202}(1+x^2)^{101}+C.$

例 12 求$\int \frac{\sqrt{1+2\arctan x}}{1+x^2}dx$.

解
$$\begin{aligned}\int \frac{\sqrt{1+2\arctan x}}{1+x^2}dx &= \frac{1}{2}\int (1+2\arctan x)^{\frac{1}{2}}d(1+2\arctan x) \\ &= \frac{1}{3}(1+2\arctan x)^{\frac{3}{2}}+C.\end{aligned}$$

例 13 求$\int (x-1)e^{x^2-2x}dx$.

解 $\int (x-1)e^{x^2-2x}dx = \frac{1}{2}\int e^{x^2-2x}d(x^2-2x) = \frac{1}{2}e^{x^2-2x}+C.$

例 14 求$\int \frac{1}{x(1+3\ln x)}dx$.

解 $\int \frac{1}{x(1+3\ln x)}dx = \int \frac{1}{1+3\ln x}d\ln x = \frac{1}{3}\int \frac{1}{1+3\ln x}d(1+3\ln x)$

$$=\frac{1}{3}\ln|1+3\ln x|+C.$$

例 15 求$\int\sin^4 x\cos x\,\mathrm{d}x$.

解 $\int\sin^4 x\cos x\,\mathrm{d}x=\int\sin^4 x\,\mathrm{d}\sin x=\frac{1}{5}\sin^5 x+C.$

例 16 求$\int\cos^2 x\,\mathrm{d}x$.

解
$$\int\cos^2 x\,\mathrm{d}x=\int\frac{1+\cos 2x}{2}\mathrm{d}x=\int\frac{1}{2}\mathrm{d}x+\frac{1}{2}\int\cos 2x\,\mathrm{d}x$$
$$=\frac{x}{2}+\frac{1}{4}\int\cos 2x\,\mathrm{d}(2x)=\frac{x}{2}+\frac{1}{4}\sin 2x+C.$$

例 17 求$\int\cos 2x\cos 4x\,\mathrm{d}x$.

解
$$\int\cos 2x\cos 4x\,\mathrm{d}x=\frac{1}{2}\int(\cos 2x+\cos 6x)\mathrm{d}x$$
$$=\frac{1}{2}\left[\frac{1}{2}\int\cos 2x\,\mathrm{d}(2x)+\frac{1}{6}\int\cos 6x\,\mathrm{d}(6x)\right]$$
$$=\frac{1}{4}\sin 2x+\frac{1}{12}\sin 6x+C.$$

一般地,对于形如下列的积分:

$$\int\sin mx\cos nx\,\mathrm{d}x,\quad\int\sin mx\sin nx\,\mathrm{d}x,\quad\int\cos mx\cos nx\,\mathrm{d}x,$$

当$m\neq n$时,可用三角函数中的积化和差公式化简积分.

由以上例题可以看出,在运用换元积分法时,有时需要对被积函数做适当的代数运算或三角运算,然后再凑微分,技巧性很强,无一般规律可循.因此,只有在练习过程中,随时总结、归纳,积累经验,才能灵活运用.下面给出几种常见的凑微分形式:

① $\int f(ax+b)\mathrm{d}x=\frac{1}{a}\int f(ax+b)\mathrm{d}(ax+b)$;

② $\int f(ax^n+b)x^{n-1}\mathrm{d}x=\frac{1}{na}\int f(ax^n+b)\mathrm{d}(ax^n+b)$;

③ $\int f(\ln x)\frac{\mathrm{d}x}{x}=\int f(\ln x)\mathrm{d}(\ln x)$;

④ $\int f\left(\frac{1}{x}\right)\frac{\mathrm{d}x}{x^2}=-\int f\left(\frac{1}{x}\right)\mathrm{d}\left(\frac{1}{x}\right)$;

⑤ $\int f(\mathrm{e}^x)\mathrm{e}^x\mathrm{d}x=\int f(\mathrm{e}^x)\mathrm{d}(\mathrm{e}^x)$;

⑥ $\int f(\sin x)\cos x\,\mathrm{d}x=\int f(\sin x)\mathrm{d}(\sin x)$;

⑦ $\int f(\cos x)\sin x\,dx=-\int f(\cos x)d(\cos x)$;

⑧ $\int f(\tan x)\sec^2 x\,dx=\int f(\tan x)d(\tan x)$;

⑨ $\int f(\cot x)\csc^2 x\,dx=-\int f(\cot x)d(\cot x)$;

⑩ $\int f(\arcsin x)\dfrac{dx}{\sqrt{1-x^2}}=\int f(\arcsin x)d(\arcsin x)$;

⑪ $\int f(\arctan x)\dfrac{dx}{1+x^2}=\int f(\arctan x)d(\arctan x)$.

例 18 求 $\int \sin x\cos x\,dx$.

解 按不同的凑微分方法,现列举三种解法:

解法 1 $\int \sin x\cos x\,dx=\int \sin x\,d\sin x=\dfrac{1}{2}\sin^2 x+C_1$.

解法 2 $\int \sin x\cos x\,dx=-\int \cos x\,d\cos x=-\dfrac{1}{2}\cos^2 x+C_2$.

解法 3 $\int \sin x\cos x\,dx=\dfrac{1}{4}\int \sin 2x\,d(2x)=-\dfrac{1}{4}\cos(2x)+C_3$.

其中,C_1,C_2,C_3 均为任意常数.由于

$$\sin^2 x=-\cos^2 x+1,$$

$$\frac{1}{2}\sin^2 x=-\frac{1}{2}\cos^2 x+\frac{1}{2}=-\frac{1}{4}(1+\cos 2x)+\frac{1}{2}=-\frac{1}{4}\cos 2x+\frac{1}{4},$$

容易看出,上述三种结果彼此之间都只相差一个常数,即 C_1 与 C_2 相差 $\dfrac{1}{2}$,C_2 与 C_3 及 C_1 与 C_3 都只相差 $\dfrac{1}{4}$. 因此,上述三种解法的结果都是正确的.

上述各例用的都是第一类换元法,即形如 $u=\varphi(x)$ 的变换.4.3 节将介绍另种形式的变量代换 $x=\psi(t)$,即第二类换元法.

4.3 第二类换元积分法

第一类换元积分法是将积分 $\int f[\varphi(x)]\varphi'(x)dx$ 中 $\varphi(x)$ 用一个新的变量 u 替换,化为积分 $\int f(u)du$,从而使不定积分容易计算.第一类换元积分法虽然使用很广泛,但是对于求某些不定积分,例如,

$$\int \frac{dx}{1+\sqrt{x+1}},\quad \int \sqrt{a^2-x^2}\,dx,\quad \int \frac{dx}{\sqrt{x^2-1}}$$

等就不一定适用.下面介绍第二类换元积分法.

第二类换元积分法是引入新积分变量 t，将 x 表示为 t 的一个连续函数 $x=\psi(t)$，从而简化积分计算.

定理 1 设 $x=\psi(t)$ 是单调可导函数，且 $\psi'(t)\neq 0$. 如果 $f[\psi(t)]\psi'(t)$ 具有原函数 $\Phi(t)$，即

$$\int f[\psi(t)]\psi'(t)\mathrm{d}t=\Phi(t)+C,$$

则

$$\int f(x)\mathrm{d}x=\left[\int f[\psi(t)]\psi'(t)\mathrm{d}t\right]_{t=\psi^{-1}(x)}=\Phi[\psi^{-1}(x)]+C. \tag{4-7}$$

其中，$t-\psi^{-1}(x)$ 是 $x=\psi(t)$ 的反函数.

证明 由 $\Phi(t)$ 是 $f[\psi(t)]\psi'(t)$ 的原函数，有

$$\mathrm{d}\Phi(t)=f[\psi(t)]\psi'(t)\mathrm{d}t,$$

由于 $t=\psi^{-1}(x)$ 是 $x=\psi(t)$ 的反函数，根据复合函数微分法

$$\mathrm{d}\Phi[\psi^{-1}(x)]=\Phi'[\psi^{-1}(x)]\mathrm{d}\psi^{-1}(x)=\Phi'(t)\mathrm{d}t=f[\psi(t)]\psi'(t)\mathrm{d}t=f(x)\mathrm{d}x,$$

所以 $\Phi[\psi^{-1}(x)]$ 是 $f(x)$ 的原函数，即

$$\int f(x)\mathrm{d}x=\Phi[\psi^{-1}(x)]+C.$$

第二类换元积分法是用一个新积分变量 t 的函数 $\psi(t)$ 代换旧积分变量 x，将关于积分变量 x 的不定积分 $\int f(x)\mathrm{d}x$ 转化为关于积分变量 t 的不定积分 $\int g(t)\mathrm{d}t$，其中，$g(t)=f[\psi(t)]\psi'(t)$. 经过代换后，不定积分 $\int g(t)\mathrm{d}t$ 比原积分 $\int f(x)\mathrm{d}x$ 容易积出.在应用这种换元积分法时，要注意适当的选择变量代换 $x=\psi(t)$，否则会使积分更加复杂.如何寻找适当的变量代换 $x=\psi(t)$，下面举例说明常用的三种代换法——根式代换、三角代换和倒代换.

4.3.1 根式代换

例 1 求 $\int\dfrac{1}{1+\sqrt{x}}\mathrm{d}x$.

解 为了去掉被积函数中的根式，可设 $\sqrt{x}=t(t>0)$，则 $x=t^2$，$\mathrm{d}x=2t\mathrm{d}t$.
于是

$$\begin{aligned}\int\frac{\mathrm{d}x}{1+\sqrt{x}}&=\int\frac{2t\mathrm{d}t}{1+t}=2\int\frac{t+1-1}{1+t}\mathrm{d}t=2\int\left(1-\frac{1}{1+t}\right)\mathrm{d}t\\&=2t-2\ln(t+1)+C\\&=2\sqrt{x}-2\ln(\sqrt{x}+1)+C.\end{aligned}$$

例 2 求$\int \frac{1}{\sqrt[3]{x}+\sqrt{x}}\mathrm{d}x$.

解 为了去掉被积函数中的根式,可设 $\sqrt[6]{x}=t$, 则 $x=t^6$, $\mathrm{d}x=6t^5\mathrm{d}t$.
于是

$$\begin{aligned}\int \frac{1}{\sqrt[3]{x}+\sqrt{x}}\mathrm{d}x &=\int \frac{6t^5}{t^3+t^2}\mathrm{d}t=6\int \frac{t^5}{t^3+t^2}\mathrm{d}t=6\int \frac{t^3}{t+1}\mathrm{d}t\\ &=6\int \frac{t^3+1-1}{t+1}\mathrm{d}t=6\int\left[\int(t^2-t+1)-\frac{1}{t+1}\right]\mathrm{d}t\\ &=6\left[\frac{t^3}{3}-\frac{t^2}{2}+t-\ln(t+1)\right]+C\\ &=2\sqrt{x}-3\sqrt[3]{x}+6\sqrt[6]{x}-6\ln(\sqrt[6]{x}+1)+C.\end{aligned}$$

4.3.2 三角代换

例 3 求$\int \frac{1}{\sqrt{x^2+a^2}}\mathrm{d}x \quad (a>0)$.

解 求这个积分的困难在于被积函数中有根式$\sqrt{x^2+a^2}$,为了化去这个根式,可以利用三角恒等式 $1+\tan^2 x=\sec^2 x$ 来达到目的.

设 $x=a\tan t\left(-\frac{\pi}{2}<x<\frac{\pi}{2}\right)$, 则 $\mathrm{d}x=a\sec^2 t\mathrm{d}t$,

$$\sqrt{x^2+a^2}=\sqrt{a^2+a^2\tan^2 x}=a\sec t.$$

于是

$$\int \frac{1}{\sqrt{x^2+a^2}}\mathrm{d}x=\int \frac{a\sec^2 t}{a\sec t}\mathrm{d}t=\int \sec t\mathrm{d}t=\ln|\sec t+\tan t|+C.$$

为了把 $\sec t$ 和 $\tan t$ 换成 x 的函数,根据 $\tan t=\frac{x}{a}$ 作辅助三角形(图 4-2),于是有 $\sec t=\frac{\sqrt{a^2+x^2}}{a}$, 因此

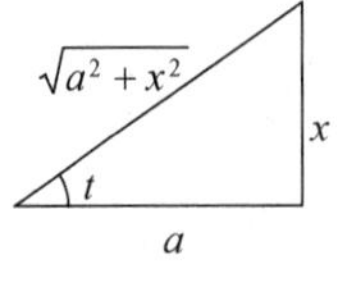

图 4-2

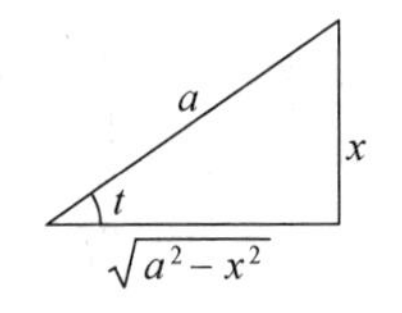

图 4-3

$$\int \frac{1}{\sqrt{x^2+a^2}}\mathrm{d}x = \ln\left(\frac{x}{a}+\frac{\sqrt{x^2+a^2}}{a}\right)+C_1 = \ln(x+\sqrt{x^2+a^2})+C \quad (C=C_1-\ln a).$$

例 4 求 $\int \sqrt{a^2-x^2}\mathrm{d}x \quad (a>0)$.

解 类似于例 3,可以利用三角恒等式 $\sin^2 x+\cos^2 x=1$ 消去根式.

设 $x=a\sin t\left(-\frac{\pi}{2}<x<\frac{\pi}{2}\right)$, 则 $\mathrm{d}x=a\cos t\mathrm{d}t$,

$$\sqrt{a^2-x^2}=\sqrt{a^2-a^2\sin^2 x}=a\mid\cos x\mid=a\cos x,$$

于是

$$\int \sqrt{a^2-x^2}\mathrm{d}x=\int a\cos t a\cos t\mathrm{d}t=a^2\int\cos^2 t\mathrm{d}t$$
$$=a^2\int\frac{1+\cos 2t}{2}\mathrm{d}t=\frac{a^2}{2}\left(t+\frac{\sin 2t}{2}\right)+C.$$

为了把变量还原为 x, 根据 $\sin t=\frac{x}{a}$ 作辅助三角形(图 4-3),于是有

$$\cos t=\frac{\sqrt{a^2-x^2}}{a},$$

$$\sin 2t=2\sin t\cos t=2\cdot\frac{x}{a}\cdot\frac{\sqrt{a^2-x^2}}{a}, \quad t=\arcsin\frac{x}{a},$$

因此

$$\int\sqrt{a^2-x^2}\mathrm{d}x=\frac{a^2}{2}\arcsin\frac{x}{a}+\frac{x}{2}\sqrt{a^2-x^2}+C.$$

例 5 求 $\int\frac{1}{\sqrt{x^2-a^2}}\mathrm{d}x \ (a>0)$.

解 为了消去被积函数中的根式,可设 $x=a\sec t$, $0<t<\frac{\pi}{2}$(在 $x=a\sec t$ 的其他单调区间上可同样讨论)则 $\mathrm{d}x=a\sec t\tan t\mathrm{d}t$, 于是

$$\int\frac{1}{\sqrt{x^2-a^2}}\mathrm{d}x=\int\frac{a\sec t\tan t}{a\tan t}\mathrm{d}t=\int\sec t\mathrm{d}t=\ln\mid\sec t+\tan t\mid+C.$$

根据 $\sec t=\frac{x}{a}$ 作辅助三角形(图 4-4),于是有 $\tan t=\frac{\sqrt{x^2-a^2}}{a}$, 因此

$$\int\frac{1}{\sqrt{x^2-a^2}}\mathrm{d}x=\ln\left|\frac{x}{a}+\frac{\sqrt{x^2-a^2}}{a}\right|+C_1$$
$$=\ln\mid x+\sqrt{x^2-a^2}\mid+C \quad (C=C_1-\ln a).$$

如果被积函数含有$\sqrt{a^2-x^2}$，作代换 $x=a\sin t$ 或 $x=a\cos t$；如果被积函数含有$\sqrt{x^2+a^2}$，作代换 $x=a\tan t$；如果被积函数含有$\sqrt{x^2-a^2}$，作代换 $x=a\sec t$. 利用三角函数代换，可以把根式积分化为三角函数有理式积分.

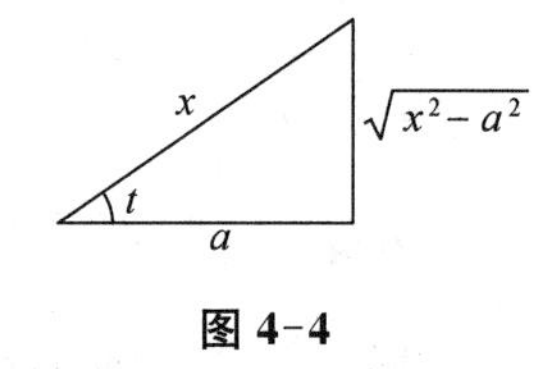

图 4-4

4.3.3 倒代换

设代换 $x=\dfrac{1}{t}$，称为**倒代换**.

例 6 求$\displaystyle\int\frac{x+1}{x^2\sqrt{x^2-1}}\mathrm{d}x$.

解 这类积分可以用三角函数代换去根式，但用代换 $x=\dfrac{1}{t}$ 更简便，即

$$\begin{aligned}\int\frac{x+1}{x^2\sqrt{x^2-1}}\mathrm{d}x&\xlongequal{x=\frac{1}{t}}\int\frac{\frac{1}{t}+1}{\frac{1}{t^2}\sqrt{\frac{1}{t^2}-1}}\cdot\left(-\frac{1}{t^2}\mathrm{d}t\right)=-\int\frac{1+t}{\sqrt{1-t^2}}\mathrm{d}t\\&=-\int\frac{1}{\sqrt{1-t^2}}\mathrm{d}t+\int\frac{1}{2\sqrt{1-t^2}}\mathrm{d}(1-t^2)\\&=-\arcsin t+\sqrt{1-t^2}+C\\&=\frac{\sqrt{x^2-1}}{x}-\arcsin\frac{1}{x}+C.\end{aligned}$$

如果被积函数的分子和分母关于积分变量 x 的最高次幂分别为 m 和 n，当 $n-m>1$ 时，用倒代换常可以消去在被积函数的分母中的变量因子 x（如例 6）.

在本节的例题中，有几个积分经常用到，它们通常也被当作公式使用.因此，除了基本积分公式外，再补充下面几个积分公式（编号接基本积分公式）：

⑭ $\int\tan x\,\mathrm{d}x=-\ln|\cos x|+C$；

⑮ $\int\cot x\,\mathrm{d}x=\ln|\sin x|+C$；

⑯ $\int\sec x\,\mathrm{d}x=\ln|\sec x+\tan x|+C$；

⑰ $\int\mathrm{css}\,x\,\mathrm{d}x=\ln|\csc x-\cot x|+C$；

⑱ $\displaystyle\int\frac{1}{a^2+x^2}\mathrm{d}x=\frac{1}{a}\arctan\frac{x}{a}+C$；

⑲ $\displaystyle\int\frac{1}{x^2-a^2}\mathrm{d}x=\frac{1}{2a}\ln\left|\frac{x-a}{x+a}\right|+C$；

⑳ $\int \frac{1}{\sqrt{a^2 - x^2}} \mathrm{d}x = \arcsin \frac{x}{a} + C$;

㉑ $\int \sqrt{a^2 - x^2} \mathrm{d}x = \frac{x}{2} \sqrt{a^2 - x^2} + \frac{a^2}{2} \arcsin \frac{x}{a} + C$;

㉒ $\int \frac{1}{\sqrt{x^2 - a^2}} \mathrm{d}x = \ln | x + \sqrt{x^2 - a^2} | + C$;

㉓ $\int \frac{1}{\sqrt{x^2 + a^2}} \mathrm{d}x = \ln (x + \sqrt{x^2 + a^2}) + C$.

例 7 $\int \frac{1}{\sqrt{1 + x + x^2}} \mathrm{d}x$.

解 $\int \frac{1}{\sqrt{1 + x + x^2}} \mathrm{d}x = \int \frac{1}{\sqrt{\left(x + \frac{1}{2}\right)^2 + \left(\frac{\sqrt{3}}{2}\right)^2}} \mathrm{d}x$.

利用公式㉓,得

$$原式 = \ln \left(x + \frac{1}{2} + \sqrt{1 + x + x^2}\right) + C.$$

例 8 求 $\int \sqrt{5 - 4x - x^2} \mathrm{d}x$.

解 $\int \sqrt{5 - 4x - x^2} \mathrm{d}x = \int \sqrt{3^2 - (x + 2)^2} \mathrm{d}x$

利用公式㉑,得

$$原式 = \frac{1}{2}(x + 2) \sqrt{5 - 4x - x^2} + \frac{9}{2} \arcsin \frac{x + 2}{3} + C.$$

4.4 分部积分法

前面将复合函数的微分法用于求积分,得到换元积分法,大大拓展了求积分的领域.下面利用两个函数乘积的微分法则,推出另一种求积分的基本方法——分部积分法.

设函数 $u = u(x)$, $v = v(x)$ 具有连续导数,由函数乘积的微分公式,有

$$\mathrm{d}(uv) = u\mathrm{d}v + v\mathrm{d}u,$$

移项得

$$u\mathrm{d}v = \mathrm{d}(uv) - v\mathrm{d}u,$$

对上式两边积分得

$$\int u\mathrm{d}v = uv - \int v\mathrm{d}u, \tag{4-8}$$

或写成

$$\int uv' \mathrm{d}x = uv - \int vu' \mathrm{d}x. \tag{4-9}$$

式(4-8)或式(4-9)称为**分部积分公式**.

使用分部积分公式,首先把不定积分 $\int f(x)\mathrm{d}x$ 的被积表达式 $f(x)\mathrm{d}x$ 变成形如 $u(x)\mathrm{d}v(x)$ 的形式,然后套用公式.这样就把求不定积分 $\int f(x)\mathrm{d}x=\int u\mathrm{d}v$ 的问题转化为求不定积分 $\int v\mathrm{d}u$ 的问题.如果 $\int v\mathrm{d}u$ 易于求出,那么,分部积分公式就起到了化难为易的作用.

例 1 求 $\int x\sin x\mathrm{d}x$.

解 本题用积分用换元积分法不易求得结果,现在用分部积分法来求解.如何选取 u 和 $\mathrm{d}v$ 呢? 如果设 $u=x$, $\mathrm{d}v=\sin x\mathrm{d}x$, 则 $\mathrm{d}u=\mathrm{d}x$, $v=-\cos x$, 代入分部积分公式(4-8),得

$$\begin{aligned}\int x\sin x\mathrm{d}x&=\int x\mathrm{d}(-\cos x)=-x\cos x-\int(-\cos x)\mathrm{d}x\\&=-x\cos x+\int\cos x\mathrm{d}x\\&=-x\cos x+\sin x+C.\end{aligned}$$

求本题时,如果设 $u=\sin x$, $\mathrm{d}v=x\mathrm{d}x$, 则 $\mathrm{d}u=\cos x\mathrm{d}x$, $v=\frac{x^2}{2}$, 于是

$$\int x\sin x\mathrm{d}x=\int\sin x\mathrm{d}\frac{x^2}{2}=\frac{x^2}{2}\sin x-\int\frac{x^2}{2}\mathrm{d}\sin x=\frac{x^2}{2}\sin x-\frac{1}{2}\int x^2\cos x\mathrm{d}x.$$

显然,上式右端的积分 $\int x^2\cos x\mathrm{d}x$ 比原积分 $\int x\sin x\mathrm{d}x$ 更不容易求出.

由此可见,如果 u 和 $\mathrm{d}v$ 选取不当,就求不出结果,所以应用分部积分法时,恰当选取 u 和 $\mathrm{d}v$ 是关键.一般说来,应用分部积分法选取 u 和 $\mathrm{d}v$ 一般要考虑下面两个原则:

(1) v 易于求出; (2) $\int v\mathrm{d}u$ 要比 $\int u\mathrm{d}v$ 容易求出.

例 2 求 $\int x\mathrm{e}^x\mathrm{d}x$.

解 设 $u=x$, $\mathrm{d}v=\mathrm{e}^x\mathrm{d}x=\mathrm{d}\mathrm{e}^x$, 则 $\mathrm{d}u=\mathrm{d}x$, $v=\mathrm{e}^x$, 由分部积分公式,得

$$\int x\mathrm{e}^x\mathrm{d}x=\int x\mathrm{d}\mathrm{e}^x=x\mathrm{e}^x-\int\mathrm{e}^x\mathrm{d}x=x\mathrm{e}^x-\mathrm{e}^x+C=(x-1)\mathrm{e}^x+C.$$

例 3 求 $\int x^2\ln x\mathrm{d}x$.

解 设 $u=\ln x$, $\mathrm{d}v=x^2\mathrm{d}x=\mathrm{d}\left(\frac{1}{3}x^3\right)$, 则 $\mathrm{d}u=\frac{1}{x}\mathrm{d}x$, $v=\frac{1}{3}x^3$, 由分部积分公式,得

$$\begin{aligned}\int x^2\ln x\mathrm{d}x&=\int\ln x\mathrm{d}\frac{1}{3}x^3=\frac{1}{3}x^3\ln x-\int\frac{1}{3}x^3\mathrm{d}\ln x=\frac{1}{3}x^3\ln x-\frac{1}{3}\int x^2\mathrm{d}x\\&=\frac{1}{3}x^3\ln x-\frac{1}{9}x^3+C=\frac{x^3}{3}\left(\ln x-\frac{1}{3}\right)+C.\end{aligned}$$

解题熟练以后，u 和 v 可以省略不写，直接套用公式(4-8)计算.

例 4 求 $\int \arccos x \, dx$.

解 $$\int \arccos x \, dx = x \arccos x - \int x \, d\arccos x$$
$$= x \arccos x + \int \frac{x}{\sqrt{1-x^2}} dx$$
$$= x \arccos x - \frac{1}{2}\int \frac{1}{\sqrt{1-x^2}} d(1-x^2)$$
$$= x \arccos x - \sqrt{1-x^2} + C.$$

例 5 求 $\int x^2 \cos x \, dx$.

解 $$\int x^2 \cos x \, dx = \int x^2 d\sin x = x^2 \sin x - \int \sin x \, dx^2$$
$$= x^2 \sin x - 2\int x \sin x \, dx = x^2 \sin x + 2\int x \, d\cos x$$
$$= x^2 \sin x + 2\left(x \cos x - \int \cos x \, dx\right)$$
$$= x^2 \sin x + 2(x \cos x - \sin x) + C$$
$$= x^2 \sin x + 2x \cos x - 2\sin x + C.$$

例 6 求 $\int e^x \sin x \, dx$.

解 $$\int e^x \sin x \, dx = \int e^x d(-\cos x) = -e^x \cos x + \int \cos x \, de^x$$
$$= -e^x \cos x + \int e^x \cos x \, dx$$
$$= -e^x \cos x + \int e^x \, d\sin x$$
$$= -e^x \cos x + e^x \sin x - \int e^x \sin x \, dx.$$

等式右端出现了原不定积分，于是移项除以 2，便得

$$\int e^x \sin x \, dx = \frac{e^x}{2}(\sin x - \cos x) + C.$$

通过上面例题可以看出，分部积分法适用于两种不同类型函数的乘积的不定积分.当被积函数是幂函数 x^n(n 为正整数)与正(余)弦函数的乘积，或幂函数 x^n(n 为正整数)与指数函数 e^{kx} 的乘积时，设 u 为幂函数 x^n，则每用一次分部积分公式，幂函数 x^n 的幂次就降低一次.所以，若 $n>1$，就需要连续使用分部积分法才能求出不定积分.

当被积函数是幂函数与反三角函数或幂函数与对数函数的乘积时，设 u 为反三角函数或对数函数.下面给出常见的几类被积函数中 u，dv 的选择：

① $\int x^n e^{kx} dx$，设 $u = x^n$，$dv = e^{kx} dx$；

② $\int x^n \sin(ax+b)\mathrm{d}x$，设 $u=x^n$，$\mathrm{d}v=\sin(ax+b)\mathrm{d}x$；

③ $\int x^n \cos(ax+b)\mathrm{d}x$，设 $u=x^n$，$\mathrm{d}v=\cos(ax+b)\mathrm{d}x$；

④ $\int x^n \ln x\,\mathrm{d}x$，设 $u=\ln x$，$\mathrm{d}v=x^n\mathrm{d}x$；

⑤ $\int x^n \arcsin(ax+b)\mathrm{d}x$，设 $u=\arcsin(ax+b)$，$\mathrm{d}v=x^n\mathrm{d}x$；

⑥ $\int x^n \arctan(ax+b)\mathrm{d}x$，设 $u=\arctan(ax+b)$，$\mathrm{d}v=x^n\mathrm{d}x$；

⑦ $\int \mathrm{e}^{kx}\sin(ax+b)\mathrm{d}x$ 和 $\int \mathrm{e}^{kx}\cos(ax+b)\mathrm{d}x$，$u$，$\mathrm{d}v$ 可随意选择.

在积分的过程中往往要兼用换元法与分部积分法，下面举一个例子.

例 7 求 $\int \mathrm{e}^{\sqrt{x}}\mathrm{d}x$.

解 先用换元法.设 $\sqrt{x}=t$，则 $x=t^2$，$\mathrm{d}x=2t\mathrm{d}t$. 于是

$$\int \mathrm{e}^{\sqrt{x}}\mathrm{d}x=2\int t\mathrm{e}^t\mathrm{d}t.$$

再用分部积分法，由例 2 可知

$$\int \mathrm{e}^{\sqrt{x}}\mathrm{d}x=2\int t\mathrm{e}^t\mathrm{d}t=2\mathrm{e}^t(t-1)+C=2\mathrm{e}^{\sqrt{x}}(\sqrt{x}-1)+C.$$

分部积分法并不仅仅局限于求两种不同类型函数乘积的不定积分.分部积分法还可以用于求抽象函数的不定积分，建立某些不定积分的递推公式.

例 8 设 $f(x)$ 的原函数为 $\dfrac{\sin x}{x}$，求 $\int xf'(2x)\mathrm{d}x$.

解
$$\begin{aligned}\int xf'(2x)\mathrm{d}x&=\frac{1}{2}\int x\,\mathrm{d}f(2x)=\frac{1}{2}xf(2x)-\frac{1}{2}\int f(2x)\mathrm{d}x\\&=\frac{1}{2}xf(2x)-\frac{1}{4}\int f(2x)\mathrm{d}(2x).\end{aligned}$$

因为 $\dfrac{\sin x}{x}$ 为 $f(x)$ 的原函数，所以 $f(x)=\left(\dfrac{\sin x}{x}\right)'=\dfrac{x\cos x-\sin x}{x^2}$，故

$$f(2x)=\frac{2x\cos(2x)-\sin(2x)}{4x^2}.$$

于是

$$\begin{aligned}\int xf'(2x)\mathrm{d}x&=\frac{2x\cos(2x)-\sin(2x)}{8x}-\frac{1}{4}\cdot\frac{\sin(2x)}{2x}+C\\&=\frac{1}{4}\cos(2x)-\frac{1}{4x}\sin(2x)+C.\end{aligned}$$

例 9 建立不定积分 $I_n=\int\tan^n x\,dx$（n 为正整数，$n>1$）的递推公式.

解 $I_n=\int\tan^{n-2}x\tan^2 x\,dx=\int\tan^{n-2}x(\sec^2x-1)dx$

$$=\int\tan^{n-2}x\sec^2x\,dx-\int\tan^{n-2}x\,dx$$

$$=\int\tan^{n-2}x\,d(\tan x)-I_{n-2}$$

$$=\frac{\tan^{n-1}x}{n-1}-I_{n-2}.$$

4.5 有理函数的积分

前面我们已介绍了求不定积分的两种基本方法——换元积分法和分部积分法.下面简要介绍有理函数的积分以及可化为有理函数的积分.

4.5.1 有理函数的积分

1. 化有理函数为简单函数

两个多项式的商所表示的函数 $R(x)$ 称为**有理函数**或**有理分式**，即形如

$$R(x)=\frac{P(x)}{Q(x)}=\frac{a_0x^n+a_1x^{n-1}+a_2x^{n-2}+\cdots+a_{n-1}x+a_n}{b_0x^m+b_1x^{m-1}+b_2x^{m-2}+\cdots+b_{m-1}x+b_m},\tag{4-10}$$

其中，m 和 n 都是非负整数，a_0，a_1，a_2，…，a_n 及 b_0，b_1，b_2，…，b_m 都是实数，并且 $a_0\neq 0$，$b_0\neq 0$.

在今后的讨论中，对有理分式总是假定它的分子 $P(x)$ 与分母 $Q(x)$ 之间是没有公因式的，这种有理分式称为**既约分式**.当有理分式的分子多项式次数 n 小于其分母多项式的次数 m，即 $n<m$ 时，称有理式为**真分式**；反之，当 $n\geqslant m$ 时，称有理式为**假分式**.

任何一个假分式，总可以利用多项式的除法，将它化为一个多项式和一个真分式之和的形式.例如，

$$\frac{x^4+x+1}{x^2+1}=(x^2-1)+\frac{x+2}{x^2+1}.$$

多项式的积分容易求得，于是只需讨论真分式的积分.

由代数学知识可知，真分式的分母 $Q(x)$ 在实数范围内，总可以分解成一次因式和二次质因式①的乘积形式.真分式按其分母 $Q(x)$ 因式分解的不同情况，可化为若干个**简单分式**（也称为**部分分式**）之代数和，再对各部分分式逐项积分，便可以解决真分式的积分问题.

---

① 二次质因式，是指在实数范围内不能再分解因式的二次三项式，例如，$x^2+px+q(p^2-4q<0)$ 就是二次质因式.

设有理函数式(4-10)中 $n < m$，多项式 $Q(x)$ 在实数范围内分解成一次因式和二次质因式的乘积：

$$Q(x)=b_0(x-a)^{\alpha}\cdots(x-b)^{\beta}(x^2+px+q)^{\lambda}\cdots(x^2+rx+s)^{\mu},$$

其中，b_0，a，…，b，p，q，…，r，s 为实数；$p^2-4q<0$，…，$r^2-4s<0$；α，…，β，λ，…，μ 为正整数.那么，根据代数理论可知，真分式 $\dfrac{P(x)}{Q(x)}$ 总可以分解成如下部分分式之和，即

$$\begin{aligned}\frac{P(x)}{Q(x)}=&\frac{A_1}{(x-a)^{\alpha}}+\frac{A_2}{(x-a)^{\alpha-1}}+\cdots+\frac{A_{\alpha}}{x-a}+\cdots+\frac{B_1}{(x-b)^{\beta}}+\\&\frac{B_2}{(x-b)^{\beta-1}}+\cdots+\frac{B_{\beta}}{x-b}+\frac{M_1x+N_1}{(x^2+px+q)^{\lambda}}+\\&\frac{M_2x+N_2}{(x^2+px+q)^{\lambda-1}}+\cdots+\frac{M_{\lambda}x+N_{\lambda}}{x^2+px+q}+\cdots+\frac{R_1x+S_1}{(x^2+rx+s)^{\mu}}+\\&\frac{R_2x+S_2}{(x^2+rx+s)^{\mu-1}}+\cdots+\frac{R_{\mu}x+S_{\mu}}{x^2+rx+s},\end{aligned}\tag{4-11}$$

其中，A_i，…，B_i，M_i，N_i，…，R_i，S_i 都是待定常数，且这样分解时这些常数是唯一的.

可见在实数范围内，任何有理真分式都可以分解成下面四类简单分式之和：

(1) $\dfrac{A}{x-a}$；

(2) $\dfrac{A}{(x-a)^k}$　(k 是正整数，$k\geqslant 2$)；

(3) $\dfrac{Ax+B}{x^2+px+q}$　($p^2-4q<0$)；

(4) $\dfrac{Ax+B}{(x^2+px+q)^k}$　(k 是正整数，$k\geqslant 2$，$p^2-4q<0$).

2. 有理函数的不定积分

求有理函数的不定积分归结为求四类简单分式的积分.下面讨论这四类简单分式的积分.

(1) $\displaystyle\int\frac{A}{x-a}\mathrm{d}x=A\int\frac{1}{x-a}\mathrm{d}(x-a)=A\ln|x-a|+C$；

(2) $\displaystyle\int\frac{A}{(x-a)^k}\mathrm{d}x=A\int(x-a)^{-k}\mathrm{d}(x-a)=\frac{-A}{k-1}\cdot\frac{1}{(x-a)^{k-1}}+C$；

(3) $\displaystyle\int\frac{Ax+B}{x^2+px+q}\mathrm{d}x$　($p^2-4q<0$).

将分母配方得 $x^2+px+q=\left(x+\dfrac{p}{2}\right)^2+\left(q-\dfrac{p^2}{4}\right)$，作变量代换 $u=x+\dfrac{p}{2}$，则 $x=u$

$-\frac{p}{2}$, $\mathrm{d}x=\mathrm{d}u$. 由于 $p^2-4q<0$, $q-\frac{p^2}{4}>0$, 记 $q-\frac{p^2}{4}=a^2$, 于是

$$\int\frac{Ax+B}{x^2+px+q}\mathrm{d}x=\int\frac{Ax+B}{\left(x+\frac{p}{2}\right)^2+\left(q-\frac{p^2}{4}\right)}\mathrm{d}x=\int\frac{A\left(u-\frac{p}{2}\right)+B}{u^2+a^2}\mathrm{d}u$$

$$=\int\frac{Au}{u^2+a^2}\mathrm{d}u+\int\frac{B-\frac{Ap}{2}}{u^2+a^2}\mathrm{d}u$$

$$=\frac{A}{2}\ln(u^2+a^2)+\frac{B-\frac{Ap}{2}}{a}\arctan\frac{u}{a}+C$$

$$=\frac{A}{2}\ln(x^2+px+q)+\frac{2B-Ap}{\sqrt{4q-p^2}}\arctan\frac{2x+p}{\sqrt{4q-p^2}}+C.$$

(4) $\int\frac{Ax+B}{(x^2+px+q)^k}\mathrm{d}x\quad(k\geqslant 2,\ p^2-4q<0)$.

作变量代换 $u=x+\frac{p}{2}$, 并记 $q-\frac{p^2}{4}=a^2$, 于是

$$\int\frac{Ax+B}{(x^2+px+q)^k}\mathrm{d}x=\int\frac{Au}{(u^2+a^2)^k}\mathrm{d}u+\int\frac{B-\frac{Ap}{2}}{(u^2+a^2)^k}\mathrm{d}u.$$

其中,第一个积分

$$\int\frac{Au}{(u^2+a^2)^k}\mathrm{d}u=\frac{A}{2}\int(u^2+a^2)^{-k}\mathrm{d}(u^2+a^2)=\frac{-A}{2(k-1)}\cdot\frac{1}{(u^2+a^2)^{k-1}}+C.$$

第二个积分可通过建立递推公式求得.记

$$I_k=\int\frac{\mathrm{d}u}{(u^2+a^2)^k}.$$

利用分部积分法有

$$I_k=\int\frac{\mathrm{d}u}{(u^2+a^2)^k}=\frac{u}{(u^2+a^2)^k}+2k\int\frac{u^2\mathrm{d}u}{(u^2+a^2)^{k+1}}$$

$$=\frac{u}{(u^2+a^2)^k}+2k\int\frac{(u^2+a^2)-a^2}{(u^2+a^2)^{k+1}}\mathrm{d}u$$

$$=\frac{u}{(u^2+a^2)^k}+2kI_k-2a^2kI_{k+1}.$$

整理得
$$I_{k+1}=\frac{1}{2a^2k}\cdot\frac{u}{(u^2+a^2)^k}+\frac{2k-1}{2a^2k}I_k.$$

于是可得递推公式
$$I_k=\frac{1}{a^2}\left[\frac{1}{2(k-1)}\cdot\frac{u}{(u^2+a^2)^{k-1}}+\frac{2k-3}{2k-2}I_{k-1}\right].\tag{4-12}$$

利用式(4-12),逐步递推,最后可归结为不定积分
$$I_1=\int\frac{\mathrm{d}u}{u^2+a^2}=\frac{1}{a}\arctan\frac{u}{a}+C.$$

最后将 $u=x+\frac{p}{2}$ 全部换回原积分变量,即可求出不定积分 $\int\frac{Ax+B}{(x^2+px+q)^k}\mathrm{d}x$.

例 1 求 $\int\frac{x-1}{(x^2+2x+3)^2}\mathrm{d}x$.

解
$$\begin{aligned}\int\frac{x-1}{(x^2+2x+3)^2}\mathrm{d}x&=\int\frac{x+1-2}{[(x+1)^2+2]^2}\mathrm{d}x\\&\xlongequal{u=x+1}\int\frac{u}{(u^2+2)^2}\mathrm{d}u-2\int\frac{\mathrm{d}u}{(u^2+2)^2}\\&=-\frac{1}{2(u^2+2)}-2\times\frac{1}{2}\left[\frac{1}{2\times1}\cdot\frac{u}{u^2+2}+\frac{1}{2}\int\frac{\mathrm{d}u}{u^2+2}\right]\\&=-\frac{u+1}{2(u^2+2)}-\frac{1}{2\sqrt{2}}\arctan\frac{u}{\sqrt{2}}+C\\&=-\frac{x+2}{2(x^2+2x+3)}-\frac{1}{2\sqrt{2}}\arctan\frac{x+1}{\sqrt{2}}+C.\end{aligned}$$

例 2 求 $\int\frac{1}{x(x-1)^2}\mathrm{d}x$.

解 因为 $\frac{1}{x(x-1)^2}$ 可分解为
$$\frac{1}{x(x-1)^2}=\frac{A}{x}+\frac{B}{(x-1)^2}+\frac{C}{x-1},$$
其中,A, B, C 为待定系数.可以用两种方法求出待定系数.

第一种方法:两端去掉分母后,得
$$1=A(x-1)^2+Bx+Cx(x-1),\tag{4-13}$$
即

$$1=(A+C)x^2+(B-2A-C)x+A.$$

由于式(4-13)是恒等式,等式两端 x^2 和 x 的系数及常数项必须分别相等,于是

$$\begin{cases}A+C=0,\\B-2A-C=0,\\A=1,\end{cases}$$

解得 $A=1$, $B=1$, $C=-1$. 第一种方法中所用的确定待定系数的方法称为**比较系数法**.

第二种方法:在恒等式(4-13)中,代入特殊的 x 值,从而求出待定系数.如令 $x=0$, 得 $A=1$; 令 $x=1$, 得 $B=1$; 把 A, B 的值代入式(4-13),并令 $x=2$, 得 $1=1+2+2C$, 即 $C=-1$. 于是

$$\begin{aligned}\int\frac{1}{x(x-1)^2}\mathrm{d}x&=\int\left[\frac{1}{x}+\frac{1}{(x-1)^2}-\frac{1}{x-1}\right]\mathrm{d}x\\&=\int\frac{1}{x}\mathrm{d}x+\int\frac{1}{(x-1)^2}\mathrm{d}x-\int\frac{1}{x-1}\mathrm{d}x\\&=\ln|x|-\frac{1}{x-1}-\ln|x-1|+C.\end{aligned}$$

第二种方法中,用于确定待定系数 A, B, C 的方法称为**赋值法**.通常把比较系数法和赋值法统称为**待定系数法**.

例 3 求 $\displaystyle\int\frac{2x+2}{(x-1)(x^2+1)^2}\mathrm{d}x$.

解 因为 $$\frac{2x+2}{(x-1)(x^2+1)^2}=\frac{A}{x-1}+\frac{Bx+C}{(x^2+1)^2}+\frac{Dx+E}{x^2+1},$$

两端去分母,得

$$\begin{aligned}2x+2&=A(x^2+1)^2+(Bx+C)(x-1)+(Dx+E)(x-1)(x^2+1)\\&=(A+D)x^4+(E-D)x^3+(2A+D-E+B)x^2+\\&\quad(-D+E-B+C)x+(A-E-C).\end{aligned}$$

两端比较系数,得

$$\begin{cases}A+D=0,\\E-D=0,\\2A+D-E+B=0,\\-D+E-B+C=2,\\A-E-C=2.\end{cases}$$

解方程组得 $A=1$, $B=-2$, $C=0$, $D=-1$, $E=-1$, 故

$$\int \frac{2x+2}{(x-1)(x^2+1)^2}dx = \int\left(\frac{1}{x-1} - \frac{2x}{(x^2+1)^2} - \frac{x+1}{x^2+1}\right)dx$$

$$= \int \frac{1}{x-1}dx - \int \frac{2x}{(x^2+1)^2}dx - \int \frac{x+1}{x^2+1}dx$$

$$= \ln|x-1| + \frac{1}{x^2+1} - \frac{1}{2}\ln(x^2+1) - \arctan x + C$$

$$= \ln\frac{|x-1|}{\sqrt{x^2+1}} + \frac{1}{x^2+1} - \arctan x + C.$$

例 4 求 $\int \frac{x+3}{x^2-5x+6}dx$.

解 因为 $$\frac{x+3}{x^2-5x+6} = \frac{x+3}{(x-2)(x-3)} = \frac{A}{x-2} + \frac{B}{x-3},$$

两端去分母,得 $$x+3 = A(x-3) + B(x-2).$$

令 $x=2$,得 $A=-5$;令 $x=3$,得 $B=6$. 于是

$$\int \frac{x+3}{x^2-5x+6}dx = \int\left(\frac{6}{x-3} - \frac{5}{x-2}\right)dx = 6\ln|x-3| - 5\ln|x-2| + C$$

$$= \ln\left|\frac{(x-3)^6}{(x-2)^5}\right| + C.$$

从上面几个例子可以看出,求有理真分式的积分步骤是:

(1) 将有理真分式分解成部分分式之和;

(2) 对各个部分分式逐项积分.

其中第(1)步是关键,应当指出,上面所介绍的只是求有理真分式积分的一般方法.

同时也应该注意到,在具体使用此方法时会遇到困难.首先,用待定系数法求待定系数时,计算比较繁琐;其次,当分母的次数比较高时,因式分解相当困难.因此,当真分式比较复杂、分解成部分分式及逐项积分的计算都较烦琐时,可以灵活选用其他方法,以迅速简便地求得积分结果.

例 5 求 $\int \frac{x^2+x+2}{x^3+x^2+x+1}dx$.

解 $$\int \frac{x^2+x+2}{x^3+x^2+x+1}dx = \int \frac{(x^2+1)+(x+1)}{(x^2+1)(x+1)}dx = \int \frac{1}{x+1}dx + \int \frac{1}{x^2+1}dx$$

$$= \ln|x+1| + \arctan x + C.$$

例 6 求 $\int \frac{1}{(x^2-4x+4)(x^2-4x+5)}dx$.

解

$$\int \frac{1}{(x^2-4x+4)(x^2-4x+5)}dx = \int \frac{(x^2-4x+5)-(x^2-4x+4)}{(x^2-4x+4)(x^2-4x+5)}dx$$

$$=\int\frac{1}{x^2-4x+4}dx-\int\frac{1}{x^2-4x+5}dx$$
$$=\int\frac{1}{(x-2)^2}d(x-2)-\int\frac{1}{(x-2)^2+1}d(x-2)$$
$$=-\frac{1}{x-2}-\arctan(x-2)+C.$$

例 7 求$\int\frac{1}{x^4+1}dx$.

解
$$\int\frac{1}{x^4+1}dx=\frac{1}{2}\int\frac{x^2+1}{x^4+1}dx-\frac{1}{2}\int\frac{x^2-1}{x^4+1}dx$$
$$=\frac{1}{2}\int\frac{1+\frac{1}{x^2}}{x^2+\frac{1}{x^2}}dx-\frac{1}{2}\int\frac{1-\frac{1}{x^2}}{x^2+\frac{1}{x^2}}dx$$
$$=\frac{1}{2}\int\frac{1}{\left(x-\frac{1}{x}\right)^2+2}d\left(x-\frac{1}{x}\right)-\frac{1}{2}\int\frac{1}{\left(x+\frac{1}{x}\right)^2-2}d\left(x+\frac{1}{x}\right)$$
$$=\frac{1}{2\sqrt{2}}\arctan\frac{x^2-1}{\sqrt{2}x}-\frac{1}{4\sqrt{2}}\ln\left|\frac{x^2-x\sqrt{2}+1}{x^2+x\sqrt{2}+1}\right|+C.$$

例 8 求$\int\frac{x^2}{(x-1)^{10}}dx$.

解 本例若用一般方法求解,应先将真分式$\frac{x^2}{(x-1)^{10}}$化为部分分式之和.应设

$$\frac{x^2}{(x-1)^{10}}=\frac{A_1}{x-1}+\frac{A_2}{(x-1)^2}+\cdots+\frac{A_{10}}{(x-1)^{10}},$$

要确定待定系数A_1, A_2, …, A_{10},这显然是比较麻烦的.

若令$x-1=t$,则$x=t+1$, $dx=dt$. 于是

$$\int\frac{x^2}{(x-1)^{10}}dx=\int\frac{(t+1)^2}{t^{10}}dt=\int\frac{t^2+2t+1}{t^{10}}dt$$
$$=\int(t^{-8}+2t^{-9}+t^{-10})dt=-\frac{1}{7}t^{-7}-\frac{1}{4}t^{-8}-\frac{1}{9}t^{-9}+C$$
$$\xlongequal{t=x-1}-\frac{1}{7(x-1)^7}-\frac{1}{4(x-1)^8}-\frac{1}{9(x-1)^9}+C.$$

4.5.2 三角函数有理式的积分

由三角函数和常数经过有限次四则运算所构成的函数称为**三角函数有理式**.因为所有

三角函数都可以表示为 $\sin x$ 和 $\cos x$ 的有理式,所以下面只讨论 $R(\sin x,\ \cos x)$ 型函数的不定积分.

由三角学知道, $\sin x$ 和 $\cos x$ 都可以用 $\tan\frac{x}{2}$ 的有理式表示,因此,作变量代换 $u=\tan\frac{x}{2}$,则

$$\sin x=2\sin\frac{x}{2}\cos\frac{x}{2}=\frac{2\tan\frac{x}{2}}{\sec^2\frac{x}{2}}=\frac{2\tan\frac{x}{2}}{1+\tan^2\frac{x}{2}}=\frac{2u}{1+u^2},$$

$$\cos x=\cos^2\frac{x}{2}-\sin^2\frac{x}{2}=\frac{1-\tan^2\frac{x}{2}}{\sec^2\frac{x}{2}}=\frac{1-\tan^2\frac{x}{2}}{1+\tan^2\frac{x}{2}}=\frac{1-u^2}{1+u^2}.$$

又由于 $x=2\arctan u$, 得 $\mathrm{d}x=\frac{2}{1+u^2}\mathrm{d}u$, 于是

$$\int R(\sin x,\ \cos x)\mathrm{d}x=\int R\left(\frac{2u}{1+u^2},\ \frac{1-u^2}{1+u^2}\right)\frac{2}{1+u^2}\mathrm{d}u.$$

由此可见,在任何情况下,变换 $u=\tan\frac{x}{2}$ 都可以把三角函数有理式的积分 $\int R(\sin x,\ \cos x)\mathrm{d}x$ 有理化,即化为有理函数的积分.所以通常把变量代换 $u=\tan\frac{x}{2}$ 称为三角函数有理式积分的"**万能代换**".

例 9 求 $\int\frac{1}{1+\sin x+\cos x}\mathrm{d}x$.

解 设 $u=\tan\frac{x}{2}$, 则

$$\int\frac{1}{1+\sin x+\cos x}\mathrm{d}x=\int\frac{1}{1+\frac{2u}{1+u^2}+\frac{1-u^2}{1+u^2}}\cdot\frac{2}{1+u^2}\mathrm{d}u=\int\frac{1}{1+u}\mathrm{d}u$$

$$=\ln|1+u|+C=\ln\left|1+\tan\frac{x}{2}\right|+C.$$

例 10 求 $\int\frac{1+\sin x}{1-\cos x}\mathrm{d}x$.

解 设 $u=\tan\frac{x}{2}$, 则

$$\int \frac{1+\sin x}{1-\cos x}\mathrm{d}x=\int \frac{1+\frac{2u}{1+u^2}}{1-\frac{1-u^2}{1+u^2}}\cdot\frac{2}{1+u^2}\mathrm{d}u=\int \frac{(1+u^2)+2u}{u^2(1+u^2)}\mathrm{d}u$$

$$=\int \frac{1}{u^2}\mathrm{d}u+\int \frac{2}{u(1+u^2)}\mathrm{d}u=\int \frac{1}{u^2}\mathrm{d}u+2\int \frac{(1+u^2)-u^2}{u(1+u^2)}\mathrm{d}u$$

$$=\int \frac{1}{u^2}\mathrm{d}u+2\int \frac{1}{u}\mathrm{d}u-\int \frac{2u}{1+u^2}\mathrm{d}u=-\frac{1}{u}+2\ln|u|-\ln(1+u^2)+C$$

$$=2\ln\left|\tan\frac{x}{2}\right|-\cot\frac{x}{2}-\ln\left(\sec^2\frac{x}{2}\right)+C.$$

虽然利用“万能代换”，$u=\tan\frac{x}{2}$ 可以把三角函数有理式的积分化为有理函数的积分，但是经代换后得出的有理函数积分一般比较麻烦.因此，这种代换不一定是最简捷的代换.对于某些特殊的三角函数有理式的积分，常常需要采用其他形式的代换，以便能更简便而迅速地得出结果.

例 11 求 $\int \frac{\sin x}{1+\sin x}\mathrm{d}x$.

解 $\int \frac{\sin x}{1+\sin x}\mathrm{d}x=\int \frac{\sin x(1-\sin x)}{1-\sin^2 x}\mathrm{d}x=\int \frac{\sin x-\sin^2 x}{\cos^2 x}\mathrm{d}x$

$$=\int \frac{\sin x}{\cos^2 x}\mathrm{d}x-\int \frac{1-\cos^2 x}{\cos^2 x}\mathrm{d}x$$

$$=-\int \frac{1}{\cos^2 x}\mathrm{d}\cos x-\int \frac{1}{\cos^2 x}\mathrm{d}x+\int \mathrm{d}x$$

$$=\frac{1}{\cos x}-\tan x+x+C.$$

例 12 求 $\int \frac{1}{1+3\cos^2 x}\mathrm{d}x$.

解 $\int \frac{1}{1+3\cos^2 x}\mathrm{d}x=\int \frac{\sec^2 x}{\sec^2 x+3}\mathrm{d}x=\int \frac{1}{\tan^2 x+4}\mathrm{d}\tan x$

$$=\frac{1}{2}\arctan\left(\frac{\tan x}{2}\right)+C.$$

4.5.3 简单无理函数的积分

1. $R(x, \sqrt[n]{ax+b})$ 型函数的积分

$R(x, u)$ 表示 x 和 u 两个变量的有理式.其中 a，b 为常数.对于这种类型函数的积分，作变量代换 $\sqrt[n]{ax+b}=u$，则 $x=\frac{u^n-b}{a}$，$\mathrm{d}x=\frac{nu^{n-1}}{a}\mathrm{d}u$，于是

$$\int R(x, \sqrt[n]{ax+b})\mathrm{d}x=\int R\left(\frac{u^n-b}{a}, u\right)\cdot\frac{nu^{n-1}}{a}\mathrm{d}u. \tag{4-14}$$

式(4-14)右端是一个有理函数的积分.

例 13 求$\displaystyle\int\frac{1}{1+\sqrt[3]{x+2}}\mathrm{d}x$.

解 令$\sqrt[3]{x+2}=u$，则$x=u^3-2$，$\mathrm{d}x=3u^2\mathrm{d}u$，于是

$$\begin{aligned}\int\frac{1}{1+\sqrt[3]{x+2}}\mathrm{d}x&=\int\frac{3u^2}{1+u}\mathrm{d}u=3\int\frac{u^2-1+1}{1+u}\mathrm{d}u\\&=3\int\left(u-1+\frac{1}{1+u}\right)\mathrm{d}u=3\left(\frac{u^2}{2}-u+\ln|1+u|\right)+C\\&=\frac{3}{2}\sqrt[3]{(x+2)^2}-3\sqrt[3]{x+2}+3\ln|1+\sqrt[3]{x+2}|+C.\end{aligned}$$

例 14 求$\displaystyle\int\frac{\sqrt{x}}{1+\sqrt[3]{x}}\mathrm{d}x$.

解 为了同时去掉被积函数中的两个根式,可取 3 和 2 的最小公倍数 6,并作变量代换$\sqrt[6]{x}=u$，则$x=u^6$，$\mathrm{d}x=6u^5\mathrm{d}u$，$\sqrt[3]{x}=u^2$，$\sqrt{x}=u^3$，于是

$$\begin{aligned}\int\frac{\sqrt{x}}{1+\sqrt[3]{x}}\mathrm{d}x&=\int\frac{6u^8}{u^2+1}\mathrm{d}u=6\int\frac{u^8}{u^2+1}\mathrm{d}u\\&=6\int\left(u^6-u^4+u^2-1+\frac{1}{1+u^2}\right)\mathrm{d}u\\&=\frac{6u^7}{7}-\frac{6u^5}{5}+2u^3-6u+6\arctan u+C\\&=\frac{6x\sqrt[6]{x}}{7}-\frac{6\sqrt[6]{x^5}}{5}+2\sqrt{x}-6\sqrt[6]{x}+6\arctan\sqrt[6]{x}+C.\end{aligned}$$

2. $R\left(x, \sqrt[n]{\dfrac{ax+b}{cx+d}}\right)$型函数的积分

这里$R(x, u)$仍然表示x和u两个变量的有理式,其中a，b，c，d为常数.对于这种类型函数的不定积分,作变量代换$\sqrt[n]{\dfrac{ax+b}{cx+d}}=u$，则$x=\dfrac{\mathrm{d}u^n-b}{a-cu^n}$，$\mathrm{d}x=\dfrac{nu^{n-1}(ad-bc)}{(a-cu^n)^2}\mathrm{d}u$，于是

$$\int R\left(x, \sqrt[n]{\frac{ax+b}{cx+d}}\right)\mathrm{d}x=\int R\left(\frac{\mathrm{d}u^n-b}{a-cu^n}, u\right)\cdot\frac{nu^{n-1}(ad-bc)}{(a-cu^n)^2}\mathrm{d}u. \tag{4-15}$$

式(4-15)右端是一个有理函数的积分.

例 15 求$\int \frac{1}{x}\sqrt{\frac{1+x}{x}}\mathrm{d}x$.

解 令$\sqrt{\frac{1+x}{x}}=u$, 则$x=\frac{1}{u^2-1}$, $\mathrm{d}x=-\frac{2u}{(u^2-1)^2}\mathrm{d}u$, 于是

$$\begin{aligned}\int \frac{1}{x}\sqrt{\frac{1+x}{x}}\mathrm{d}x&=\int (u^2-1)u\cdot\frac{-2u}{(u^2-1)^2}\mathrm{d}u\\&=-2\int\frac{u^2}{u^2-1}\mathrm{d}u=-2\int\frac{u^2-1+1}{u^2-1}\mathrm{d}u\\&=-2\int\left(1+\frac{1}{u^2-1}\right)\mathrm{d}u=-2u-\ln\left|\frac{u-1}{u+1}\right|+C\\&=-2u+2\ln(u+1)-\ln|u^2-1|+C\\&=-2\sqrt{\frac{1+x}{x}}+2\ln\left(\sqrt{\frac{1+x}{x}}+1\right)+\ln|x|+C.\end{aligned}$$

例 16 求$\int\frac{1}{\sqrt[3]{(x+1)^2(x-1)^4}}\mathrm{d}x$.

解 $\int\frac{1}{\sqrt[3]{(x+1)^2(x-1)^4}}\mathrm{d}x=\int\frac{1}{(x+1)(x-1)\sqrt[3]{\frac{x-1}{x+1}}}\mathrm{d}x$.

令$\sqrt[3]{\frac{x-1}{x+1}}=u$, 则

$$\frac{x-1}{x+1}=u^3,\quad x=\frac{u^3+1}{1-u^3},\quad \mathrm{d}x=\frac{6u^2}{(1-u^3)^2}\mathrm{d}u,$$

于是

$$\begin{aligned}\int\frac{1}{\sqrt[3]{(x+1)^2(x-1)^4}}\mathrm{d}x&=\int\frac{1}{(x^2-1)\sqrt[3]{\frac{x-1}{x+1}}}\mathrm{d}x=\frac{3}{2}\int\frac{1}{u^2}\mathrm{d}u\\&=-\frac{3}{2u}+C=-\frac{3}{2}\sqrt[3]{\frac{x+1}{x-1}}+C.\end{aligned}$$

以上四个例子表明,如果被积函数中含有简单根式$\sqrt[n]{ax+b}$或$\sqrt[n]{\frac{ax+b}{cx+d}}$,可以令这个简单根式为$u$. 由于这样的变换具有反函数,且反函数是$u$的有理函数,因此原积分即可化为有理函数的积分.

最后,再对不定积分的问题作些补充说明.

在4.1节中曾提到过，如果函数 $f(x)$ 在某区间上连续，则在该区间上它的原函数一定存在.由于初等函数在其有定义的区间上都是连续的，因此，对于初等函数来说，在其有定义的区间上原函数一定存在.

尽管初等函数在其有定义的区间上原函数一定存在，然而原函数存在是一回事，原函数能否用初等函数来表示却是另一回事.正如对有理函数的积分，如果只限制在有理函数的范围内，则对于某些简单的积分，如 $\int \frac{1}{x}\mathrm{d}x$，$\int \frac{1}{1+x^2}\mathrm{d}x$ 等，它们的结果就已经不能再用有理函数来表示了.同样，初等函数的原函数也不一定都能用初等函数来表示.例如，函数

$$\mathrm{e}^{x^2},\quad \frac{\sin x}{x},\quad \frac{1}{\ln x},\quad \sin x^2,\quad \frac{1}{\sqrt{1+x^4}}$$

等，就没有一个初等函数能以这些函数为其导数，因为这些函数的原函数不是初等函数，也就是说，这些函数的不定积分

$$\int \mathrm{e}^{x^2}\mathrm{d}x,\quad \int \frac{\sin x}{x}\mathrm{d}x,\quad \int \frac{1}{\ln x}\mathrm{d}x,\quad \int \sin x^2\mathrm{d}x,\quad \int \frac{1}{\sqrt{1+x^4}}\mathrm{d}x$$

等都不能用初等函数来表示.在这种意义下，这类积分是“积不出”的.在概率论、数论、光学、傅立叶分析等领域有重要应用的积分都属于“积不出”的范围.

通过前面的讨论可以看出，积分的计算要比导数的计算灵活、复杂.为了使用的方便，往往把常用的积分公式汇集成表，称为**积分表**.积分表是按照被积函数的类型来排的.求积分时，可根据被积函数的类型直接或经过简单变形后，在表内查得所需的结果.

一般说来，查积分表可以节省计算积分的时间，但只有掌握了前面学过的基本积分方法后才能灵活地使用积分表，而且对一些比较简单的积分，应用基本积分方法来计算比查表更快.所以，求积分时究竟是直接计算，还是查表，或是二者结合使用，应该作具体分析，不能一概而论.

本书末附录A简单积分表可供读者查阅.

总习题4

1. 选择题.

(1) 若 $\int f(x)\mathrm{d}x = x^2+C$，则 $\int xf(1-x^2)\mathrm{d}x$ 等于(　　).

A. $2(1-x^2)^2+C$　　B. $-2(1-x^2)^2+C$

C. $\frac{1}{2}(1-x^2)^2+C$　　D. $-\frac{1}{2}(1-x^2)^2+C$

(2) 若 e^{-x} 是 $f(x)$ 的原函数，则 $\int xf(x)\mathrm{d}x=$(　　).

A. $\mathrm{e}^{-x}(1-x)+C$　　B. $\mathrm{e}^{-x}(x+1)+C$

C. $\mathrm{e}^{-x}(x-1)+C$　　D. $-\mathrm{e}^{-x}(x+1)+C$

(3) 如果 $\int df(x)=\int dg(x)$，则必有(　　).

A. $f(x)=g(x)$　　B. $f'(x)=g'(x)$

C. $\int f(x)dx=\int g(x)dx$　　D. $\left[\int f(x)dx\right]'=\left[\int g(x)dx\right]'$

(4) 设 $f(x)$ 是可导函数，则 $\left[\int f(x)dx\right]'$ 为(　　).

A. $f(x)$　　B. $f(x)+C$　　C. $f'(x)$　　D. $f'(x)+C$

(5) $\int\left(\frac{1}{1+x^2}\right)'dx=$(　　).

A. $\frac{1}{1+x^2}$　　B. $\frac{1}{1+x^2}+C$　　C. $\arctan x$　　D. $\arctan+C$

(6) 若 $f'(x)=g'(x)$，则下列式子一定成立的有(　　).

A. $f(x)=g(x)$　　B. $\int df(x)=\int dg(x)$

C. $\left[\int f(x)dx\right]'=\left[\int g(x)dx\right]'$　　D. $f(x)=g(x)+1$

(7) $\int[f(x)+xf'(x)]dx=$(　　).

A. $f(x)+C$　　B. $f'(x)+C$

C. $xf(x)+C$　　D. $f^2(x)+C$

2. 填空题.

(1) 若函数 $f(x)$ 具有一阶连续导数，则 $\int f'(x)\sin f(x)dx=$_______.

(2) 设 $\int f(x)dx=F(x)+C$. 若积分曲线通过原点，则常数 $C=$_______.

(3) 设函数 $f(x)$ 可导，$F(x)$ 是 $f(x)$ 的一个原函数，则 $\int xf'(x)dx=$_______.

(4) 设 x^3 为 $f(x)$ 的一个原函数，则 $df(x)=$_______.

(5) $\int f'(2x)dx=$_______.

(6) 已知 $\int f(x)dx=\sin^2 x+C$，则 $f(x)=$_______.

(7) 设 $f(x)$ 有一原函数 $\frac{\sin x}{x}$，则 $\int xf'(x)dx=$_______.

(8) $\int x\sin 3x\,dx=$_______.

(9) $\int \sin^3 x\,dx=$_______.

(10) $\int\frac{1-\sin x}{x+\cos x}dx=$_______.

3. 求下列不定积分.

(1) $\int\frac{x}{1+\sqrt{x+1}}dx$；　　(2) $\int\frac{4x^2-1}{1+x^2}dx$；

(3) $\int\frac{1+\sin 2x}{\cos x+\sin x}dx$；　　(4) $\int(x^2+1)\sin(x^3+3x)dx$；

(5) $\int \cos\sqrt{x+1}\,dx$；　　(6) $\int \frac{x^4}{1+x^2}dx$；

(7) $\int x^3\sqrt{1+x^2}\,dx$；　　(8) $\int \frac{xe^x}{\sqrt{1+e^x}}dx$；

(9) $\int\left(\frac{1}{x}+4^x\right)dx$；　　(10) $\int \frac{1}{e^x-e^{-x}}dx$；

(11) $\int \frac{x}{(1-x)^3}dx$；　　(12) $\int \frac{2x^2+3}{x^2+1}dx$；

(13) $\int x\sqrt{x^2+3}\,dx$；　　(14) $\int \frac{e^x}{2-3e^x}dx$；

(15) $\int \frac{1}{\sqrt{4-9x^2}}dx$；　　(16) $\int \frac{x}{\sqrt{x+2}}dx$.

4. 已知 $f'(e^x)=1+x$，求 $f(x)$.

5. 已知 $f(x)$ 的原函数为 $\ln^2 x$，求 $\int xf'(x)dx$.

阅读材料

一、微积分发展简史(二)

微积分的发展大致可分为三个阶段：古希腊数学的准备阶段，17 世纪的创立阶段和 19 世纪的完成阶段.纵观历史，在微积分创立的过程中，最早出现的不是微分法而是积分法，且它的思想基础是极限.

从数学自身的发展历史来看，积分的概念和方法由来已久，最早可以追溯到古希腊.阿基米德使用包含极限思想的“穷竭法”求由圆周和抛物线围成的图形的面积，后来荷兰数学斯蒂文(Stevin，1548—1620)用一种类似于积分计算的方法确定水对垂直坝体的压力.不过应用积分思想对求面积、体积和曲线长度进行系统全面研究的是德国著名天文学家开普勒(Kepler，1571—1630).他提出行星运动的三大定律，为以后牛顿发现万有引力定律奠定了基础.牛顿曾说过，“如果说我比别人看得远些的话，是因为我站在巨人的肩上”，开普勒无疑是他所指的巨人之一.开普勒在研究行星运动时使用了类似微积分的计算方法.

1665 年 5 月 20 日，牛顿第一次提出了“流数术”，1665 年 11 月发明了“正流数术”(积分法).他的流数术理论的主要代表作有《运用无限多项方程的分析学》《流数术与无穷级数》及《曲线求积分》，这些著作给出了求瞬时变化率的一般方法，并证明了面积可由变化率的逆过程求得，阐明了微分与积分之间的联系，即微积分基本定理，这标志着微积分的诞生.而微积分的另一位创始人莱布尼茨发明了一套有效的微积分符号，明确了求和与求差互为逆运算的思想，建立了微积分基本公式，并讨论了微分在求切线、法线和极值方面的应用.他在微积分创立过程中的代表作有《数学笔记》及论文《一种求极大极小值和切线的新方法》.

令人遗憾的是二人在各自创立了微积分后，历史上发生过优先权的争论，从而使数学家分裂成两派，这被认为是“科学史上最不幸的一章”.欧洲大陆的数学家，尤其是瑞士数学家雅各布·伯努利和约翰·伯努利兄弟支持莱布尼茨，而英国数学家捍卫牛顿.两派激烈争吵，甚至尖锐地互相敌对、嘲笑，英国数学在一个时期里闭关锁国，囿于民族偏见，过于拘泥在牛顿的“流数术”中停步不前，因而数学发展整整落后了100年.因为牛顿的《自然哲学的数学原理》一书使用的是几何方法，英国人差不多100年中照旧以几何作为主要工具，但欧洲大陆的数学家继续用莱布尼茨的分析法，并且使微积分更加完善.在这100年中，英国人甚至连欧洲大陆通用的微积分符号都不认识.

微积分创立后，由于应用于实际问题非常有效，以至于科学家们来不及解决它的一些基本概念、逻辑困难等问题.例如，函数概念基本与分析表达式联系在一起，对于许多不能用公式表达的函数无论对实际应用还是微积分本身都很重要，因此应进一步严格概念；还有无穷小无穷大、导数、积分等概念都需要进一步严格化.1755年，欧拉给出了函数新定义；法国数学家拉克鲁瓦给出了分段函数的形式，冲破了函数用解析式表达的模式；而德国数学家黎曼给出的函数新定义与现在的定义非常相似，可以看到函数概念在逐渐精确化.同时，极限理论也在不断地严格化.第一个明确极限是微积分重要基础的是捷克数学家波尔查诺，但最终给出极限严格定义的是柯西，他还用极限概念定义了无穷小，并通过极限定义了导数，通过导数定义了微分，通过极限定义了函数的连续，并用和式极限定义了积分.19世纪70年代，魏尔斯特拉斯、戴德金和康托尔分别创立了实数理论，并在此基础上建立了极限理论的基本定理，此后，又建立了微积分的基本理论，使微积分严格化，克服了数学史上的第二次数学危机.

微积分的定型不会是数学的终结，它只是使常量数学阶段跃升为变量数学阶段，并朝着现代数学阶段迈进，数学的发展将永无止境.

二、数学家介绍

牛顿(1643—1727)

艾萨克·牛顿(Isaac Newton，1643—1727)是英国伟大的数学家、物理学家、天文学家和自然哲学家，其研究领域包括数学、物理学、天文学、神学、自然哲学和炼金术等.1661年6月，牛顿考入剑桥大学三一学院.三一学院的巴罗教授是当时改革教育方式主持自然科学新讲座(卢卡斯讲座)的第一任教授，被称为“欧洲最优秀的学者”，对牛顿特别垂青，引导他读了许多前人的优秀著作.1664年，牛顿经考试被选为巴罗的助手，1665年大学毕业.同年，23岁的牛顿发现了二项式定理，这对于微积分的发展是必不可少的一步.1669年，巴罗推荐27岁的牛顿继任卢卡斯讲座的教授.1672年，牛顿成为皇家学会会员.1703年，成为皇家学会终身会长.1704年，牛顿发表了《三次曲线枚举》.1707年，牛顿的代数讲义经整理后出版，定名为“普通算术”.该书主要讨论了代数基础及其(通过解方程)在解决各类问题中的应用.牛顿对解析几何与综合几何都有贡献.他在1736年出版的《解析几何》中引入了曲率中心，给出密切线圆(或称曲线圆)的概念，提出用曲率公式计算曲线的曲率方法.此外,他的教学工作还涉及数值分析、概率论和初等数论等众多领域.牛顿是经典力学理论的开创者,他发现了万有引力定律,设计并实际制造了第一架反射式望远镜等.牛顿的研究领域非常广泛,他在每个所涉足的科学领域都做出了重要的贡献.他研究过计温学,观测水沸腾或凝固时的固定温度,研究热物体的冷却率,以及其他一些只有与他自己的主要成就相比较时才显得逊色的课题.牛顿是17世纪最伟大的科学巨匠,他取得的科学成就是无与伦比的,被公认为人类历史上最伟大、最有影响力的科学家.同时,他又十分谦虚,在临终时他这样评论自己:"我不知道世界上的人对我怎样评价.我却这样认为:我好像是站在海滩上玩耍的孩子,时而拾到几块莹洁的石子,时而拾到几片美丽的贝壳并为之欢欣.而那浩瀚的真理的海洋仍然在我的前面未被发现.""如果我所见的比笛卡尔要远一点,那是因为我是站在巨人们的肩上的缘故."牛顿的谦虚精神永远值得后人敬仰与学习.

第 5 章　定积分及其应用

本章讨论积分学的第二个基本问题——定积分.自然科学与生产实践中的许多问题，如平面图形的面积、曲线的弧长、水压力、变力沿直线所做的功等都可以归结为定积分问题.下面将从几何学和物理学中的两个实际问题，引出定积分概念，然后讨论定积分的性质及计算方法，最后介绍定积分的应用.

5.1　定积分的概念与性质

5.1.1　定积分问题举例

1. 曲边梯形的面积

设 $y=f(x)$ 是区间 $[a, b]$ 上的连续函数，且 $f(x)\geqslant 0$. 由直线 $x=a$，$x=b$，$y=0$ 及曲线 $y=f(x)$ 所围成的图形称为**曲边梯形**(图 5-1)，曲线弧称为**曲边**，x 轴上对应区间 $[a, b]$ 的线段称为**底边**.

由于矩形的高是不变的，其面积可按公式

$$\text{矩形面积}=\text{底}\times\text{高}$$

来定义和计算.而曲边梯形在底边上各点处的高 $f(x)$ 在 $[a, b]$ 上是变化的，故它的面积不能直接按矩形的面积公式来定义和计算.为了解决变高与等高之间的矛盾，基本想法是：把区间 $[a, b]$ 划分为许多小区间，相应地，曲边梯形分割成许多窄曲边梯形，由于高 $f(x)$ 在区间 $[a, b]$ 上是连续变化的，因此在一个很小的区间上它的变化很小，可近似地看成不变，于是用每个小区间上某点处的高近似代替同一个小区间上的变高，即用窄矩形来近似代替相应的窄曲边梯形.这样，所有窄矩形面积之和就是曲边梯形面积的近似值.显然，分割得越细，窄矩形面积之和就越接近曲边梯形的面积，如果无限细分下去，使每个小区间的长度都趋于零，这时所有窄矩形面积之和的极限就可定义为曲边梯形的面积.这同时也给出了计算曲边梯形面积的方法.

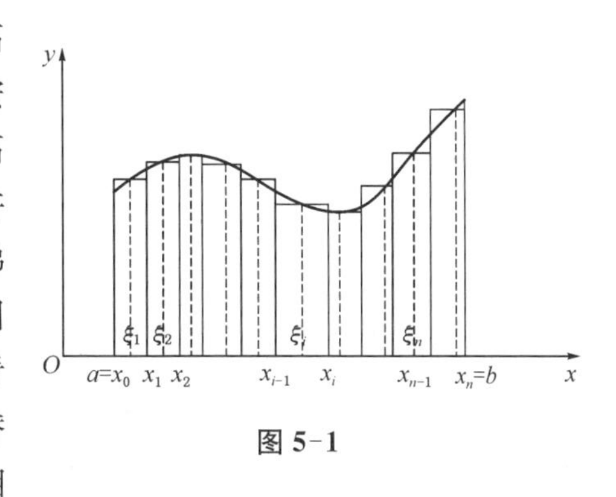

图 5-1

根据以上分析，计算曲边梯形面积可具体归纳为以下四步：

(1) **分割**　在区间 $[a, b]$ 中任意插入 $n-1$ 个分点

$$a=x_0<x_1<x_2<\cdots<x_{n-1}<x_n=b,$$

把$[a, b]$分成n个小区间:

$$[x_0, x_1], [x_1, x_2], \cdots, [x_{n-1}, x_n].$$

它们的长度分别为

$$\Delta x_1 = x_1 - x_0, \Delta x_2 = x_2 - x_1, \cdots, \Delta x_n = x_n - x_{n-1}.$$

过每个分点x_i作平行于y轴的直线段,把曲边梯形分为n个小曲边梯形(图 5-1).

(2) **近似代替** 在小区间$[x_{i-1}, x_i]$上任取一点ξ_i,用以$[x_{i-1}, x_i]$为底,$f(\xi_i)$为高的小矩形近似代替第i个小曲边梯形的面积ΔA_i,则

$$\Delta A_i \approx f(\xi_i)\Delta x_i, \quad i = 1, 2, \cdots, n.$$

(3) **求和** 所有这n个小矩形面积之和就是所求曲边梯形面积A的近似值,即

$$A = f(\xi_1)\Delta x_1 + f(\xi_2)\Delta x_2 + \cdots + f(\xi_n)\Delta x_n = \sum_{i=1}^{n} f(\xi_i)\Delta x_i.$$

(4) **取极限** 为了保证所有小区间的长度都趋于零,要使小区间长度中的最大值趋于零.若记

$$\lambda = \max\{\Delta x_1, \Delta x_2, \cdots, \Delta x_n\},$$

则上述条件可表示为$\lambda \to 0$. 因此,当$\lambda \to 0$时(这时小区间的个数n无限增多,即$n \to \infty$),若上述和式的极限存在,便得到曲边梯形的面积

$$A = \lim_{\lambda \to 0}\sum_{i=1}^{n} f(\xi_i)\Delta x_i.$$

2. 变速直线运动的路程

等速直线运动的路程的计算公式为

$$路程 = 速度 \times 时间.$$

设某物体作直线运动,已知速度$v = v(t)$是时间间隔$[T_1, T_2]$上t的连续函数,且$v(t) \geqslant 0$,如何计算物体在这段时间内所经过的路程s?

在这个问题中,速度随时间t而变化,因此,所求路程不能直接按等速直线运动的公式来计算.然而,由于$v(t)$是连续变化的,在很短的一段时间内,其速度的变化也很小,可近似地看成等速运动.因此,若把时间间隔划分为许多小时间段,在每个小时间段内,以等速度运动代替变速运动,则可以计算在每个小时间段内路程的近似值;再求和,则得整个路程的近似值;最后,利用求极限的方法计算路程的精确值.

根据以上分析,具体步骤归纳为以下四步:

(1) **分割** 在时间间隔$[T_1, T_2]$内任意插入$n-1$个分点,使得

$$T_1 = t_0 < t_1 < t_2 < \cdots < t_{n-1} < t_n = T_2,$$

把$[T_1, T_2]$分成n个小时间段:

$$[t_0, t_1], [t_1, t_2], \cdots, [t_{n-1}, t_n],$$

各小时间段的长度分别为

$$\Delta t_1 = t_1 - t_0, \cdots, \Delta t_i = t_i - t_{i-1}, \cdots, \Delta t_n = t_n - t_{n-1},$$

而各小时间段内物体经过的路程依次为 Δs_1, Δs_2, $\cdots$, Δs_n.

(2) **取近似**　在每个小时间段上任取一点 τ_i，以时刻 τ_i 的速度 $v(\tau_i)$ 近似代替 $[t_{i-1}, t_i]$ 上各时刻的速度,得到小时间段 $[t_{i-1}, t_i]$ 内物体经过的路程 Δs_i 的近似值,即

$$\Delta s_i \approx v(\tau_i)\Delta t_i, \quad i = 1, 2, \cdots, n.$$

(3) **求和**　将这样得到的 n 个小时间段上路程的近似值之和作为所求变速直线运动路程 s 的近似值,即

$$\begin{aligned} s &= \Delta s_1 + \Delta s_2 + \cdots + \Delta s_n \approx v(\tau_1)\Delta t_1 + v(\tau_2)\Delta t_2 + \cdots + v(\tau_n)\Delta t_n \\ &= \sum_{i=1}^{n} v(\tau_i)\Delta t_i. \end{aligned}$$

(4) **取极限**　记 $\lambda = \max\{\Delta t_1, \Delta t_2, \cdots, \Delta t_n\}$，当 $\lambda \to 0$ 时,取上述和式的极限,便得到变速直线运动路程的精确值

$$s = \lim_{\lambda \to 0} \sum_{i=1}^{n} v(\tau_i)\Delta t_i.$$

5.1.2　定积分的定义

上面讨论的两个问题,尽管它们的实际意义不同,但所要计算的量,都取决于一个函数及其自变量的变化区间.从处理方法看,都是通过"分割、取近似、求和、取极限"四个步骤完成的.从所得结果的数学结构看,它们都是具有相同结构的一定特定式的极限.

抛开这些问题的具体意义,抓住它们在数量关系上共同的本质与特性加以概括,就可以抽象出定积分的定义.

定义　设函数 $f(x)$ 在区间 $[a, b]$ 上有界,在 $[a, b]$ 内任意插入 $(n-1)$ 个分点

$$a = x_0 < x_1 < x_2 < \cdots < x_{n-1} < x_n = b,$$

把 $[a, b]$ 分成 n 个小区间:

$$\Delta x_1 = x_1 - x_0, \Delta x_2 = x_2 - x_1, \cdots, \Delta x_n = x_n - x_{n-1},$$

各个小区间的长度依次为

$$\Delta x_1 = x_1 - x_0, \Delta x_2 = x_2 - x_1, \cdots, \Delta x_n = x_n - x_{n-1}.$$

对任意 $\xi_i = x_i \in [x_{i-1}, x_i]$，作乘积 $f(\xi_i)\Delta x_i (i=1, 2, \cdots, n)$，并作和 $S = \sum\limits_{i=1}^{n} f(\xi_i)\Delta x_i$.
记 $\lambda = \max\{\Delta x_1, \Delta x_2, \cdots, \Delta x_n\}$，如果不论对 $[a, b]$ 怎样分法,也不论在小区间 $[x_{i-1}, x_i]$ 上点 ξ_i 怎样取法,只要当 $\lambda \to 0$ 时,和 S 总趋于确定的极限 I，这时就称极限 I 是函数

$f(x)$ 在区间 $[a, b]$ 上的**定积分**,简称**积分**,记作 $\int_a^b f(x)\mathrm{d}x$,即

$$\int_a^b f(x)\mathrm{d}x = I = \lim_{\lambda \to 0}\sum_{i=1}^{n} f(\xi_i)\Delta x_i. \tag{5-1}$$

其中,$f(x)$ 称为**被积函数**,$f(x)\mathrm{d}x$ 称为**被积表达式**,x 称为**积分变量**,a 称为**积分下限**,b 称为**积分上限**,$[a, b]$ 称为**积分区间**.

关于定积分的定义再作以下几点说明:

(1) 定义中对区间 $[a, b]$ 的分法和对点 ξ_i 的取法是任意的.

(2) 定积分表示的是一种和式的极限,是一个确定的数,当和式的极限存在时,就说 $f(x)$ 在 $[a, b]$ 上定积分存在,也称 $f(x)$ 在 $[a, b]$ 上可积;否则,称为不可积.

(3) 如果不改变被积函数,也不改变积分区间,而只把积分变量 x 改成其他字母,如 t 或 u,那么,这时和的极限 I 不变,也就是定积分的值不变,即

$$\int_a^b f(x)\mathrm{d}x = \int_a^b f(t)\mathrm{d}t = \int_a^b f(u)\mathrm{d}u.$$

也就是说,定积分的值,只与被积函数和积分区间有关,而与积分变量的记号无关.

根据定积分的定义 5.1.1 节讨论的两个例子可以表示如下:

(1) 由连续曲线 $y=f(x)(f(x)\geqslant 0)$,直线及 x 轴,所围成的曲边梯形的面积 A 等于曲边函数 $f(x)$ 在区间 $[a, b]$ 上的定积分,即

$$A = \int_a^b f(x)\mathrm{d}x.$$

(2) 以变速 $v=v(t)(v(t)\geqslant 0)$ 作直线运动的物体,从时刻 $t=T_1$ 到时刻 $t=T_2$ 所经过的路程 s 等于速度函数在区间 $[T_1, T_2]$ 上的定积分,即

$$s = \int_{T_1}^{T_2} v(t)\mathrm{d}t.$$

对于定积分,函数 $f(x)$ 满足怎样的条件,才能肯定 $f(x)$ 在 $[a, b]$ 上一定可积? 对于这个问题,这里不做深入讨论,而只给出以下两个充分条件.

定理 1 设 $f(x)$ 在区间 $[a, b]$ 上连续,则 $f(x)$ 在 $[a, b]$ 上可积.

定理 2 设 $f(x)$ 在区间 $[a, b]$ 上有界,且只有有限个间断点,则 $f(x)$ 在 $[a, b]$ 上可积.

下面讨论定积分的几何意义.

在区间 $[a, b]$ 上,当 $f(x)\geqslant 0$ 时,定积分在几何上表示曲边梯形的面积,即 $\int_a^b f(x)\mathrm{d}x = A$;如果在 $[a, b]$ 上,当 $f(x)<0$ 时,曲边梯形在 x 轴的下方,此时定积分的值为负,它在几何上表示这个曲边梯形面积的负值,即 $\int_a^b f(x)\mathrm{d}x = -A$. 一般地,如果函数 $y=f(x)$ 在 $[a, b]$ 上的取值有正有负,此时定积分表示在 x 轴上方的图形面积减去在 x 轴下方的图形面积(图 5-2).

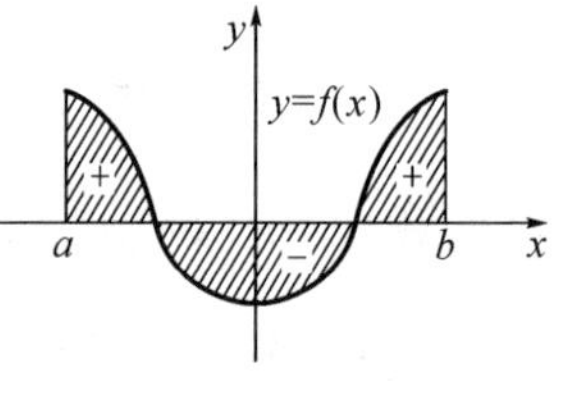

图 5-2

由定积分的几何意义，容易得出下列结果(请读者自己画图验证).

$$\int_{-\pi}^{\pi} \sin x \mathrm{d}x = 0,$$

$$\int_{-a}^{a} \sqrt{a^2 - x^2} \mathrm{d}x = \frac{1}{2}\pi a^2.$$

例1 利用定积分的定义计算 $\int_0^1 x^2 \mathrm{d}x$.

解 因为被积函数 $f(x)=x^2$ 在区间 $[0, 1]$ 上连续，而连续函数是可积的，所以定积分的值与区间 $[0, 1]$ 的分法及点 ξ_i 的取法无关.为使问题简化，不妨把区间 $[0, 1]$ 分成 n 等份，分点为 $x_i=\frac{i}{n}(i=1, 2, \cdots, n-1)$，$\Delta x_i=\frac{1}{n}$；取每个小区间的右端点 $\xi_i=x_i$. 于是得到积分和

$$\begin{aligned}\sum_{i=1}^{n} f(\xi_i)\Delta x_i &= \sum_{i=1}^{n} \xi_i^2 \Delta x_i = \sum_{i=1}^{n} x_i^2 \Delta x_i = \sum_{i=1}^{n} \left(\frac{i}{n}\right)^2 \cdot \frac{1}{n} \\ &= \frac{1}{n^3}\sum_{i=1}^{n} i^2 = \frac{1}{n^3}(1^2 + 2^2 + \cdots + n^2) \\ &= \frac{n(n+1)(2n+1)}{6n^3} = \frac{1}{6}\left(1+\frac{1}{n}\right)\left(2+\frac{1}{n}\right).\end{aligned}$$

当 $\lambda \to 0$，即 $n \to \infty$ 时，得

$$\int_0^1 x^2 \mathrm{d}x = \lim_{\lambda \to 0}\sum_{i=1}^{n} f(\xi_i)\Delta x_i = \lim_{n\to\infty}\frac{1}{6}\left(1+\frac{1}{n}\right)\left(2+\frac{1}{n}\right) = \frac{1}{3}.$$

5.1.3 定积分的性质

为了进一步讨论定积分的理论与计算，下面介绍定积分的一些性质.为计算和应用方便起见，先对定积分作两点补充规定：

(1) 当 $a=b$ 时，$\int_a^b f(x)\mathrm{d}x = 0$；

(2) 当 $a>b$ 时，$\int_a^b f(x)\mathrm{d}x = -\int_b^a f(x)\mathrm{d}x$.

根据上述规定，交换积分的上、下限，其绝对值不变而符号相反.因此，在下面的讨论中如无特别指出，对积分上、下限的大小不加限制，且被积函数都是可积的.

性质1 $\int_a^b [f(x) \pm g(x)]\mathrm{d}x = \int_a^b f(x)\mathrm{d}x \pm \int_a^b g(x)\mathrm{d}x$.

证明

$$\begin{aligned}\int_a^b [f(x) \pm g(x)]\mathrm{d}x &= \lim_{\lambda\to 0}\sum_{i=1}^{n}[f(\xi_i) \pm g(\xi_i)]\Delta x_i \\ &= \lim_{\lambda\to 0}\sum_{i=1}^{n} f(\xi_i)\Delta x_i \pm \lim_{\lambda\to 0}\sum_{i=1}^{n} g(\xi_i)\Delta x_i\end{aligned}$$

$$=\int_a^b f(x)\mathrm{d}x \pm \int_a^b g(x)\mathrm{d}x.$$

性质 1 可以推广到有限多个函数的情形.类似地,可以证明:

性质 2 $\int_a^b kf(x)\mathrm{d}x = k\int_a^b f(x)\mathrm{d}x$ (k 为常数).

性质 3 $\int_b^a f(x)\mathrm{d}x = \int_b^c f(x)\mathrm{d}x + \int_c^a f(x)\mathrm{d}x$.

性质 3 表明,定积分对于积分区间具有可加性.

性质 4 $\int_a^b 1\mathrm{d}x = \int_a^b \mathrm{d}x = b-a$.

性质 5 若在区间上有 $f(x)\geqslant 0$, 则 $\int_a^b f(x)\mathrm{d}x \geqslant 0(a<b)$.

推论 1 如果在区间 $[a, b]$ 上, $f(x)\leqslant g(x)$, 则

$$\int_a^b f(x)\mathrm{d}x \leqslant \int_a^b g(x)\mathrm{d}x \quad (a<b).$$

推论 2 $\left|\int_a^b f(x)\mathrm{d}x\right| \leqslant \int_a^b |f(x)|\mathrm{d}x\,(a<b)$.

性质 6(估值定理) 设 M 与 m 分别是函数 $f(x)$ 在区间 $[a, b]$ 上的最大值及最小值,则

$$m(b-a)\leqslant \int_a^b f(x)\mathrm{d}x \leqslant M(b-a).$$

利用性质 4 与性质 5,容易证得性质 6.

注 性质 6 有明显的几何意义,即以 $[a, b]$ 为底, $y=f(x)(\geqslant 0)$ 为曲边的曲边梯形的面积 $\int_a^b f(x)\mathrm{d}x$ 介于同一底边而高分别为 m 与 M 的矩形面积 $m(b-a)$ 与 $M(b-a)$ 之间(图 5-3).

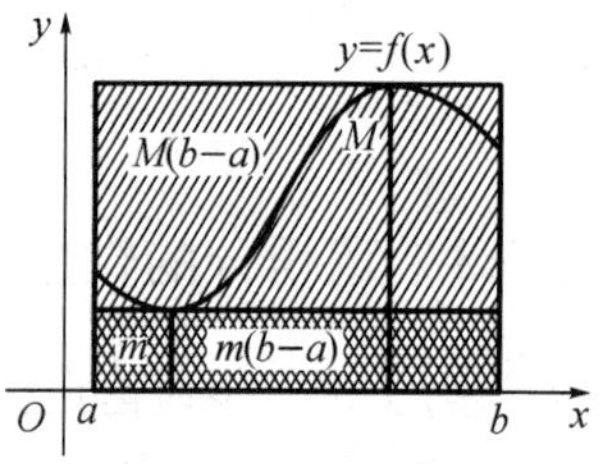

图 5-3

例 2 估计定积分 $\int_{\frac{1}{\sqrt{3}}}^{\sqrt{3}} x\arctan x\,\mathrm{d}x$ 的值.

解 设 $f(x)=x\arctan x$, $x\in\left[\frac{1}{\sqrt{3}}, \sqrt{3}\right]$, 由 $f'(x)=\arctan x+\frac{1}{1+x^2}>0$ 知, $f(x)$ 在 $\left[\frac{1}{\sqrt{3}}, \sqrt{3}\right]$ 上单调增加,故

最大值 $M=f(\sqrt{3})=\frac{\sqrt{3}}{3}\pi$,

最小值 $m=f\left(\frac{1}{\sqrt{3}}\right)=\frac{\sqrt{3}}{18}\pi$,

所以

$$\frac{\sqrt{3}}{18}\pi\left(\sqrt{3}-\frac{1}{\sqrt{3}}\right)\leqslant\int_{\frac{1}{\sqrt{3}}}^{\sqrt{3}}x\arctan x\,\mathrm{d}x\leqslant\frac{\sqrt{3}}{3}\pi\left(\sqrt{3}-\frac{1}{\sqrt{3}}\right),$$

即

$$\frac{\pi}{9}\leqslant\int_{\frac{1}{\sqrt{3}}}^{\sqrt{3}}x\arctan x\,\mathrm{d}x\leqslant\frac{3\pi}{3}.$$

性质 7(定积分中值定理)　如果函数 $f(x)$ 在闭区间 $[a,b]$ 上连续，则在 $[a,b]$ 上至少存在一点 ξ，使

$$\int_a^b f(x)\mathrm{d}x=f(\xi)(b-a),\quad a\leqslant\xi\leqslant b$$

成立.这个公式称为**积分中值公式**.

证明　将性质 6 中的不等式除以区间长度 $b-a$，得

$$m\leqslant\frac{1}{b-a}\int_a^b f(x)\mathrm{d}x\leqslant M.$$

这表明，数值 $\frac{1}{b-a}\int_a^b f(x)\mathrm{d}x$ 介于函数 $f(x)$ 的最小值与最大值之间，由闭区间上连续函数的介值定理知，在区间 $[a,b]$ 上至少存在一点 ξ，使得

$$\frac{1}{b-a}\int_a^b f(x)\mathrm{d}x=f(\xi),$$

即

$$\int_a^b f(x)\mathrm{d}x=f(\xi)(b-a),\quad a\leqslant\xi\leqslant b.$$

注　积分中值定理在几何上表示在 $[a,b]$ 上至少存在一点 ξ，使得以 $[a,b]$ 为底、$y=f(x)$ 为曲边的曲边梯形面积 $\int_a^b f(x)\mathrm{d}x$ 等于同一底边而高为 $f(\xi)$ 的矩形的面积 $f(\xi)(b-a)$（图 5-4).

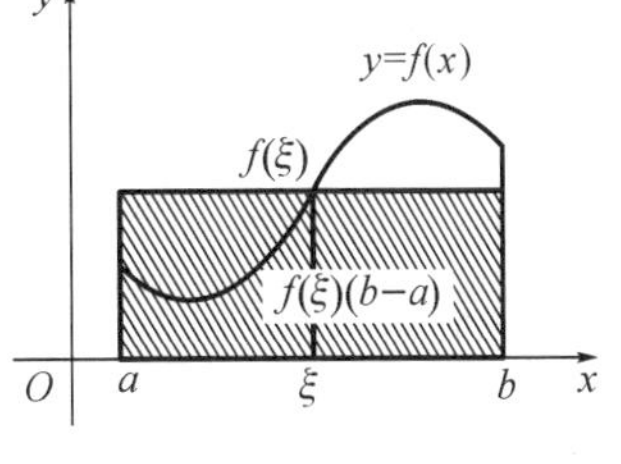

图 5-4

根据上述几何解释，数值 $\frac{1}{b-a}\int_a^b f(x)\mathrm{d}x$ 表示连续曲线 $f(x)$ 在区间 $[a,b]$ 上的平均高度，称它是函数 $f(x)$ 在区间 $[a,b]$ 上的**平均值**.这一概念是对有限个数的平均值概念的拓展.例如，

$$v(\xi)=\frac{1}{T_1-T_2}\int_{T_1}^{T_2}v(t)\mathrm{d}t,\quad T_1\leqslant T_2$$

表示变速直线运动在 $[T_1,T_2]$ 这段时间内的平均速度.

5.2 微积分基本公式

积分学要解决两个问题：一是原函数的求法，第 4 章已经进行了讨论；二是定积分的计算.如果要按定积分的定义来计算定积分将十分困难.因此，寻求一种计算定积分的有效方法便成为积分学发展的关键.由于不定积分作为原函数的概念与定积分作为积分和的极限的概念是完全不相干的两个概念.但是，牛顿和莱布尼茨不仅发现而且找到了这两个概念之间存在的深刻的内在联系，并由此巧妙地开辟了求定积分的基本公式——牛顿-莱布尼茨公式.牛顿和莱布尼茨也因此作为微积分学的创立人而载入史册.

5.2.1 位置函数与速度函数的联系

设一物体在直线上运动.在这一直线上取定原点、正向及单位长度，使其成为一数轴.设 t 时刻物体所在位置为 $s(t)$，速度为 $v(t)(v(t)\geqslant 0)$，由 5.1 节知，物体在时间间隔 $[T_1, T_2]$ 内经过的路程为

$$s=\int_{T_1}^{T_2} v(t)\mathrm{d}t;$$

另外，这段路程又可以表示为位置函数 $s(t)$ 在区间 $[T_1, T_2]$ 上的增量

$$s(T_2)-s(T_1).$$

由此可见，位置函数 $s(t)$ 与速度函数 $v(t)$ 之间有如下关系：

$$\int_{T_1}^{T_2} v(t)\mathrm{d}t=s(T_2)-s(T_1). \tag{5-2}$$

因为 $s'(t)=v(t)$，即位置函数 $s(t)$ 是速度函数 $v(t)$ 的原函数，所以，求物体在时间间隔 $[T_1, T_2]$ 内所经过的路程就转化为求 $v(t)$ 的原函数 $s(t)$ 在区间 $[T_1, T_2]$ 上增量.

这个结论是否具有普遍性呢？回答是肯定的.一般地，函数 $f(x)$ 在区间 $[a, b]$ 上的定积分 $\int_a^b f(x)\mathrm{d}x$ 等于 $f(x)$ 的原函数 $F(x)$ 在区间 $[a, b]$ 上的增量 $F(b)-F(a)$.下面将逐步展开讨论.

5.2.2 积分上限的函数及其导数

设函数 $f(x)$ 在区间 $[a, b]$ 上连续，x 是 $[a, b]$ 上的一点，则函数

$$\Phi(x)=\int_a^x f(x)\mathrm{d}x \tag{5-3}$$

称为**积分上限的函数**(或**上限的定积分**).

式(5-3)中积分变量和积分上限都是由字母 x 表示的，但要注意它们的含义并不相同.为了加以区分，通常将积分变量改用 t 来表示(因为定积分与积分变量的记法无关)，即

$$\Phi(x)=\int_a^x f(x)\mathrm{d}x=\int_a^x f(t)\mathrm{d}t.$$

$\Phi(x)$ 的几何意义是右侧直线可移动的曲边梯形的面积(图 5-5).曲边梯形的面积 $\Phi(x)$ 随 x 的位置的变动而改变,当 x 给定后,面积 $\Phi(x)$ 就随之而定.

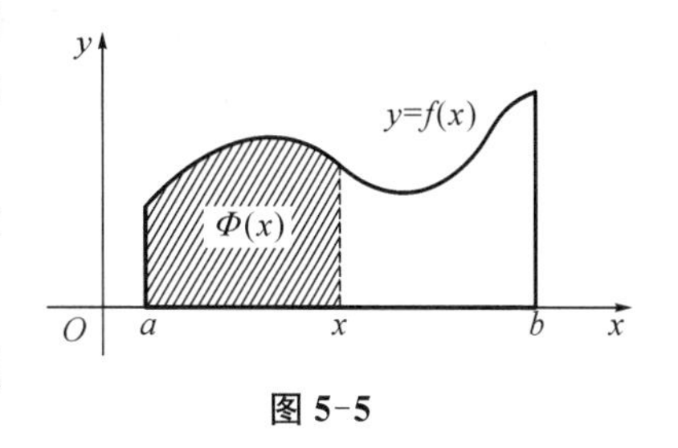

图 5-5

定理 1 给出了积分上限的函数 $\Phi(x)$ 的一个重要性质.

定理 1　如果函数 $f(x)$ 在区间 $[a, b]$ 上连续,则积分上限的函数

$$\Phi(x)=\int_a^x f(t)\mathrm{d}t$$

在 $[a, b]$ 上可导,且

$$\Phi'(x)=\frac{\mathrm{d}}{\mathrm{d}x}\int_a^x f(t)\mathrm{d}t=f(x),\quad a\leqslant x\leqslant b. \tag{5-4}$$

证明　设 $x\in[a, b]$, $\Delta x\neq 0$, 且 $x+\Delta x\in[a, b]$, 此时注意 x 取间断点 $x=a$, 则 $\Delta x>0$; 取 $x=b$, 则 $\Delta x<0$. 由于

$$\begin{aligned}\Delta\Phi&=\Phi(x+\Delta x)-\Phi(x)=\int_a^{x+\Delta x}f(t)\mathrm{d}t-\int_a^x f(t)\mathrm{d}t\\&=\int_a^x f(t)\mathrm{d}t+\int_x^{x+\Delta x}f(t)\mathrm{d}t-\int_a^x f(t)\mathrm{d}t=\int_x^{x+\Delta x}f(t)\mathrm{d}t,\end{aligned}$$

用积分中值定理,得 $\Delta\Phi=f(\xi)\Delta x$ (ξ 在 x 与 $x+\Delta x$ 之间).

由于 $f(x)$ 在点 x 处连续,且当 $\Delta x\to 0$ 时, $\xi\to x$, 所以

$$\Phi'(x)=\lim_{\Delta x\to 0}\frac{\Delta\Phi}{\Delta x}=\lim_{\xi\to x}f(\xi)=f(x),$$

即

$$\frac{\mathrm{d}}{\mathrm{d}x}\int_a^x f(t)\mathrm{d}t=f(x),\quad a\leqslant x\leqslant b.$$

定理 1 揭示了微分(或导数)与定积分这两个看上去不相干的概念之间的内在联系,它表明,连续函数 $f(x)$ 取变上限为 x 的定积分然后求导,其结果还原为 $f(x)$ 本身.联想到原函数的定义,知 $\Phi(x)$ 是 $f(x)$ 的一个原函数.因此定理 1 也证明了"连续函数必有原函数"这一基本结论.

定理 2　如果函数 $f(x)$ 在区间 $[a, b]$ 上连续,则函数

$$\Phi(x)=\int_a^x f(t)\mathrm{d}t$$

就是 $f(x)$ 在 $[a, b]$ 上的一个原函数.

这个定理的重要性在于：一方面肯定了连续函数的原函数是存在的，这就回答了前文提出的什么函数一定具有原函数的问题；另一方面初步揭示了定积分与被积函数的原函数之间的联系，从而有可能通过被积函数的原函数来计算定积分.

利用复合函数的求导法则，可以进一步得到下列公式：

(1) $\dfrac{d}{dx}\int_a^{\varphi(x)} f(t)dt = f[\varphi(x)]\varphi'(x)$； (5-5)

(2) $\dfrac{d}{dx}\int_{a(x)}^{b(x)} f(t)dt = f[b(x)]b'(x) - f[a(x)]a'(x)$. (5-6)

例 1 设 $y=\int_0^x \cos^2 t\,dt$，求 $y'\left(\dfrac{\pi}{4}\right)$.

解 $y'=\dfrac{d}{dx}\int_0^x \cos^2 t\,dt=\cos^2 x$，故

$$y'\left(\frac{\pi}{4}\right)=\cos^2\left(\frac{\pi}{4}\right)=\frac{1}{2}.$$

例 2 求 $\dfrac{d}{dx}\int_1^{x^3} e^{t^2}dt$.

解 这里 $\int_1^{x^3} e^{t^2}dt$ 是 x^3 的函数，因而是复合函数.令 $x^3=u$，则

$$\Phi(u)=\int_1^u e^{t^2}dt.$$

根据复合函数求导法则，有

$$\frac{d}{dx}\int_1^{x^3} e^{t^2}dt=\frac{d}{du}\int_1^u e^{t^2}dt\,\frac{du}{dx}=e^{u^2}3x^2=3x^2e^{x^6}.$$

例 3 求 $\lim\limits_{x\to0}\dfrac{\int_{\cos x}^1 e^{-t^2}dt}{x^2}$.

解 极限形式是"$\dfrac{0}{0}$"型未定式，应用洛必达法则计算.由于

$$\frac{d}{dx}\int_{\cos x}^1 e^{-t^2}dt=-\frac{d}{dx}\int_1^{\cos x} e^{-t^2}dt=-e^{-\cos^2 x}(\cos x)'=\sin x\,e^{-\cos^2 x},$$

所以

$$\lim_{x\to0}\frac{\int_{\cos x}^1 e^{-t^2}dt}{x^2}=\lim_{x\to0}\frac{\sin x\,e^{-\cos^2 x}}{2x}=\frac{1}{2e}.$$

5.2.3 牛顿-莱布尼茨公式

下面根据定理 2 来证明一个重要定理,它给出了通过原函数来计算定积分的公式.

定理 3 如果函数 $F(x)$ 是连续函数 $f(x)$ 在区间 $[a, b]$ 上的一个原函数,则

$$\int_a^b f(x)\mathrm{d}x = F(b) - F(a). \tag{5-7}$$

上式称为**牛顿-莱布尼茨公式**,简称 **N-L 公式**.

证明 已知函数 $F(x)$ 是 $f(x)$ 的一个原函数,又根据定理 2 知

$$\Phi(x) = \int_a^x f(t)\mathrm{d}t$$

也是 $f(x)$ 的一个原函数,所以

$$F(x) - \Phi(x) = C, \quad x \in [a, b].$$

上式中令 $x = a$,得 $F(a) - \Phi(a) = C$,而

$$\Phi(a) = \int_a^a f(t)\mathrm{d}t = 0,$$

所以 $F(a) = C$,故

$$\int_a^x f(t)\mathrm{d}t = F(x) - F(a).$$

上式中令 $x = b$,则得式(5-7).式(5-7)也常记为

$$\int_a^b f(x)\mathrm{d}x = [F(x)]_a^b \quad 或 \quad F(x)\Big|_a^b = F(b) - F(a).$$

由于 $f(x)$ 的原函数 $F(x)$ 一般可通过求不定积分得到,因此,牛顿-莱布尼茨公式把定积分的计算问题与不定积分联系起来,转化为求被积函数的一个原函数在 $[a, b]$ 上的增量问题.

牛顿-莱布尼茨公式也称为**微积分基本公式**.

例 4 计算下列定积分.

(1) $\int_0^{\ln a} a^x \mathrm{d}x \ (a > 0, a \neq 1)$;　　(2) $\int_{-4}^{-2} \frac{1}{x}\mathrm{d}x$.

解 (1) 因为 $\frac{a^x}{\ln a}$ 是 a^x 的一个原函数,所以

$$\int_0^{\ln a} a^x \mathrm{d}x = \left[\frac{a^x}{\ln a}\right]_0^{\ln a} = \frac{1}{\ln a}(a^{\ln a} - 1).$$

(2) 当 $x < 0$ 时,$\frac{1}{x}$ 的一个原函数是 $\ln|x|$,所以

$$\int_{-4}^{-2}\frac{1}{x}\mathrm{d}x=[\ln|x|]_{-4}^{-2}=\ln 2-\ln 4=-\ln 2.$$

例 5 计算 $\int_{-\frac{\pi}{2}}^{\frac{\pi}{2}}f(x)\mathrm{d}x$，其中，$f(x)=\begin{cases}\cos x, & x\geqslant 0,\\ x, & x<0.\end{cases}$

解 $\int_{-\frac{\pi}{2}}^{\frac{\pi}{2}}f(x)\mathrm{d}x=\int_{-\frac{\pi}{2}}^{0}x\mathrm{d}x+\int_{0}^{\frac{\pi}{2}}\cos x\mathrm{d}x=\frac{x^2}{2}\Big|_{-\frac{\pi}{2}}^{0}+\sin x\Big|_{0}^{\frac{\pi}{2}}=1-\frac{\pi^2}{8}.$

例 6 计算 $\int_{-\frac{\pi}{2}}^{\frac{\pi}{3}}\sqrt{1-\cos^2 x}\,\mathrm{d}x$.

解
$$\begin{aligned}\int_{-\frac{\pi}{2}}^{\frac{\pi}{3}}\sqrt{1-\cos^2 x}\,\mathrm{d}x&=\int_{-\frac{\pi}{2}}^{\frac{\pi}{3}}\sqrt{\sin^2 x}\,\mathrm{d}x=\int_{-\frac{\pi}{2}}^{\frac{\pi}{3}}|\sin x|\,\mathrm{d}x\\&=-\int_{-\frac{\pi}{2}}^{0}\sin x\mathrm{d}x+\int_{0}^{\frac{\pi}{3}}\sin x\mathrm{d}x\\&=\cos x\Big|_{-\frac{\pi}{2}}^{0}-\cos x\Big|_{0}^{\frac{\pi}{3}}=\frac{3}{2}.\end{aligned}$$

5.3 定积分的换元法与分部积分法

由牛顿-莱布尼茨公式知道，计算定积分的简便方法是把它转化为求原函数的增量.在第 4 章中已经知道，可以用换元积分法和分部积分法求出一些函数的原函数.因此，在一定条件下，可以用换元积分法和分部积分法来计算定积分.

5.3.1 定积分的换元法

为了说明如何用换元法来计算定积分，先证明下面的定理.

定理 1 如果函数 $f(x)$ 在区间 $[a, b]$ 上连续，函数 $x=\varphi(t)$ 满足下列条件：

(1) $\varphi(\alpha)=a$, $\varphi(\beta)=b$;

(2) $\varphi(t)$ 在区间 $[\alpha, \beta]$ (或 $[\beta, \alpha]$) 上具有连续导数，且 $a\leqslant\varphi(t)\leqslant b$，

则有定积分换元公式

$$\int_a^b f(x)\mathrm{d}x=\int_\alpha^\beta f[\varphi(t)]\varphi'(t)\mathrm{d}t. \tag{5-8}$$

证明 由于式(5-8)两边的被积函数都是连续函数，因此它们的原函数都存在.设 $F(x)$ 是 $f(x)$ 在 $[a, b]$ 上的一个原函数，$F[\varphi(t)]$ 是由 $F(x)$ 和 $x=\varphi(t)$ 复合而成的函数.由复合函数微分法，得

$$\frac{\mathrm{d}}{\mathrm{d}t}F[\varphi(t)]=F'[\varphi(t)]\varphi'(t)=f[\varphi(t)]\varphi'(t)\mathrm{d}t,$$

可见，$F[\varphi(t)]$ 是 $f[\varphi(t)]\varphi'(t)$ 的一个原函数.根据牛顿-莱布尼茨公式，证得

$$\int_{\alpha}^{\beta} f[\varphi(t)]\varphi'(t)\mathrm{d}t = F[\varphi(\beta)] - F[\varphi(\alpha)] = F(b) - F(a) = \int_{a}^{b} f(x)\mathrm{d}x.$$

从以上证明看到，用换元法计算定积分时，一旦得到了用新变量表示的原函数后，不必作变量还原，而只要用新的积分代入并求其差值即可，这就是定积分换元法与不定积分换元法的区别.这一区别的原因在于，不定积分所求的是被积函数的原函数，理应保留与原来相同的自变量，而定积分的计算结果是一个确定的数，如果式(5-8)一边的定积分计算出来，那么，另一边的定积分也自然求得.

例 1 计算 $\int_{0}^{a}\sqrt{a^2 - x^2}\,\mathrm{d}x\,(a > 0)$.

解 令 $x = a\sin t$，则 $\mathrm{d}x = a\cos t\,\mathrm{d}t$，且当 $x = 0$ 时，$t = 0$；当 $x = a$ 时，$t = \frac{\pi}{2}$. 所以

$$\begin{aligned}\int_{0}^{a}\sqrt{a^2 - x^2}\,\mathrm{d}x &= \int_{0}^{\frac{\pi}{2}} a\sqrt{1 - \sin t^2}\,a\cos t\,\mathrm{d}t = a^2\int_{0}^{\frac{\pi}{2}} a\cos^2 t\,\mathrm{d}t \\ &= \frac{a^2}{2}\int_{0}^{\frac{\pi}{2}}(1 + \cos 2t)\mathrm{d}t \\ &= \frac{a^2}{2}\left(t + \frac{1}{2}\sin t\right)\Bigg|_{0}^{\frac{\pi}{2}} = \frac{\pi a^2}{4}.\end{aligned}$$

注 如果利用定积分的几何意义，该题在几何上表示圆心在原点，半径为 a 的圆在第一象限部分的面积，因此，容易直接得到计算结果.

定积分换元公式(5-8)也可逆向使用，即从右至左使用公式.

例 2 计算 $\int_{0}^{\frac{\pi}{2}}\cos^4 x\sin x\,\mathrm{d}x$.

解 令 $t = \cos x$，则 $\mathrm{d}t = -\sin x\,\mathrm{d}x$，且当 $x = 0$ 时，$t = 1$；当 $x = \frac{\pi}{2}$ 时，$t = 0$. 所以

$$\int_{0}^{\frac{\pi}{2}}\cos^4 x\sin x\,\mathrm{d}x = -\int_{1}^{0} t^4\,\mathrm{d}t = \int_{0}^{1} t^4\,\mathrm{d}t = -\frac{1}{5}t^5\Bigg|_{0}^{\frac{\pi}{2}} = \frac{1}{5}.$$

在使用定积分换元法时，也可不写出新变量，而直接用凑微分法，这时定积分的上、下限就不需改变.本例重新计算如下：

$$\int_{0}^{\frac{\pi}{2}}\cos^4 x\sin x\,\mathrm{d}x = -\int_{0}^{\frac{\pi}{2}}\cos^4 x\,\mathrm{d}x\cos x = -\frac{1}{5}\cos^5 x\Bigg|_{0}^{\frac{\pi}{2}} = \frac{1}{5}.$$

例 3 设 $f(x)$ 在 $[-a, a]$ 上连续，证明：

(1) 如果 $f(x)$ 为偶函数，则 $\int_{-a}^{a} f(x)\mathrm{d}x = 2\int_{0}^{a} f(x)\mathrm{d}x$；

(2) 如果 $f(x)$ 为奇函数,则 $\int_{-a}^{a} f(x)\mathrm{d}x = 0$.

分析 从几何图形(图 5-6)上看,结论是十分明显的.

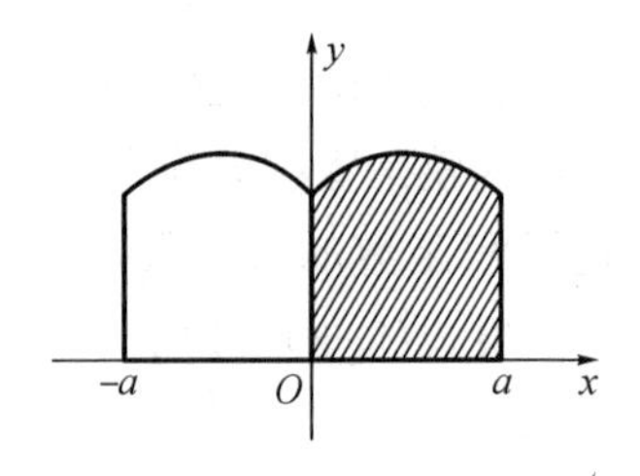

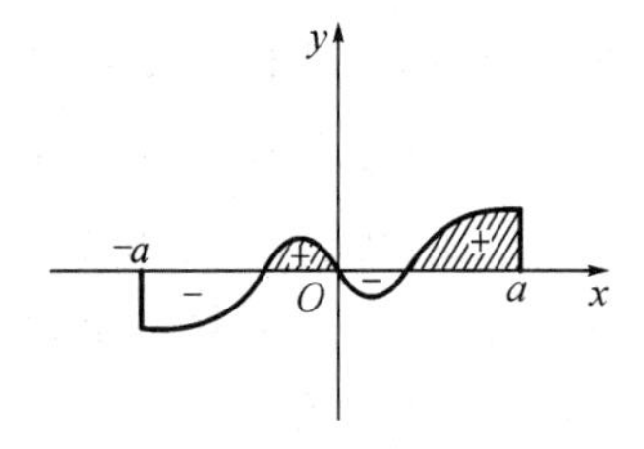

图 5-6

证明 因为

$$\int_{-a}^{a} f(x)\mathrm{d}x = \int_{-a}^{0} f(x)\mathrm{d}x + \int_{0}^{a} f(x)\mathrm{d}x,$$

上式右端第一项中令 $x = -t$,则

$$\int_{-a}^{0} f(x)\mathrm{d}x = -\int_{a}^{0} f(-t)\mathrm{d}t = \int_{0}^{a} f(-t)\mathrm{d}t = \int_{0}^{a} f(-x)\mathrm{d}x.$$

于是

$$\int_{-a}^{a} f(x)\mathrm{d}x = \int_{0}^{a} f(x)\mathrm{d}x + \int_{0}^{a} f(-x)\mathrm{d}x.$$

(1) 若 $f(x)$ 为偶函数,即 $f(-x) = f(x)$,则

$$\int_{-a}^{a} f(x)\mathrm{d}x = 2\int_{0}^{a} f(x)\mathrm{d}x;$$

(2) 若 $f(x)$ 为奇函数,即 $f(-x) = -f(x)$,则

$$\int_{-a}^{a} f(x)\mathrm{d}x = 0.$$

例 4 计算 $\int_{-1}^{1} (|x| + \sin x)x^2\mathrm{d}x$.

解 因为积分区间关于原点对称,且 $|x| \cdot x^2$ 为偶函数, $\sin x \cdot x^2$ 为奇函数,所以

$$\int_{-1}^{1} (|x| + \sin x)x^2\mathrm{d}x = \int_{-1}^{1} |x| x^2\mathrm{d}x = 2\int_{0}^{1} x^3\mathrm{d}x = \frac{1}{2}.$$

5.3.2 定积分的分部积分法

依据不定积分的分部积分法,可得定积分的分部积分公式.

由于 $\mathrm{d}(\mu\nu) = \mu\mathrm{d}\nu + \nu\mathrm{d}\mu$,移项即得

$$\mu(x)\mathrm{d}\nu(x) = \mathrm{d}[\mu(x)\nu(x)] - \nu(x)\mathrm{d}\mu(x),$$

于是

$$\int_a^b \mu(x)\mathrm{d}\nu(x)=\int_a^b \mathrm{d}[\mu(x)\nu(x)]-\int_a^b \nu(x)\mathrm{d}\mu(x)$$

$$=\mu(x)\nu(x)-\int_a^b \nu(x)\mathrm{d}\mu(x),$$

简记为

$$\int_a^b \mu(x)\mathrm{d}\nu=[\mu\nu]_a^b-\int_a^b \nu\,\mathrm{d}\mu. \tag{5-9}$$

这就是定积分的分部积分公式.与不定积分分部积分公式不同的是,这里可以将原函数已经积出的部分 $\mu\nu$ 先用上、下限代入.

例 5　计算 $\int_1^{\mathrm{e}} x^2\ln x\,\mathrm{d}x$.

解　$\int_1^{\mathrm{e}} x^2\ln x\,\mathrm{d}x=\frac{1}{3}\int_1^{\mathrm{e}} x^2\ln x\,\mathrm{d}x^3=\frac{1}{3}\left(x^3\ln x\Big|_1^{\mathrm{e}}-\int_1^{\mathrm{e}} x^2\mathrm{d}x\right)$

$$=\frac{1}{3}\left(\mathrm{e}^3-\frac{1}{3}x^3\Big|_1^{\mathrm{e}}\right)=\frac{1}{9}(2\mathrm{e}^3+1).$$

例 6　计算 $\int_0^1 \arctan x\,\mathrm{d}x$.

解　设 $u=\arctan x$, $\mathrm{d}v=\mathrm{d}x$, 则 $\mathrm{d}u=\frac{\mathrm{d}x}{1+x^2}$, $v=x$, 代入分部积分公式,得

$$\int_0^1 \arctan x\,\mathrm{d}x=[x\arctan x]_0^1-\int_0^1 \frac{x}{1+x^2}\mathrm{d}x$$

$$=\frac{\pi}{4}-\frac{1}{2}\Big[\ln(1+x^2)\Big]_0^1=\frac{\pi}{4}-\frac{1}{2}\ln 2.$$

例 7　计算 $\int_1^4 \mathrm{e}^{\sqrt{x}}\,\mathrm{d}x$.

解　先换元,再用分部积分法.令 $\sqrt{x}=t$, 则 $x=t^2$, $\mathrm{d}x=2t\,\mathrm{d}t$. 当 $x=1$ 时, $t=1$; 当 $x=4$ 时, $t=2$. 于是

$$\int_1^4 \mathrm{e}^{\sqrt{x}}\,\mathrm{d}x=\int_1^2 t\,\mathrm{e}^t\,\mathrm{d}t=2\int_1^2 t\,\mathrm{e}^t\,\mathrm{d}t=2\,[t\,\mathrm{e}^t]_1^2-2\int_1^2 t\,\mathrm{e}^t\,\mathrm{d}t$$

$$=2(2\mathrm{e}^2-e)-2\,[\mathrm{e}^t]_1^2=4\mathrm{e}^2-2\mathrm{e}-2\mathrm{e}^2+2\mathrm{e}=2\mathrm{e}^2.$$

最后,利用定积分的分部积分公式(5-9),可以证得下列公式成立(证明从略).

$$I_n=\int_0^{\frac{\pi}{2}} \sin^n x\,\mathrm{d}x=\int_0^{\frac{\pi}{2}} \cos^n x\,\mathrm{d}x$$

$$=\begin{cases}\dfrac{n-1}{n}\cdot\dfrac{n-3}{n-2}\cdot\cdots\cdot\dfrac{3}{4}\times\dfrac{1}{2}\times\dfrac{\pi}{2}, & n\text{ 为正偶数},\\[2ex] \dfrac{n-1}{n}\cdot\dfrac{n-3}{n-2}\cdot\cdots\cdot\dfrac{4}{5}\times\dfrac{2}{3}, & n\text{ 为大于 1 的奇数}.\end{cases} \tag{5-10}$$

例 8　计算下列定积分.

(1) $\int_0^{\frac{\pi}{2}} \sin^5 x \, dx$； (2) $\int_0^{\frac{\pi}{2}} \cos^6 x \, dx$.

解 (1) 因为 $n=5$ 是奇数，由公式(5-10)，得

$$\int_0^{\frac{\pi}{2}} \sin^5 x \, dx = \frac{4}{5} \times \frac{2}{3} = \frac{8}{15}.$$

(2) 因为 $n=6$ 是偶数，由公式(5-10)，得

$$\int_0^{\frac{\pi}{2}} \sin^5 x \, dx = \frac{4}{5} \times \frac{2}{3} \times \frac{1}{2} \times \frac{\pi}{2} = \frac{5}{32}\pi.$$

注意 如果积分区间不是 $[0, 2\pi]$，就不能直接使用公式(5-10).

5.4 反常积分

在引入定积分概念时，总是假定积分区间 $[a, b]$ 是有限区间，且被积函数在 $[a, b]$ 上是有界函数.但是，在实际工作中也常会遇到积分区间为无穷区间，或者被积函数在积分区间上是无界的情形.要解决这类积分的计算问题，就必须把定积分的概念加以推广，即把积分区间推广到无穷区间，或者把被积函数推广到在有限区间上是无界的情形，这就是本节中将要引进的两类反常积分的概念.

5.4.1 无穷区间上的反常积分

定义 1 设函数 $f(x)$ 在区间 $[a, +\infty)$ 上连续，任取 $b > a$，称极限

$$\lim_{b \to +\infty} \int_a^b f(x) \, dx$$

为函数 $f(x)$ 在无穷区间 $[a, +\infty)$ 上的反常积分，记作 $\int_a^{+\infty} f(x) \, dx$，即

$$\int_a^{+\infty} f(x) \, dx = \lim_{b \to +\infty} \int_a^b f(x) \, dx. \tag{5-11}$$

如果上述极限存在，则称反常积分 $\int_a^{+\infty} f(x) \, dx$ **收敛**；否则，称反常积分 $\int_a^{+\infty} f(x) \, dx$ **发散**.

定义 2 设函数 $f(x)$ 在区间 $(-\infty, b]$ 上连续，任取 $a < b$，称极限

$$\lim_{a \to -\infty} \int_a^b f(x) \, dx$$

为函数 $f(x)$ 在无穷区间 $(-\infty, b]$ 上的反常积分，记作 $\int_{-\infty}^b f(x) \, dx$，即

$$\int_{-\infty}^b f(x) \, dx = \lim_{a \to -\infty} \int_a^b f(x) \, dx. \tag{5-12}$$

如果上述极限存在，则称反常积分 $\int_{-\infty}^{b} f(x)\mathrm{d}x$ **收敛**；否则，称反常积分 $\int_{-\infty}^{b} f(x)\mathrm{d}x$ **发散**.

定义 3　设函数 $f(x)$ 在区间 $(-\infty, +\infty)$ 上连续，定义**函数 $f(x)$ 在无穷区间 $(-\infty, +\infty)$ 上的反常积分**为

$$\begin{aligned}\int_{-\infty}^{+\infty} f(x)\mathrm{d}x &= \int_{-\infty}^{0} f(x)\mathrm{d}x + \int_{0}^{+\infty} f(x)\mathrm{d}x \\ &= \lim_{a\to-\infty}\int_{a}^{0} f(x)\mathrm{d}x + \lim_{b\to+\infty}\int_{0}^{b} f(x)\mathrm{d}x. \qquad (5\text{-}13)\end{aligned}$$

如果上式中两个反常积分 $\int_{-\infty}^{0} f(x)\mathrm{d}x$ 与 $\int_{0}^{+\infty} f(x)\mathrm{d}x$ 都**收敛**，则称反常积分 $\int_{-\infty}^{+\infty} f(x)\mathrm{d}x$ **收敛**，且收敛于它们的和；如果上式中两个反常积分至少有一个发散，则称反常积分 $\int_{-\infty}^{+\infty} f(x)\mathrm{d}x$ **发散**.

注　由于 $f(x)$ 在区间 $[a, b]$ 上连续，所以定积分 $\int_{a}^{b} f(x)\mathrm{d}x$ 是有意义的.

上述三种反常积分统称为**无穷区间上的反常积分**.

例 1　讨论下列反常积分的敛散性，若收敛，指出其值.

(1) $\int_{1}^{+\infty} \frac{\mathrm{d}x}{x^2}$；　　(2) $\int_{-\infty}^{+\infty} \frac{x}{1+x^2}\mathrm{d}x$.

解　根据定义 1，反常积分

$$\int_{1}^{+\infty} \frac{\mathrm{d}x}{x^2} = \lim_{b\to+\infty}\int_{1}^{b} \frac{\mathrm{d}x}{x^2} = \lim_{b\to+\infty}\left[-\frac{1}{x}\right]_{1}^{b} = \lim_{b\to+\infty}\left(1-\frac{1}{b}\right) = 1,$$

所以 $\int_{1}^{+\infty} \frac{\mathrm{d}x}{x^2}$ 收敛，其值为 1.

(2) 根据定义 1，反常积分

$$\int_{-\infty}^{+\infty} \frac{x}{1+x^2}\mathrm{d}x = \lim_{b\to+\infty}\int_{0}^{b} \frac{x}{1+x^2}\mathrm{d}x = \frac{1}{2}\lim_{b\to+\infty}\left[\ln(1+x^2)\right]_{0}^{b} = \frac{1}{2}\lim_{b\to+\infty}\ln(1+b^2) = +\infty,$$

所以反常积分 $\int_{0}^{+\infty} \frac{x}{1+x^2}\mathrm{d}x$ 发散. 由定义 3 知，不论反常积分 $\int_{-\infty}^{0} \frac{x}{1+x^2}\mathrm{d}x$ 是否收敛，$\int_{-\infty}^{+\infty} \frac{x}{1+x^2}\mathrm{d}x$ 总是发散的.

例 2　讨论反常积分 $\int_{-\infty}^{+\infty} \frac{1}{1+x^2}\mathrm{d}x$ 的敛散性，若收敛，求其值.

解　分别讨论两个反常积分 $\int_{-\infty}^{0} \frac{1}{1+x^2}\mathrm{d}x$ 和 $\int_{0}^{+\infty} \frac{1}{1+x^2}\mathrm{d}x$ 的敛散性.

按定义 2,有

$$\int_{-\infty}^{0} \frac{1}{1+x^2}\mathrm{d}x = \lim_{a\to-\infty}\int_{a}^{0} \frac{1}{1+x^2}\mathrm{d}x = \lim_{a\to-\infty}\left[\arctan x\right]_a^0 = \lim_{a\to-\infty}(-\arctan a) = \frac{\pi}{2},$$

所以反常积分 $\int_{-\infty}^{0} \frac{1}{1+x^2}\mathrm{d}x$ 收敛,且有 $\int_{-\infty}^{0} \frac{1}{1+x^2}\mathrm{d}x = \frac{\pi}{2}$.

同理,按定义 1,有

$$\int_{0}^{+\infty} \frac{1}{1+x^2}\mathrm{d}x = \lim_{b\to+\infty}\int_{0}^{b} \frac{1}{1+x^2}\mathrm{d}x = \lim_{b\to+\infty}\left[\arctan x\right]_0^b = \lim_{b\to+\infty}(-\arctan a) = \frac{\pi}{2},$$

所以反常积分 $\int_{0}^{+\infty} \frac{1}{1+x^2}\mathrm{d}x$ 收敛,且有 $\int_{0}^{+\infty} \frac{1}{1+x^2}\mathrm{d}x = \frac{\pi}{2}$.

因此,根据定义 3 知,反常积分 $\int_{-\infty}^{+\infty} \frac{x}{1+x^2}\mathrm{d}x$ 收敛,且有

$$\int_{-\infty}^{+\infty} \frac{1}{1+x^2}\mathrm{d}x = \int_{-\infty}^{0} \frac{1}{1+x^2}\mathrm{d}x + \int_{0}^{+\infty} \frac{1}{1+x^2}\mathrm{d}x = \frac{\pi}{2} + \frac{\pi}{2} = \pi.$$

本例的几何意义表明: 曲线 $y = \frac{1}{1+x^2}$ 与 x 轴之间的开口图形面积是存在的,其值为 π (图 5-7).

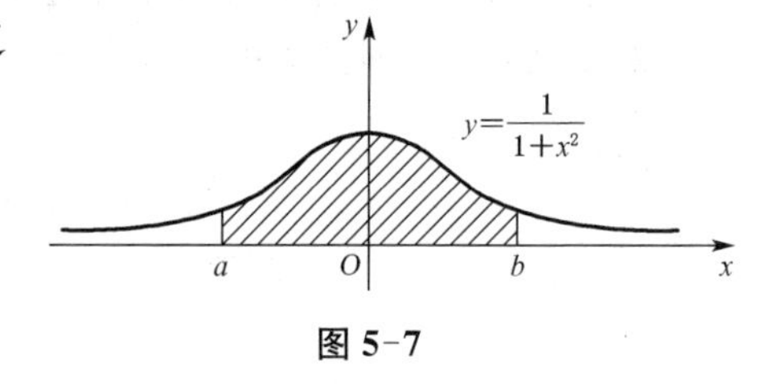

图 5-7

例 3 讨论反常积分 $\int_{a}^{+\infty} \frac{\mathrm{d}x}{x^p}(a>0)$ 的敛散性,其中, p 为任意实数.

解 当 $p=1$ 时,

$$\begin{aligned}\int_{a}^{+\infty} \frac{\mathrm{d}x}{x^p} &= \lim_{b\to+\infty}\int_{a}^{+\infty} \frac{\mathrm{d}x}{x^p} = \lim_{b\to+\infty}\int_{a}^{+\infty} \frac{1}{x}\mathrm{d}x = \lim_{b\to+\infty}\left[\ln x\right]_a^b \\ &= \lim_{b\to+\infty}(\ln b - \ln a) = +\infty,\end{aligned}$$

所以反常积分发散.

当 $p \neq 1$ 时,

$$\begin{aligned}\int_{a}^{+\infty} \frac{\mathrm{d}x}{x^p} &= \lim_{b\to+\infty}\int_{a}^{+\infty} \frac{\mathrm{d}x}{x^p} = \lim_{b\to+\infty}\left[\frac{x^{1-p}}{1-p}\right]_a^b = \lim_{b\to+\infty}\left(\frac{b^{1-p}}{1-p} - \frac{a^{1-p}}{1-p}\right) \\ &= \begin{cases} +\infty, & p<1, \\ \dfrac{a^{1-p}}{p-1}, & p>1. \end{cases}\end{aligned}$$

所以,当 $p<1$ 时,反常积分发散;当 $p>1$ 时,反常积分收敛,且

$$\int_{a}^{+\infty} \frac{\mathrm{d}x}{x^p} = \frac{a^{1-p}}{p-1}, \quad p>1.$$

综上可知，当 $p \leqslant 1$ 时，反常积分 $\int_a^{+\infty} \frac{dx}{x^p}$ 发散；当 $p > 1$ 时，反常积分 $\int_a^{+\infty} \frac{dx}{x^p}$ 收敛，其值为 $\frac{a^{1-p}}{p-1}$.

5.4.2　无界函数的反常积分

定义 4　设函数 $f(x)$ 在 $(a, b]$ 上连续，且 $\lim\limits_{x \to a^+} f(x) = \infty$. 任取 $\varepsilon > 0$，极限

$$\lim_{\varepsilon \to 0^+} \int_{a+\varepsilon}^{b} f(x)\mathrm{d}x$$

称为**函数 $f(x)$ 在 $(a, b]$ 上的反常积分**，仍记作 $\int_a^b f(x)\mathrm{d}x$，即

$$\int_a^b f(x)\mathrm{d}x = \lim_{\varepsilon \to 0^+} \int_{a+\varepsilon}^{b} f(x)\mathrm{d}x. \tag{5-14}$$

如果上述极限存在，则称反常积分 $\int_a^b f(x)\mathrm{d}x$ **收敛**；否则，就称反常积分 $\int_a^b f(x)\mathrm{d}x$ **发散**.

定义 5　设函数 $f(x)$ 在 $[a, b)$ 上连续，且 $\lim\limits_{x \to b^-} f(x) = \infty$. 任取 $\eta > 0$，极限

$$\lim_{\eta \to 0^+} \int_{a}^{b-\eta} f(x)\mathrm{d}x$$

称为**函数 $f(x)$ 在 $[a, b)$ 上的反常积分**，仍记作 $\int_a^b f(x)\mathrm{d}x$，即

$$\int_a^b f(x)\mathrm{d}x = \lim_{\eta \to 0^+} \int_{a}^{b-\eta} f(x)\mathrm{d}x. \tag{5-15}$$

如果上述极限存在，则称反常积分 $\int_a^b f(x)\mathrm{d}x$ **收敛**；否则，就称反常积分 $\int_a^b f(x)\mathrm{d}x$ **发散**.

定义 6　设函数 $f(x)$ 在 $[a, b]$ 上除点 $c(a < c < b)$ 外都连续，且 $\lim\limits_{x \to c} f(x) = \infty$，即 $x = c$ 是 $f(x)$ 的无穷间断点. 定义函数 $f(x)$ 在 $[a, b]$ 上的反常积分为

$$\begin{aligned}\int_a^b f(x)\mathrm{d}x &= \int_a^c f(x)\mathrm{d}x + \int_c^b f(x)\mathrm{d}x \\ &= \lim_{\eta \to 0^+} \int_{a}^{c-\eta} f(x)\mathrm{d}x + \lim_{\varepsilon \to 0^+} \int_{c+\varepsilon}^{b} f(x)\mathrm{d}x.\end{aligned} \tag{5-16}$$

这里，ε 与 η 是相互独立、取正值而趋于零的变量. 如果式(5-16)中两个反常积分 $\int_a^c f(x)\mathrm{d}x$ 与 $\int_c^b f(x)\mathrm{d}x$ 都收敛，则称反常积分 $\int_a^b f(x)\mathrm{d}x$ **收敛**，且收敛于它们的和；如果上式中两个反常积分至少有一个发散，则称反常积分 $\int_a^b f(x)\mathrm{d}x$ **发散**.

上述三种反常积分统称为**无界函数的反常积分**.

例 4 讨论反常积分 $\int_0^1 \frac{\mathrm{d}x}{\sqrt{1-x^2}}$ 的敛散性,若收敛,求其值.

解 因为 $\lim\limits_{x\to1^-} f(x)=\lim\limits_{x\to1^-}\frac{\mathrm{d}x}{\sqrt{1-x^2}}=+\infty$,所以,$x=1$ 是被积函数 $f(x)=\frac{1}{\sqrt{1-x^2}}$ 的无穷间断点,即 $f(x)=\frac{1}{\sqrt{1-x^2}}$ 在 $x=1$ 处无界.

按定义 5,有

$$\int_0^1 \frac{\mathrm{d}x}{\sqrt{1-x^2}}=\lim_{\eta\to0^+}\int_0^{1-\eta}\frac{\mathrm{d}x}{\sqrt{1-x^2}}=\lim_{\eta\to0^+}[\arcsin x]_0^{1-\eta}$$

$$=\lim_{\eta\to0^+}\arcsin(1-\eta)=\arcsin 1=\frac{\pi}{2}.$$

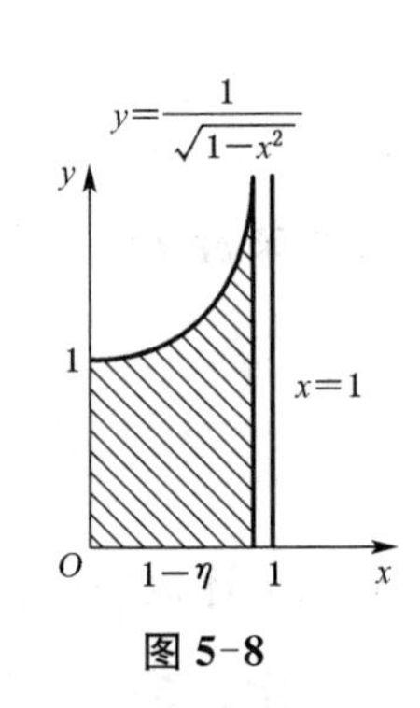

图 5-8

这个反常积分的值,在几何上表示位于曲线 $y=\frac{1}{\sqrt{1-x^2}}$ 之下方、x 轴之上方,介于 y 轴和 $x=1$ 之间的图形面积(图 5-8).

例 5 讨论反常积分 $\int_{-2}^2 \frac{1}{x^2}\mathrm{d}x$ 的敛散性.

解 被积函数 $f(x)=\frac{1}{x^2}$ 在积分区间 $[2,-2]$ 上除点 $x=0$ 外都连续,且 $\lim\limits_{x\to0}\frac{1}{x^2}=\infty$,即 $f(x)$ 在点 $x=0$ 处无界.于是,应考虑两个反常积分 $\int_{-2}^0 \frac{\mathrm{d}x}{x^2}$ 与 $\int_0^2 \frac{\mathrm{d}x}{x^2}$ 的敛散性.

先考虑反常积分 $\int_0^2 \frac{\mathrm{d}x}{x^2}$.按定义 4,有

$$\int_0^2 \frac{\mathrm{d}x}{x^2}=\lim_{\varepsilon\to0^+}\int_\varepsilon^2 \frac{\mathrm{d}x}{x^2}=\lim_{\varepsilon\to0^+}\left[-\frac{1}{x}\right]_\varepsilon^2=\lim_{\varepsilon\to0^+}\left(\frac{1}{\varepsilon}-\frac{1}{2}\right)=+\infty.$$

所以,反常积分 $\int_0^2 \frac{\mathrm{d}x}{x^2}$ 发散.由定义 6 可知,不论反常积分 $\int_{-2}^0 \frac{\mathrm{d}x}{x^2}$ 是否收敛,反常积分 $\int_{-2}^2 \frac{\mathrm{d}x}{x^2}$ 总是发散的.

注意 如果忽略了 $x=0$ 是被积函数的无穷间断点,就会把这个无界函数的反常积分误认为定积分,从而得到以下的错误结果:

$$\int_{-2}^2 \frac{\mathrm{d}x}{x^2}=\left[-\frac{1}{x}\right]_{-2}^2=-\frac{1}{2}+\left(-\frac{1}{2}\right)=-1.$$

例 6 证明:反常积分 $\int_0^1 \frac{\mathrm{d}x}{x^q}$ 当 $q<1$ 时收敛,当 $q\geqslant1$ 时发散.

证明 当 $q=1$ 时,$\int_0^1 \frac{\mathrm{d}x}{x^q}=\int_0^1 \frac{\mathrm{d}x}{x}$.

因为

$$\int_0^1 \frac{\mathrm{d}x}{x} = \lim_{\varepsilon \to 0^+} \int_\varepsilon^1 \frac{\mathrm{d}x}{x} = \lim_{\varepsilon \to 0^+} [\ln x]_\varepsilon^1 = -\lim_{\varepsilon \to 0^+} \ln \varepsilon = +\infty,$$

所以反常积分发散.

当 $q \neq 1$ 时,

$$\int_0^1 \frac{\mathrm{d}x}{x^q} = \lim_{\varepsilon \to 0^+} \int_\varepsilon^1 \frac{\mathrm{d}x}{x^q} = \lim_{\varepsilon \to 0^+} \left[\frac{x^{1-q}}{1-q}\right]_\varepsilon^1 = -\lim_{\varepsilon \to 0^+} \left(\frac{1}{1-q} - \frac{\varepsilon^{1-q}}{1-q}\right)$$

$$= \begin{cases} \dfrac{1}{1-q}, & q < 1, \\ +\infty, & q > 1. \end{cases}$$

综上可知：当 $q < 1$ 时,反常积分 $\int_0^1 \frac{\mathrm{d}x}{x^q}$ 收敛,且其中值为 $\frac{1}{1-q}$；当 $q \geqslant 1$ 时,反常积分 $\int_0^1 \frac{\mathrm{d}x}{x^q}$ 发散.

5.5 定积分在几何中的应用

由于定积分的产生有其深刻的实际背景,因此,定积分的应用也是非常广泛的.利用定积分解决实际问题的关键是,如何把实际问题抽象为定积分并建立其表达式.为今后讨论方便起见,本节先简单地介绍常用的一种方法——元素法.然后直接利用元素法来讨论定积分在几何中的一些应用.

5.5.1 元素法

由定积分的定义及几何意义可知,能用定积分表示的量 Q,都具有以下共同的特征：

(1) Q 的值是与某个变量(如 x)的变化区间 $[a, b]$ 及定义在该区间上的函数(如 $f(x)$)有关.

(2) Q 对于区间具有可加性,即对于区间 $[a, b]$ 的总量 Q 等于把 $[a, b]$ 分割为若干个小区间后,对应于各个小区间的部分量之和.

(3) 相应于小区间 $[x_{i-1}, x_i]$ 上的部分量 ΔQ_i,可近似地表示为 $f(\xi_i)\Delta x_i$,即

$$\Delta Q_i \approx f(\xi_i)\Delta x_i, \quad i = 1, 2, \cdots, n,$$

其中,$\Delta x_i = x_i - x_{i-1}$,$\xi_i$ 是小区间 $[x_{i-1}, x_i]$ 上任意一点,且 ΔQ_i 与 $f(\xi_i)\Delta x_i$ 之间只相差一个比 Δx_i 高阶的无穷小.于是有

$$Q = \sum_{i=1}^{n} \Delta Q_i \approx \sum_{i=1}^{n} f(\xi_i)\Delta x_i,$$

而
$$Q=\lim_{\lambda\to 0}\sum_{i-1}^{n} f(\xi_i)\Delta x_i=\int_b^a f(x)\mathrm{d}x,$$
其中，$\lambda=\max\{\Delta x_1, \Delta x_2, \cdots, \Delta x_n\}$.

当所求量可考虑用定积分表达时，通常可省略下标 i，用区间 $[x, x+\mathrm{d}x]$ 来代替任一小区间 $[x_{i-1,} x_i]$，并取 ξ_i 为小区间的左端点 x，这样，确定所求量 Q 的定积分表达式的步骤可化简如下：

(1) 根据实际问题的具体情况，选取某个变量，例如，x 为积分变量，并确定其变化区间 $[a, b]$.

(2) 在区间 $[a, b]$ 上任取一个代表性小区间，并记作 $[x, x+\mathrm{d}x]$，求出相应于这个小区间的部分变量 ΔQ 的近似值，即如果 ΔQ 可近似地表示为 $f(x)\mathrm{d}x$，并求出它与 ΔQ 只相差一个比 $\mathrm{d}x$ 高阶的无穷小，则称 $f(x)\mathrm{d}x$ 为所求量 Q 的**元素**(或**微元**)，记作 $\mathrm{d}Q=f(x)\mathrm{d}x$.

(3) 以 $\mathrm{d}Q=f(x)\mathrm{d}x$ 为被积表达式，在闭区间 $[a, b]$ 上作定积分，便得所求量 Q 的定积分表达式 $Q=f(x)\mathrm{d}x$.

上述方法称为定积分的**元素法**(或**微元法**).

一般地说，当 $f(x)$ 在区间 $[a, b]$ 是连续函数时，它总能满足这个要求(证明从略).

5.5.2 平面图形的面积

1. 直角坐标情形

利用定积分，除了可以计算曲边梯形的面积，还可以计算一些比较复杂的平面图形的面积.

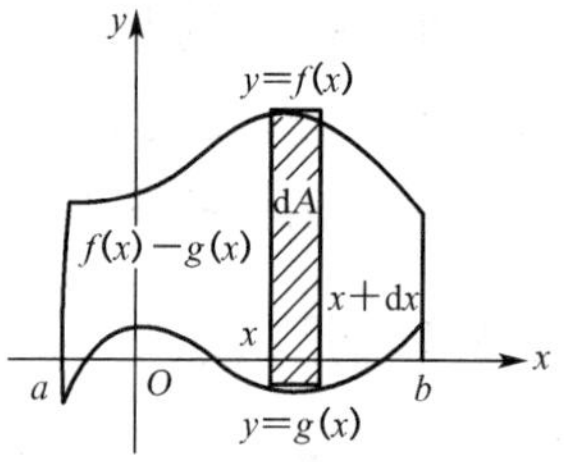

例如，设在区间 $[a, b]$ 上，$f(x)$ 和 $g(x)$ 均为单值连续函数，且 $f(x)\geqslant g(x)$，求由曲线 $y=f(x)$，$y=g(x)$ 与直线 $x=a$，$x=b$ $(a<b)$ 所围成的图形(图 5-9)的面积.

图 5-9

采用元素法，步骤如下：

(1) 选取横坐标 x 为积分变量，其变化区间为 $[a, b]$.

(2) 在区间 $[a, b]$ 上任取一代表性小区间 $[x, x+\mathrm{d}x]$，相应于这个小区间上的面积为 ΔA，它可以用高为 $f(x)-g(x)$、底为 $\mathrm{d}x$ 的窄矩形面积来近似代替，即
$$\Delta A\approx[f(x)-g(x)]\mathrm{d}x.$$
因此，面积元素为
$$\mathrm{d}A=[f(x)-g(x)]\mathrm{d}x.$$

(3) 以面积元素 $\mathrm{d}A=[f(x)-g(x)]\mathrm{d}x$ 为被积表达式，在区间 $[a, b]$ 上作定积分，便得所求的面积为
$$A=\int_b^a[f(x)-g(x)]\mathrm{d}x. \tag{5-17}$$

类似的,若在区间 $[c, d]$ 上,$\varphi(y)$ 和 $\psi(y)$ 均为单值连续函数,且 $\varphi(y) \leqslant \psi(y)$,则由曲线 $x=\varphi(y)$, $x=\psi(y)$ 与直线 $y=c$, $y=d(c<d)$ 所围成的平面图形(图 5-10)的面积为

$$A=\int_c^d[\psi(y)-\varphi(y)]\mathrm{d}x. \tag{5-18}$$

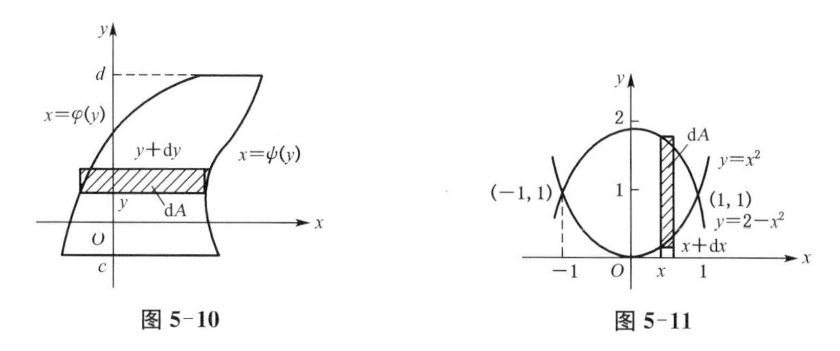

图 5-10　　　　图 5-11

例 1　求由抛物线 $y=x^2$ 与 $y=2-x^2$ 所围成图形的面积.

解　如图 5-11 所示,为了具体定出图形的所在范围,先求出这两条抛物线的交点.为此,解方程组

$$\begin{cases} y=x^2, \\ y=x-2, \end{cases}$$

得到两组解 $x=-1$, $y=1$ 及 $x=1$, $y=1$. 即两条抛物线的交点为 $(-1, 1)$ 及 $(1, 1)$. 从而知道该图形在直线 $x=-1$ 及 $x=1$ 之间.

取 x 为积分变量,其变化区间为 $[-1, 1]$. 在 $[-1, 1]$ 上任取一小区间 $[x, x+\mathrm{d}x]$,与它相应的窄条形的面积近似于高为 $[(2-x^2)-x^2]$、底为 $\mathrm{d}x$ 的窄矩形的面积,从而得到面积元素为

$$\mathrm{d}A=[(2-x^2)-x^2]\mathrm{d}x=2(1-x^2)\mathrm{d}x.$$

以 $\mathrm{d}A=[(2-x^2)-x^2]\mathrm{d}x$ 为被积表达式,在闭区间 $[-1, 1]$ 上作定积分,得所求的面积为

$$A=\int_{-1}^1 2(1-x^2)\mathrm{d}x=4\int_0^1(1-x^2)\mathrm{d}x=4\left[x-\frac{x^3}{3}\right]_0^1=\frac{8}{3}.$$

例 2　求由抛物线 $y^2=x$ 与直线 $y=x-2$ 所围成图形的面积.

解　如图 5-12 所示,由方程组

$$\begin{cases} y^2=x, \\ y=x-2, \end{cases}$$

解得抛物线与直线的交点为 $(1, -1)$ 及 $(4, 2)$.

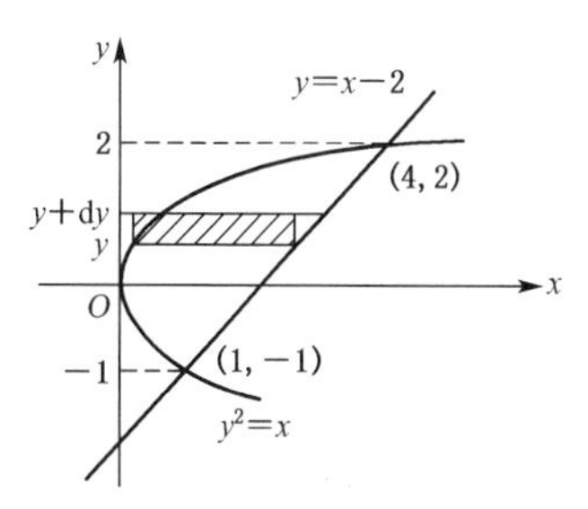

图 5-12

取纵坐标 y 为积分变量,它的变化区间为 $[-1, 2]$. 在 $[-1, 2]$ 上任取一小区间 $[y, y+dx]$,相应于这个小区间的窄条形面积近似于高为 dy、底为 $[(y+2)-y^2]$ 的窄矩形的面积(图 5-12),从而得面积元素为

$$dA = [(y+2)-y^2]dy.$$

以 $dA = [(y+2)-y^2]dy$ 为被积表达式,在闭区间 $[-1, 2]$ 上作定积分,得所求的面积为

$$A = \int_{-1}^{2}[(y+2)-y^2]dy = \left[\frac{1}{2}y^2 + 2y - \frac{1}{3}y^3\right]_{-1}^{2} = \frac{9}{2}.$$

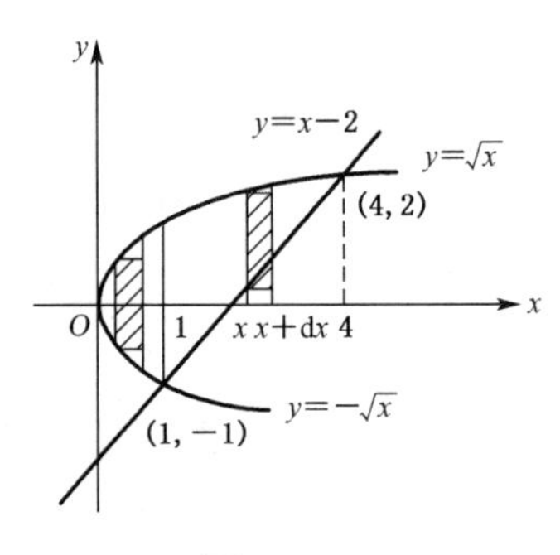

图 5-13

注意 适当选取积分变量,对于计算的繁易很有关系.本例中若选取 x 为积分变量(图 5-13),则计算就要复杂得多,读者不妨试一试.

例 3 求椭圆曲线 $\dfrac{x^2}{a^2} + \dfrac{y^2}{b^2} = 1(a > 0, b > 0)$ 所围成平面图形的面积.

解 这椭圆关于两坐标轴都对称(图 5-14),所以椭圆的面积为

$$A = 4A_1,$$

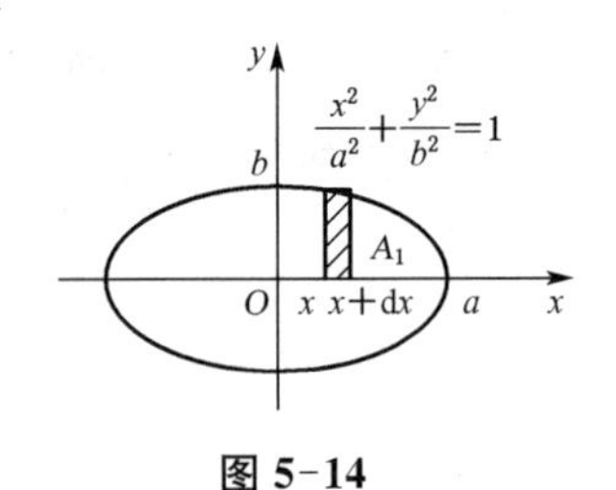

图 5-14

其中,A_1 为该椭圆在第一象限部分的面积.因此

$$A = 4A_1 = 4\int_0^a y\,dx.$$

利用椭圆的参数方程

$$\begin{cases} x = a\cos t, \\ y = b\sin t, \end{cases}$$

及定积分的换元法,令 $x = a\cos t$,则 $y = b\sin t$, $dx = -a\sin t\,dt$. 当 $x = 0$ 时, $t = \dfrac{\pi}{2}$;当 $x = a$ 时, $t = 0$. 于是

$$A = 4\int_0^a y\,dx = 4\int_{\frac{\pi}{2}}^{0} b\sin t(-a\sin t)dt = 4ab\int_0^{\frac{\pi}{2}}\sin^2 t\,dt = 4ab \times \frac{1}{2} \times \frac{\pi}{2} = \pi ab.$$

注意 这里计算定积分 $\int_0^{\frac{\pi}{2}}\sin^2 t\,dt$ 时,直接利用了公式(5-10).显然,当 $a = b$ 时,得到半径为 a 的圆面积公式 $A = \pi a^2$.

2. 极坐标情形

某些平面图形的面积,利用极坐标计算比较方便.

设曲线的极坐标方程为 $r = r(\theta)$,其中,$r(\theta)$ 为连续函数,$\alpha \leqslant \theta \leqslant \beta$. 现在要计算由此曲线与两条射线 $\theta = \alpha$ 及 $\theta = \beta$ 所围成曲边扇形的面积.

采用元素法,步骤如下:

(1) 选取 θ 为积分变量,它的变化区间为 $[\alpha, \beta]$.

(2) 在 $[\alpha, \beta]$ 上任取一代表性的小区间 $[\theta, \theta + \mathrm{d}\theta]$, 相应于这个小区间上的小曲边扇形面积近似代替,因此,曲边扇形的面积元素为

$$\mathrm{d}A = \frac{1}{2}r^2(\theta)\mathrm{d}\theta.$$

(3) 以 $\mathrm{d}A = \frac{1}{2}r^2(\theta)\mathrm{d}\theta$ 为被积表达式,在闭区间 $[\alpha, \beta]$ 上作定积分,得所求面积为

$$A = \frac{1}{2}\int_{\alpha}^{\beta} r^2(\theta)\mathrm{d}\theta. \tag{5-19}$$

例 4 求由心形线 $r = a(1 + \cos\theta)(a > 0)$ 所围成图形的面积.

解 画出心形所围成的图形(图 5-15).这个图形对称于极轴,因此,所求图形的面积 A 是极轴上方部分图形面积 A_1 的 2 倍.

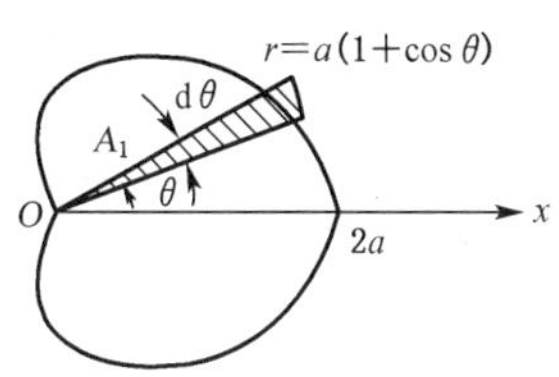

图 5-15

为了计算 A_1, 取 θ 为积分变量,它的变化区间为 $[0, \pi]$(当 $\theta = 0$ 时, $r = 2a$; 当 $\theta = \pi$ 时, $r = 0$). 由公式(5-19)可得

$$\begin{aligned} A_1 &= \int_0^{\pi} \frac{a^2}{2}(1 + \cos\theta)^2 \mathrm{d}\theta \\ &= \frac{a^2}{2}\int_0^{\pi}(1 + 2\cos\theta + \cos^2\theta)\mathrm{d}\theta \\ &= \frac{a^2}{2}\int_0^{\pi}\left(\frac{3}{2} + 2\cos\theta + \frac{1}{2}\cos 2\theta\right)\mathrm{d}\theta \\ &= \frac{a^2}{2}\left[\frac{3}{2} + 2\sin\theta + \frac{1}{4}\cos 2\theta\right]_0^{\pi} = \frac{3}{4}\pi a^2. \end{aligned}$$

于是,所求面积为 $A = 2A_1 = \frac{3}{2}\pi a^2$.

例 5 求由双纽线 $r^2 = a^2\cos 2\theta$ 所围成图形的面积.

解 画出双纽线所围成的图形(图 5-16),这个图形对称于极轴,也对称于极点,因此,所求图形的的面积 A 是第一象限内极轴上方部分图形面积 A_1 的 4 倍.

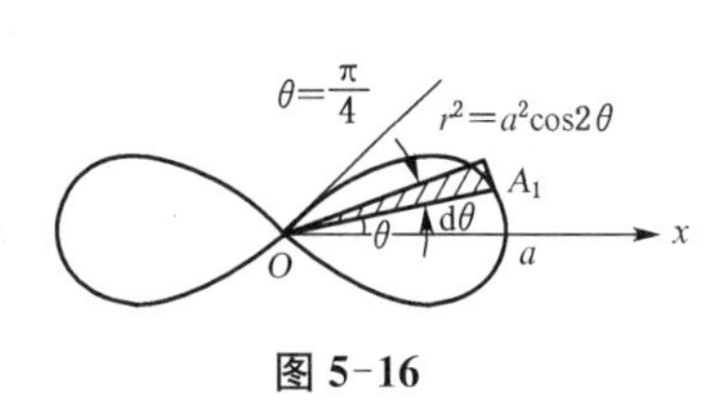

图 5-16

为了计算 A_1, 取 θ 的积分变量,它的变化区间为 $\left[0, \frac{\pi}{4}\right]$ $\left(\text{因为令 } r = 0, \text{由 } a^2\cos 2\theta = 0, \text{得 } \cos\theta = 0,\ 2\theta = \frac{\pi}{2},\ \theta = \frac{\pi}{4}\right)$. 由公式(5-19)可得

$$A_1 = \int_0^{\frac{\pi}{4}} \frac{1}{2}a^2\cos 2\theta\,\mathrm{d}\theta = \frac{a^2}{2}\int_0^{\frac{\pi}{4}}\cos 2\theta\,\mathrm{d}\theta = \frac{a^2}{4}\Big[\sin 2\theta\Big]_0^{\frac{\pi}{4}} = \frac{a^2}{4}.$$

于是,所求面积为

$$A=4A_1=a^2.$$

5.5.3 特殊立体的体积

1. 平行截面面积为已知的立体的体积

设有一空间立体 Ω,介于过 x 轴上 a, b $(a<b)$ 两点且垂直于 x 轴的两平面之间(图 5-17).

若过 x 轴上任一点 x $(a\leqslant x\leqslant b)$ 作垂直于 x 轴的平面,截立体 Ω 所得截面的面积为 A,则 A 是 x 的函数,记作 $A(x)$,其定义域为 $[a, b]$.

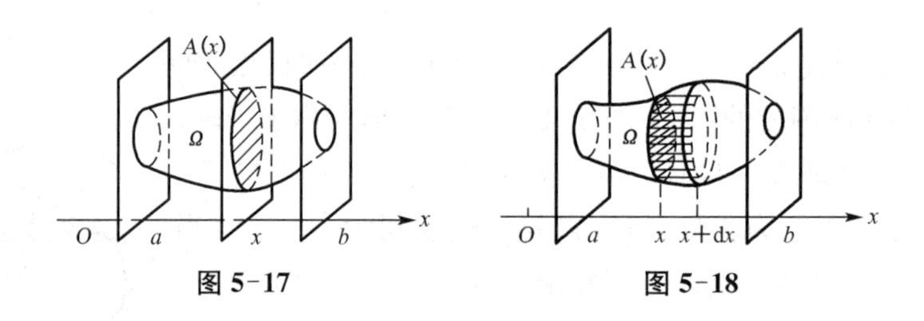

图 5-17　　图 5-18

设空间立体 Ω 的截面面积函数 $A(x)$ 为已知的连续函数,则也可用元素法求得立体 Ω 的体积 V.

(1) 取 x 为积分变量,它的变化区间为 $[a, b]$.

(2) 在区间 $[a, b]$ 上任取一代表性小区间 $[x, x+\mathrm{d}x]$(图 5-18).相应于这小区间上的小块立体的体积,可以用一个以 $A(x)$ 为底面积、高为 $\mathrm{d}x$ 的薄圆柱体的体积来近似代替,得体积元素

$$\mathrm{d}V=A(x)\mathrm{d}x.$$

(3) 以 $\mathrm{d}V=A(x)\mathrm{d}x$ 为被积表达式,在区间 $[a, b]$ 上作定积分,得所求立体 Ω 的体积为

$$V=\int_a^b A(x)\mathrm{d}x. \tag{5-20}$$

例 6 设有一底圆半径为 R 的圆柱体被一平面所截,平面过圆柱底圆的直径且与底面交成角 α(图 5-19).求该平面截圆柱体所得立体(楔形体)的体积.

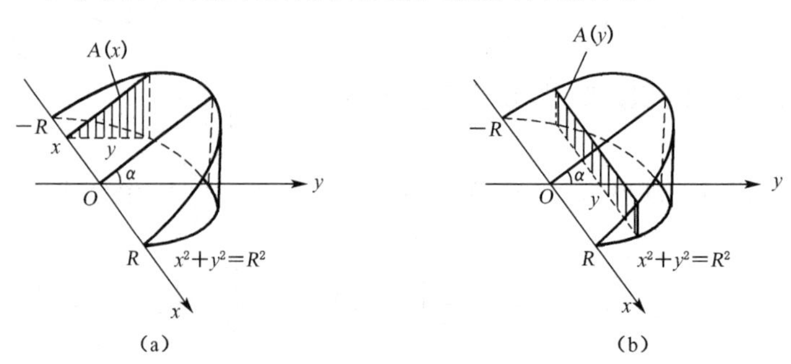

图 5-19

解法 1　取平面与圆柱底面的交线为 x 轴，底面上过圆心且垂直于 x 轴的直线为 y 轴，那么，底圆的方程为

$$x^2+y^2=R^2.$$

如果用一组垂直于 x 轴的平行平面截该立体，则所得的平行截面都是直角三角形，从而可以计算出它们的面积 A. 因此，选取 x 为积分变量，其变化区间为 $[-R, R]$. 在 $[-R, R]$ 上任取一点 x，过点 x 且垂直于 x 轴的截面是一个直角三角形(图 5-19(a)中有阴影线的部分)，两条直角边的长度分别为 y 及 $y\tan\alpha$，而 $y=\sqrt{R^2-x^2}$，所以它的面积为

$$A(x)=\frac{1}{2}y^2\tan\alpha=\frac{1}{2}(R^2-x^2)\tan\alpha.$$

利用公式(5-20)，在闭区间 $[-R, R]$ 上作定积分，得所求立体的体积为

$$V=\int_{-R}^{R}A(x)\mathrm{d}x=\int_{-R}^{R}\frac{1}{2}(R^2-x^2)\tan\alpha\,\mathrm{d}x.$$

解法 2　如果用垂直于 y 轴的平行平面截该立体，则所得平行截面都是矩形，从而也可以算出它们的面积 A. 因此，也可以选取 y 为积分变量，它的变化区间为 $[0, R]$，在 $[0, R]$ 上任取一点 y，过点 y 且垂直于 y 轴的截面是一个矩形(图 5-31(b)中有影线的部分)，这个矩形的底为 $2x$、高为 $y\tan\alpha$，而 $x=\sqrt{R^2-y^2}$，所以它的面积为

$$A(y)=2xy\tan\alpha=2y\sqrt{R^2-y^2}\tan\alpha.$$

利用公式(5-20)，把积分变量 x 换成 y，在闭区间 $[0, R]$ 上作定积分，得所求的体积为

$$\begin{aligned}V&=\int_0^R A(y)\mathrm{d}y=\int_0^R 2y\sqrt{R^2-y^2}\tan\alpha\,\mathrm{d}y=-\tan\alpha\int_0^R (R^2-y^2)^{\frac{1}{2}}\mathrm{d}(R^2-y^2)\\&=-\frac{2}{3}\tan\alpha\Big[(R^2-y^2)^{\frac{3}{2}}\Big]_0^R=\frac{2}{3}R^2\tan\alpha.\end{aligned}$$

2. 旋转体的体积

旋转体是指由平面图形绕该平面上某直线旋转一周而成的立体，该直线称为**旋转轴**. 例如，圆锥可以看成是由直角三角形绕它的一条直角边旋转周而成的旋转体；球体可以看成是由半圆绕它的直径旋转周而成的旋转体. 一般地说，旋转体总可以看作是由平面上的曲边梯形绕某个坐标轴旋转一周而得到的立体.

现在来运用定积分，计算由连续曲线 $y=f(x)$，直线 $x=a$，$x=b$ $(a<b)$ 及 x 轴所围成的曲边梯形绕 x 轴旋转一周而成的立体(图 5-20)的体积.

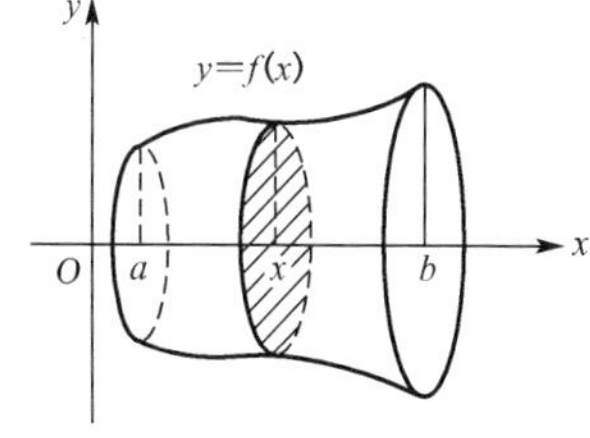

图 5-20

取 x 为积分变量，其变化区间为 $[a, b]$. 在 $[a, b]$ 上任取一点 x 处垂直于 x 轴的截面是半径等于 $y=f(x)$ 的圆，此截面面积为

$$A(x)=\pi y^2=\pi[f(x)]^2.$$

由已知平行截面面积求体积的公式(5-20),得曲边梯形绕 x 轴旋转一周所成的立体的体积,记作

$$V_x=\int_a^b \pi y^2 \mathrm{d}x=\int_a^b \pi\,[f(x)]^2 \mathrm{d}x. \tag{5-21}$$

类似地,可以得到由连续曲线 $x=\varphi(y)$,直线 $y=c$,$y=d$ $(c<d)$ 及 y 轴所围成的曲边梯形绕 y 轴旋转一周而成的立体(图 5-21)的体积,记作

$$V_y=\int_c^d \pi x^2 \mathrm{d}xy=\int_c^d \pi\,[\varphi(y)]^2 \mathrm{d}x. \tag{5-22}$$

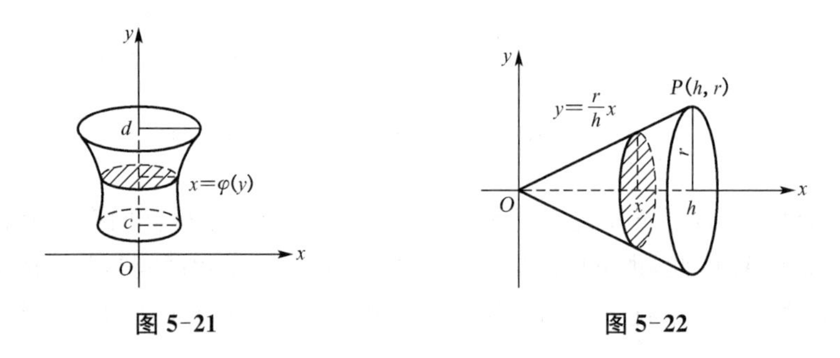

图 5-21　　图 5-22

例 7　求底圆半径为 r、高为 h 的圆锥体的体积.

解　取圆锥体的顶点为原点,圆锥的轴为 x 轴,则直线 OP 的方程为 $y=\dfrac{r}{h}x$,而圆锥体可看作由直线 $y=\dfrac{r}{h}x$,$x=0$,$x=h$ 及 x 轴所围成的直角三角形绕 x 轴旋转而成的(图 5-22).

于是,由旋转体体积的计算公式(5-21),得此圆锥体的体积

$$V=\int_0^h \pi y^2 \mathrm{d}x=\pi\int_0^h\left(\frac{r}{h}x\right)^2 \mathrm{d}x=\frac{\pi r^2}{h^2}\int_0^h x^2 \mathrm{d}x=\frac{\pi r^2}{3h^2}[x^3]_0^h=\frac{1}{3}\pi r^2 h.$$

例 8　求由椭圆 $\dfrac{x^2}{a^2}+\dfrac{y^2}{b^2}=1(a>b>0)$ 所围成的图形,分别绕 x 轴及 y 轴旋转一周所成立体(旋转椭球体)的体积.

解　(1) 记绕 x 轴旋转所得体积为 V_x. 它可看作是由上半椭圆 $y=\dfrac{b}{a}\sqrt{a^2-x^2}$ 及 x 轴所围成的图形绕 x 轴旋转而成的(图 5-23).由公式(5-21)得

$$V_x=\int_{-a}^a \pi y^2 \mathrm{d}x=\pi\int_{-a}^a\left(\frac{b}{a}\sqrt{a^2-x^2}\right)^2 \mathrm{d}x=\pi\,\frac{b^2}{a^2}\int_{-a}^a (a^2-x^2)\mathrm{d}x \text{（被积函数是偶函数）}$$

$$=2\pi\,\frac{b^2}{a^2}\int_0^a (a^2-x^2)\mathrm{d}x=2\pi\,\frac{b^2}{a^2}\left[ax^3-\frac{x^3}{3}\right]_0^a=\frac{4}{3}\pi ab^2.$$

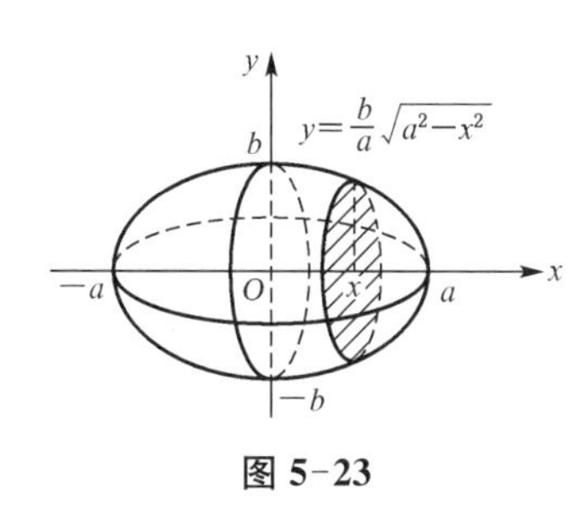

图 5-23

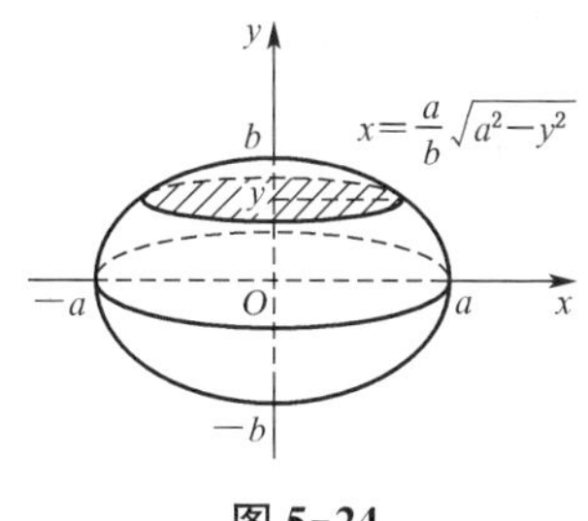

图 5-24

(2) 绕 y 轴旋转，记所得旋转体的体积为 V_y. 它可看作是由右半椭圆 $y=\frac{b}{a}\sqrt{a^2-x^2}$ 及 y 轴所围成的图形绕 y 旋转而成的(图 5-24). 由公式(5-23)得

$$V_y=\int_{-b}^{b}\pi x^2\mathrm{d}y=\pi\int_{-b}^{b}\left(\frac{a}{b}\sqrt{b^2-y^2}\right)^2\mathrm{d}y=\pi\frac{a^2}{b^2}y\int_{-b}^{b}(b^2-y^2)\mathrm{d}y$$

$$=2\pi\frac{a^2}{b^2}\int_{0}^{b}(b^2-y^2)\mathrm{d}y=2\pi\frac{a^2}{b^2}\left[bx^3-\frac{x^3}{3}\right]_0^a=\frac{4}{3}\pi ba^2.$$

从上面的两种结果可以看出，当 $a=b$ 时，旋转椭球体就成为半径为 a 的球体，它的体积为 $\frac{4}{3}\pi a^3$.

例 9　求圆心在 $(b,0)$、半径为 $a(b>a)$ 的圆，绕 y 轴旋转而成(如汽车轮胎)的环状体的体积.

解　圆的方程为

$$(x-b)^2+y^2=a^2.$$

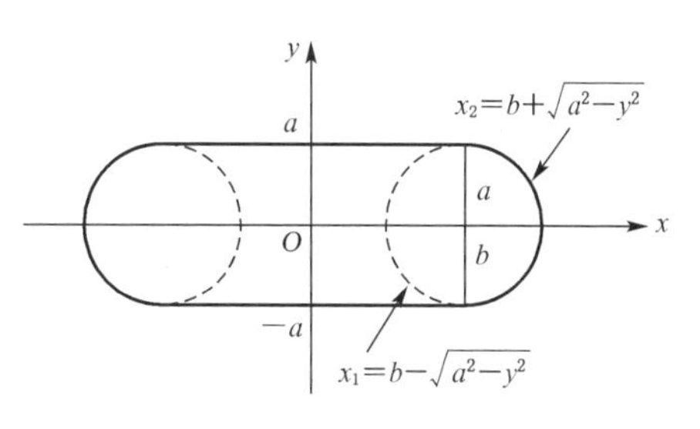

图 5-25

显然，环状体的体积可以看作是由右半圆周 $x_2=b+\sqrt{a^2-y^2}$ 和左半圆周 $x_1=b-\sqrt{a^2-y^2}$，分别与直线 $y=-a$，$y=a$ 及 y 轴所围成的曲边梯形，绕 y 轴旋转所产生的旋转体的体积之差(图 5-25).

利用旋转体体积的计算公式(5-21)，得所求环状体的体积为

$$V_y=\int_{-a}^{a}\pi x_2^2\mathrm{d}y-\int_{-a}^{a}\pi x_1^2\mathrm{d}y=\int_{-a}^{a}\pi(x_2^2-x_1^2)\mathrm{d}y$$

$$=2\pi\int_{0}^{a}[(b+\sqrt{a^2-y^2})^2-(b-\sqrt{a^2-y^2})^2]\mathrm{d}y$$

$$=2\pi\int_{0}^{a}4b\sqrt{a^2-y^2}\,\mathrm{d}y=8\pi b\left[\frac{y}{2}\sqrt{a^2-y^2}+\frac{a^2}{2}\arcsin\frac{y}{a}\right]_0^a$$

$$=2\pi^2a^2b.$$

5.5.4 平面曲线的弧长

1. 直角坐标情形

设曲线弧 $\overset{\frown}{AB}$ 的直角坐标方程为

$$y=f(x),\quad a\leqslant x\leqslant b,$$

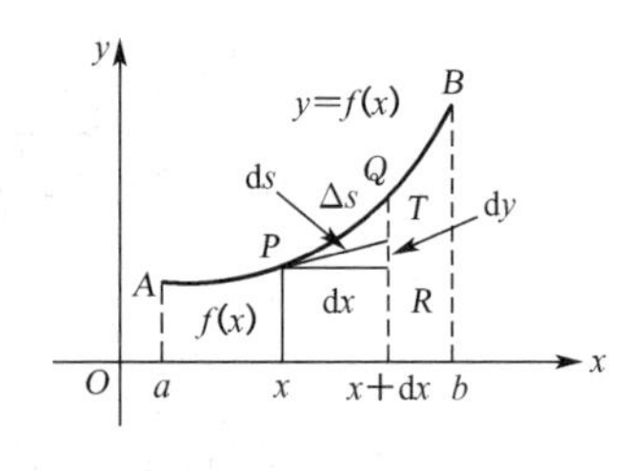

图 5-26

其中，$f(x)$ 在 $[a,b]$ 上具有一阶连续导数，现在来计算这条曲线弧(图 5-26)的弧长.采用元素法，步骤如下：

(1) 取横坐标 x 为积分变量，它的变化区间为 $[a,b]$.

(2) 在 $[a,b]$ 上任取一小区间 $[x,x+\mathrm{d}x]$，相应于曲线上的弧段 $\overset{\frown}{PQ}$ 的弧长 Δs，可以用相应的切线段长度 $|PT|$ 来近似代替，即

$$\Delta s\approx|PT|=\sqrt{(\mathrm{d}x)^2+(\mathrm{d}y)^2}=\sqrt{1+y'^2}\,\mathrm{d}x,$$

得弧长元素(弧微分)为

$$\mathrm{d}s=\sqrt{1+y'^2}\,\mathrm{d}x.$$

(3) 以 $\mathrm{d}s=\sqrt{1+y'^2}\,\mathrm{d}x$ 为被积表达式，在闭区间 $[a,b]$ 上作定积分，得所求的弧长为

$$s=\int_a^b\sqrt{1+y'^2}\,\mathrm{d}x.\tag{5-23}$$

这里，下限 a 必须小于上限 b.

例 10 求半立方抛物线 $y=x^{\frac{3}{2}}$ 在 x 从 0 到 4 之间的一段弧(图 5-27)的长度.

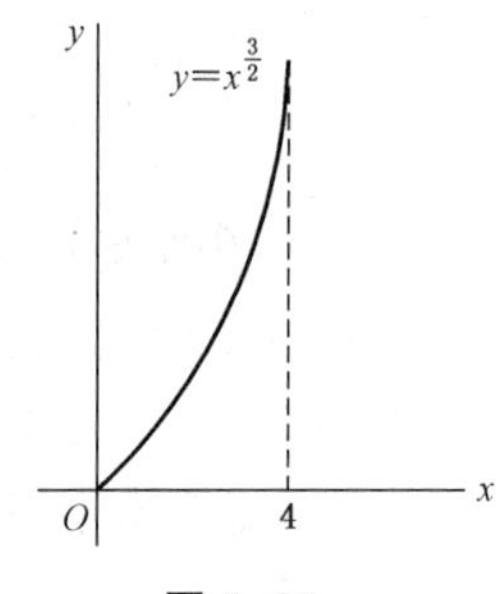

图 5-27

解 取 x 为积分变量，它的变化区间为 $[0,4]$. 由于

$$y'=(x^{\frac{3}{2}})'=\frac{3}{2}x^{\frac{1}{2}},$$

于是，由公式(5-23)得所求得弧长为

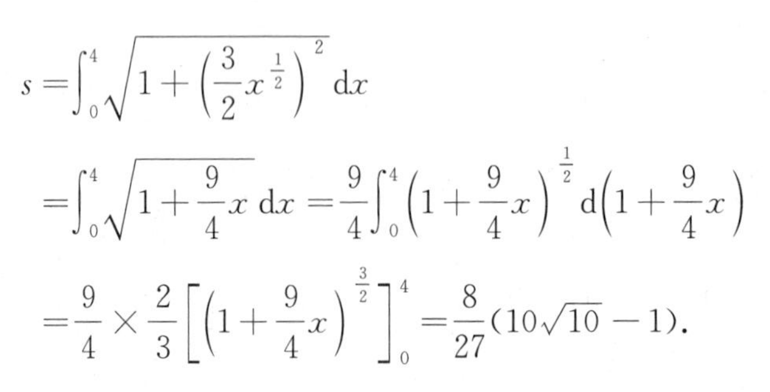

$$\begin{aligned}s&=\int_0^4\sqrt{1+\left(\frac{3}{2}x^{\frac{1}{2}}\right)^2}\,\mathrm{d}x\\&=\int_0^4\sqrt{1+\frac{9}{4}x}\,\mathrm{d}x=\frac{9}{4}\int_0^4\left(1+\frac{9}{4}x\right)^{\frac{1}{2}}\mathrm{d}\left(1+\frac{9}{4}x\right)\\&=\frac{9}{4}\times\frac{2}{3}\left[\left(1+\frac{9}{4}x\right)^{\frac{3}{2}}\right]_0^4=\frac{8}{27}(10\sqrt{10}-1).\end{aligned}$$

2. 参数方程情形

设曲线弧 $\overset{\frown}{AB}$ 的参数方程为

$$\begin{cases} x = \varphi(t), \\ y = \psi(t), \end{cases} \quad \alpha \leqslant t \leqslant \beta,$$

其中，$\varphi(t)$，$\psi(t)$ 在 $[\alpha, \beta]$ 上具有一阶连续导数，当参数 t 由 α 变到 $\beta(\alpha < \beta)$ 时，曲线上的点由 A 变到 B. 现在来计算这曲线弧的弧长.采用元素法，步骤如下：

(1) 取参数 t 为积分变量，它的变化区间为 $[\alpha, \beta]$.

(2) 在 $[\alpha, \beta]$ 上任取一代表性小区间 $[t, t + \mathrm{d}t]$，相应于这个小区间上的小弧段的弧长，可以用曲线上点 $(\varphi(t), \psi(t))$ 处的切线上相应的切线段长度来近似代替，即得弧长元素(弧微分)为

$$\mathrm{d}s = \sqrt{(\mathrm{d}x)^2 + (\mathrm{d}y)^2} = \sqrt{[\varphi'(t)\mathrm{d}t]^2 + [\psi'(t)\mathrm{d}t]^2} = \sqrt{\varphi'^2(t) + \psi'^2(t)}\,\mathrm{d}t.$$

(3) 以 $\mathrm{d}s = \sqrt{\varphi'^2(t) + \psi'^2(t)}\,\mathrm{d}t$ 为被积表达式，在闭区间 $[\alpha, \beta]$ 上作定积分，得所求的弧长为

$$s = \int_{\alpha}^{\beta} \sqrt{\varphi'^2(t) + \psi'^2(t)}\,\mathrm{d}t. \tag{5-24}$$

这里，下限 α 必须小于上限 β.

例 11　求星形线

$$\begin{cases} x = a\cos^3 t, \\ y = a\sin^3 t, \end{cases} \quad a > 0$$

的周长(图 5-28).

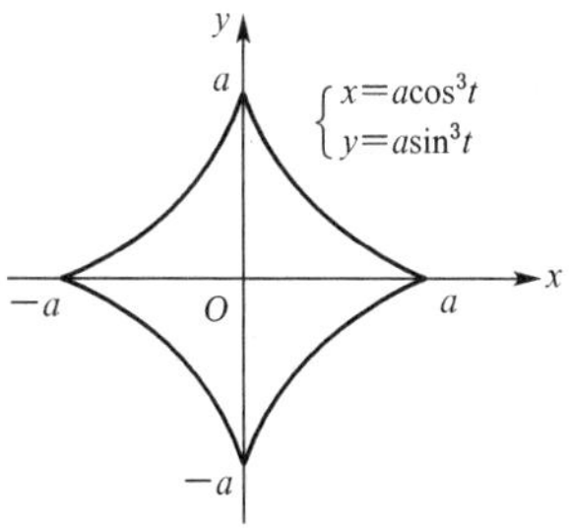

图 5-28

解　由于对称性，所求的周长等于第一象限内弧长的 4 倍.在第一象限内，取参数 t 为积分变量，其变化区间为 $\left[0, \dfrac{\pi}{2}\right]$ $\left(由\ x = a\cos^3 t\ 可知，当\ x = a\ 时，\cos t = 1,\ t = 0；当\ x = 0\ 时，\cos t = 0,\ t = \dfrac{\pi}{2}\right)$.

现在

$$x'(t) = 3a\cos^2 t(-\sin t) = -3a\cos^2 t\sin t,$$

$$y'(t) = 3a\sin^2 t(\cos t) = 3a\sin^2 t\cos t,$$

$$\begin{aligned} \sqrt{x'^2(t) + y'^2(t)} &= \sqrt{(-3a\cos^2 t\sin t)^2 + (3a\sin^2 t\cos t)^2} \\ &= 3a\sqrt{\cos^2 t\sin^2 t} = 3a\,|\cos t\sin t| = 3a\sin t\cos t \end{aligned}$$

$\left(这里因为\ 0 \leqslant t \leqslant \dfrac{\pi}{2},\ \cos t \geqslant 0,\ \sin t \geqslant 0,\ |\cos t\sin t| = \cos t\sin t\right)$.

利用公式(5-24)，可得第一象限内的弧长为

$$s_1=\int_0^{\frac{\pi}{2}}3a\sin t\cos t\mathrm{d}t=3a\int_0^{\frac{\pi}{2}}\sin t\mathrm{d}(\sin t)=\frac{3}{2}a\left[\sin^2 t\right]_0^{\frac{\pi}{2}}=\frac{3}{2}a.$$

于是,所求星形线的周长为

$$s=4s_1=4\times\frac{3}{2}a=6a.$$

3. 极坐标情形

设曲线弧 $\overset{\frown}{AB}$ 的极坐标方程为

$$r=r(\theta),\quad \alpha\leqslant\theta\leqslant\beta,$$

其中,$r(\theta)$ 在 $[\alpha,\beta]$ 上具有一阶连续导数.现在来计算这曲线弧的弧长.

由直角坐标与极坐标的关系,可得曲线弧 $\overset{\frown}{AB}$ 的参数方程为

$$\begin{cases}x=r(\theta)\cos\theta,\\ y=r(\theta)\sin\theta,\end{cases}\quad \alpha\leqslant\theta\leqslant\beta,$$

其中,参数 θ 表示极角.由于

$$x'(\theta)=r'(\theta)\cos\theta-r(\theta)\sin\theta,\quad y'(\theta)=r'(\theta)\sin\theta+r(\theta)\cos\theta,$$

$$\begin{aligned}\sqrt{x'^2(\theta)+y'^2(\theta)}&=\sqrt{[r'(\theta)\cos\theta]^2+[r'(\theta)\sin\theta+r(\theta)\cos\theta]^2}\\&=\sqrt{r^2(\theta)+r'^2(\theta)},\end{aligned}$$

得弧长元素为

$$\mathrm{d}s=\sqrt{x'^2(\theta)+y'^2(\theta)}\,\mathrm{d}\theta=\sqrt{r^2(\theta)+r'^2(\theta)}\,\mathrm{d}\theta.$$

于是,所求弧长为

$$s=\int_\alpha^\beta\sqrt{r^2(\theta)+r'^2(\theta)}\,\mathrm{d}\theta. \tag{5-25}$$

这里,下限 α 小于上限 β.

例 12 求心形线 $r=a(1+\cos\theta)$ $(a>0)$ 的周长.

解 根据图形的对称性(图 5-29),所求心形线的周长等于极轴上方的弧长的 2 倍.

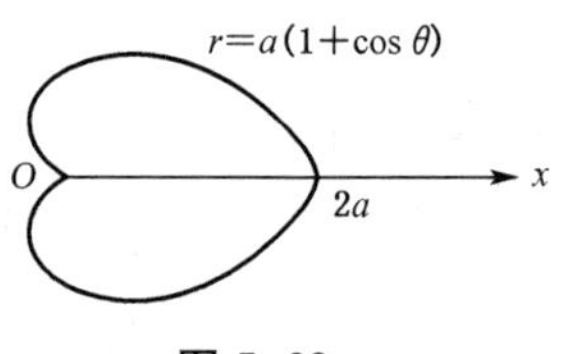

图 5-29

在极轴上方部分,取 θ 为积分变量,它的变化区间为 $[0,\pi]$.由 $r=a(1+\cos\theta)$ 可知,当 $r=2a$ 时,$\cos\theta=1$,$\theta=0$;当 $r=0$,$\cos\theta=-1$,$\theta=\pi$).现在

$$r(\theta)=a(1+\cos\theta),\quad r'(\theta)=-a\sin\theta,$$

$$\begin{aligned}\sqrt{r^2(\theta)+r'^2(\theta)}&=\sqrt{a^2(1+\cos\theta)^2+(-a\sin\theta)^2}\\&=\sqrt{2a^2(1+\cos\theta)}=2a\sqrt{\cos^2\frac{\theta}{2}}=2a\left|\cos\frac{\theta}{2}\right|=2a\cos\frac{\theta}{2}.\end{aligned}$$

$\left(\text{这里,因为 } 0 \leqslant \theta \leqslant \pi,\ 0 \leqslant \frac{\theta}{2} \leqslant \frac{\pi}{2},\ \cos\frac{\theta}{2} \geqslant 0, \text{ 所以, } \left|\cos\frac{\theta}{2}\right| = \cos\frac{\theta}{2}.\right)$

于是,根据公式(5-25)及图形的对称性,可得所求心形线的周长为

$$s = 2\int_0^{\pi} 2a\cos\frac{\theta}{2}\mathrm{d}\theta = 4a\int_0^{\pi}\cos\frac{\theta}{2}\mathrm{d}\theta = 8a\left[\sin\frac{\theta}{2}\right]_0^{\pi} = 8a.$$

总习题 5

1. 选择题.

(1) $\int_0^x f(t)\mathrm{d}t = \frac{x^2}{4}$, 则 $\int_0^4 \frac{1}{\sqrt{x}} f(\sqrt{x})\mathrm{d}x = (\quad)$.

A. 16　　B. 8　　C. 4　　D. 2

(2) $\int_{-1}^{2} \frac{1}{x^2}\mathrm{d}x = (\quad)$.

A. -1.5　　B. 0.5　　C. -0.5　　D. 不存在

(3) $\int_1^{\infty} \frac{1}{x\sqrt{x^2-1}}\mathrm{d}x = (\quad)$.

A. 0　　B. $\frac{\pi}{2}$　　C. $\frac{\pi}{4}$　　D. 发散

2. 填空题.

(1) $\int_0^{\frac{\pi}{2}} \sin^8 x\,\mathrm{d}x =$ ________, $\int_0^{\frac{\pi}{2}} \cos^7 x\,\mathrm{d}x =$ ________.

(2) $\lim\limits_{x\to 0}\frac{\int_0^x t\sin t\,\mathrm{d}t}{\ln(1+x)} =$ ________.

(3) $\int_{-1}^{2} |x^2-2x|\,\mathrm{d}x =$ ________.

(4) $\int_{-\pi}^{0} \sqrt{1+\cos 2x}\,\mathrm{d}x =$ ________.

(5) 设 $f(x)$ 是连续函数,且 $f(x) = \sin x + \int_0^{\pi} f(x)\mathrm{d}x$, 则 $f(x) =$ ________.

(6) $\int_{-1}^{1} x(1+x^{2005})(\mathrm{e}^x - \mathrm{e}^{-x})\mathrm{d}x =$ ________.

(7) $\lim\limits_{x\to+\infty}\frac{1}{\sqrt{x}}\int_1^x \ln\left(1-\frac{1}{\sqrt{t}}\right)\mathrm{d}t =$ ________.

3. 计算题.

(1) $\int_0^1 \frac{x+2}{x^2-x-2}\mathrm{d}x$.

(2) $\int_0^1 \ln(1-x)\mathrm{d}x$.

(3) $\int_{-2}^{2} (x^2\sqrt{4-x^2} + x\cos^5 x)\mathrm{d}x$.

(4) $\int_{\sqrt{e}}^{e} \frac{dx}{x\sqrt{(1-\ln x)\ln x}}$.

(5) $\int_{0}^{2} \frac{dx}{(3+2x-x^2)^{\frac{3}{2}}}$.

(6) $\int_{-\frac{\pi}{2}}^{\frac{\pi}{2}} \tan^2 x[\sin^2 2x+\ln(x+\sqrt{1+x^2})]dx$.

(7) $\int_{0}^{2} \frac{1}{2+\sqrt{4+x^2}}dx$.

(8) 已知函数 $f(x)$ 在$[0, 2]$上二阶可导,且 $f(2)=1$, $f'(2)=0$ 及 $\int_{0}^{2} f(x)dx=4$, 求 $\int_{0}^{1} x^2 f''(2x)dx$.

(9) $\int_{1}^{+\infty} \frac{\arctan x}{x^2}dx$.

(10) $\int_{1}^{+\infty} \frac{dx}{e^{x+1}+e^{3-x}}$.

(11) $\int_{\frac{1}{2}}^{\frac{3}{2}} \frac{dx}{\sqrt{|x-x^2|}}$.

(12) $\int_{-1}^{1} (1-x^2)^{10}dx$.

(13) 求极限 $\lim\limits_{x\to 0}\left(\frac{\int_{0}^{x}\sqrt{1+t^2}\,dt}{x}+\frac{\int_{0}^{x}\sin t\,dt}{x^2}\right)$.

(14) 用定积分定义计算极限:$\lim\limits_{n\to\infty}\left(\frac{n}{n^2+1}+\frac{n}{n^2+2^2}+\cdots+\frac{n}{n^2+n^2}\right)$.

(15) 设隐函数 $y=y(x)$ 由方程 $x^3-\int_{0}^{x}e^{-t^2}dt+y^3+\ln 4=0$ 所确定,求 $\frac{dy}{dx}$.

(16) 设 $f(x)=\begin{cases}\frac{\int_{0}^{2x}(e^{t^2}-1)dt}{x^2}, & x\neq 0,\\ A, & x=0.\end{cases}$ 问当 A 为何值时, $f(x)$ 在点 $x=0$ 处可导,并求出 $f'(0)$?

(17) 设 $f(x)=\cos^4 x+2\int_{0}^{\frac{\pi}{2}} f(x)dx$,其中, $f(x)$ 为连续函数,试求 $f(x)$.

(18) 设正整数 a,且满足关系 $\lim\limits_{x\to 0}\left(\frac{a-x}{a+x}\right)^{\frac{2}{x}}=\int_{\frac{1}{a}}^{+\infty} x e^{-4x}dx$,试求 a 的值.

(19) 曲线 c 的方程为 $y=f(x)$,点(3, 2)是它的一个拐点,直线 l_1 与 l_2 分别是曲线 c 在点(0, 0)与(3, 2)处的切线,其交点为(2, 4),设 $f(x)$ 具有三阶连续导数,计算 $\int_{0}^{3}(x^2+x)f'''(x)dx$.

(20) 求 $\varphi(x)=\int_{0}^{x^2}(1-t)\arctan t\,dt$ 的极值点.

4. 证明题.

(1) 设 $f'(x)$ 在 $(-\infty, +\infty)$ 上连续,证明: $\frac{d}{dx}\left[\int_{a}^{x}(x-t)f'(t)dt\right]=f(x)-f(a)$.

(2) 证明：$\int_{0}^{\frac{\pi}{2}} \frac{\sin^3 x}{\sin x+\cos x}\mathrm{d}x=\int_{0}^{\frac{\pi}{2}} \frac{\cos^3 x}{\sin x+\cos x}\mathrm{d}x$，并求出积分值.

(3) 设函数 $f(x)$ 在 $[0, \pi]$ 上连续，且 $\int_{0}^{\pi} f(x)\mathrm{d}x=0$，$\int_{0}^{\pi} f(x)\cos x\,\mathrm{d}x=0$. 试证明：在 $(0, \pi)$ 内至少存在两个不同的点 ξ_1，ξ_2，使 $f(\xi_1)=f(\xi_2)=0$（作辅助函数 $F(x)=\int_{0}^{x} f(t)\mathrm{d}t$，$x\in(0, \pi)$，再使用积分中值定理和罗尔定理）.

(4) 设 $f(x)$ 在 $[0, 1]$ 上可导，且满足 $f(1)=2\int_{0}^{\frac{1}{2}} xf(x)\mathrm{d}x$. 证明：必存在点 $\xi\in(0,1)$，使得 $f'(\xi)=-\frac{f(\xi)}{\xi}$（利用积分中值定理和罗尔定理证明）.

阅读材料

1665年夏天英国爆发鼠疫，剑桥大学暂时关闭. 刚刚获得学士学位、准备留校任教的牛顿被迫离校到他母亲的农场住了一年多. 这一年多被称为“奇迹年”，牛顿对三大运动定律、万有引力定律和光学的研究都开始于这个时期. 在研究这些问题过程中，牛顿发现了他称为“流数术”的微积分. 他在1666年写下了一篇关于流数术的短文，之后又写了几篇有关文章. 但是这些文章当时都没有公开发表，只是在一些英国科学家中流传.

首次发表有关微积分研究论文的是德国哲学家莱布尼茨. 莱布尼茨在1675年已发现了微积分，但是也不急于发表，只是在手稿和通信中提及这些发现. 1684年，莱布尼茨正式发表他对微分的发现. 两年后，他又发表了有关积分的研究. 在瑞士人伯努利兄弟的大力推动下，莱布尼茨的方法很快传遍了欧洲. 到1696年，已有微积分的教科书出版.

起初没有人来争夺微积分的发现权. 1699年，移居英国的一名瑞士人一方面为了讨好英国人，另一方面由于与莱布尼茨的个人恩怨，指责莱布尼茨的微积分是剽窃牛顿的流数术，但此人并无威望，遭到莱布尼茨的驳斥后，就没了下文. 1704年，牛顿在其光学著作的附录中，首次完整地发表了流数术. 当年出现了一篇匿名评论，反过来指责牛顿的流数术是剽窃自莱布尼茨的微积分.

于是究竟是谁首先发现了微积分，就成了一个需要解决的问题了. 1711年，苏格兰科学家、英国皇家学会会员约翰·凯尔在致皇家学会书记的信中，指责莱布尼茨剽窃了牛顿的成果，只不过用不同的符号表示改头换面. 同样身为皇家学会会员的莱布尼茨提出抗议，要求皇家学会禁止凯尔的诽谤. 皇家学会组成一个委员会调查此事，在次年发布的调查报告中认定牛顿首先发现了微积分，并谴责莱布尼茨有意隐瞒他知道牛顿的研究工作. 此时的牛顿是皇家学会的会长，虽然在公开的场合假装与这个事件无关，但是这篇调查报告其实是牛顿本人起草的. 他还匿名写了一篇攻击莱布尼茨的长篇文章.

当然，争论并未因为这个偏向性极为明显的调查报告的出笼而平息. 事实上，这场争论一直延续到了现在. 没有人，包括莱布尼茨本人，否认牛顿首先发现了微积分. 问题是，莱布尼茨是否独立地发现了微积分？莱布尼茨是否剽窃了牛顿的发现？

1673年，在莱布尼茨创建微积分的前夕，他曾访问伦敦. 虽然他没有见过牛顿，但是与一些英国数学家见面讨论过数学问题.其中有的数学家的研究与微积分有关,甚至有可能给莱布尼茨看过牛顿的有关手稿.莱布尼茨在临死前承认他看过牛顿的一些手稿,但是又说这些手稿对他没有价值.

此外,莱布尼茨长期与英国皇家学会书记、图书馆员通信,从中了解到英国数学研究的进展.1676 年,莱布尼茨甚至收到过牛顿的两封信,信中概述了牛顿对无穷级数的研究.虽然这些通信后来被牛顿的支持者用来反对莱布尼茨,但是它们并不含有创建微积分所需要的详细信息.莱布尼茨在创建微积分的过程中究竟受到了英国数学家多大的影响,恐怕没人能说得清.

后人在莱布尼茨的手稿中发现他曾经抄录牛顿关于流数术的论文的段落,并将其内容改用他发明的微积分符号表示.这个发现似乎对莱布尼茨不利.但是,人们无法确定的是,莱布尼茨是什么时候抄录的? 如果是在他创建微积分之前,从某位英国数学家那里看到牛顿的手稿时抄录的,那当然可以作为莱布尼茨剽窃的铁证.但是他也可能是在牛顿在 1704 年发表该论文时才抄录的,此时他本人的有关论文早已发表多年了.

后人通过研究莱布尼茨的手稿还发现,莱布尼茨和牛顿是从不同的思路创建微积分的:牛顿是为解决运动问题,先有导数概念,后有积分概念;莱布尼茨则反过来,受其哲学思想的影响,先有积分概念,后有导数概念.牛顿仅仅是把微积分当作物理研究的数学工具,而莱布尼茨则意识到了微积分将会给数学带来一场革命.这些似乎又表明莱布尼茨像他一再声称的那样,是自己独立地创建微积分的.

即使莱布尼茨不是独立地创建微积分,他也对微积分的发展做出了重大贡献.莱布尼茨对微积分表述得更清楚,采用的符号系统比牛顿的更直观、合理,被普遍采纳沿用至今.因此现在的教科书一般把牛顿和莱布尼茨共同列为微积分的创建者.

实际上,如果这个事件发生在现在的话,莱布尼茨会毫无争议地被视为微积分的创建者,因为现在的学术界遵循的是谁先发表谁就拥有发现权的原则,反对长期对科学发现秘而不宣.至于二人之间私下的恩怨,谁说得清呢? 尤其是在有国家荣誉、民族情绪参与其中时,更难以达成共识.牛顿与莱布尼茨之争,演变成了英国科学界与德国科学界,乃至与整个欧洲大陆科学界的对抗.英国数学家此后在很长一段时间内不愿接受欧洲大陆数学家的研究成果.他们坚持教授、使用牛顿那套落后的微积分符号和过时的数学观念,使得英国的数学研究停滞了一个多世纪,直到 1820 年才愿意承认其他国家的数学成果,重新加入国际主流.

牛顿与莱布尼茨之争无损于莱布尼茨的名声,对英国的科学事业却是一场灾难.虽然说“科学没有国界,但是科学家有祖国”,但是让民族主义干扰了科学研究,就很容易变成了科学也有国界,被排斥于国际科学界之外,反而妨碍了本国的科学发展.

附　　录

附录 A　简单积分表

A1　有理函数的积分

1. $\int (ax+b)^n \mathrm{d}x = \frac{(ax+b)^{n+1}}{a(n+1)} + C \quad (n \neq -1)$.

2. $\int \frac{\mathrm{d}x}{ax+b} = \frac{1}{a}\ln|ax+b| + C$.

3. $\int x(ax+b)^n \mathrm{d}x = \frac{(ax+b)^{n+2}}{a^2(n+2)} - \frac{b(ax+b)^{n+1}}{a^2(n+1)} + C \quad (n \neq -1, -2)$.

4. $\int \frac{x}{ax+b}\mathrm{d}x = \frac{x}{a} - \frac{b}{a^2}\ln|ax+b| + C$.

5. $\int \frac{x}{(ax+b)^2}\mathrm{d}x = \frac{b}{a^2(ax+b)} + \frac{1}{a^2}\ln|ax+b| + C$.

6. $\int \frac{x^2}{ax+b}\mathrm{d}x = \frac{1}{a^3}\left[\frac{1}{2}(ax+b)^2 - 2b(ax+b) + b^2\ln|ax+b|\right] + C$.

7. $\int \frac{\mathrm{d}x}{x(ax+b)} = -\frac{1}{b}\ln\left|\frac{ax+b}{x}\right| + C$.

8. $\int \frac{\mathrm{d}x}{x^2(ax+b)} = -\frac{1}{bx} + \frac{a}{b^2}\ln\left|\frac{ax+b}{x}\right| + C$.

9. $\int \frac{\mathrm{d}x}{x^2+a^2} = \frac{1}{a}\arctan\frac{x}{a} + C$.

10. $\int \frac{\mathrm{d}x}{(x^2+a^2)^n} = \frac{x}{2(n-1)a^2(x^2+a^2)^{n-1}} + \frac{2n-3}{2(n-1)a^2}\int \frac{\mathrm{d}x}{(x^2+a^2)^{n-1}}$.

11. $\int \frac{\mathrm{d}x}{x^2-a^2} = \frac{1}{2a}\ln\left|\frac{x-a}{x+a}\right| + C$.

12. $$\int \frac{\mathrm{d}x}{ax^2+bx+c} = \begin{cases} \frac{2}{\sqrt{4ac-b^2}}\arctan\frac{2ax+b}{\sqrt{4ac-b^2}} + C, & b^2 < 4ac, \\ \frac{1}{\sqrt{b^2-4ac}}\ln\left|\frac{2ax+b-\sqrt{b^2-4ac}}{2ax+b+\sqrt{b^2-4ac}}\right| + C, & b^2 > 4ac. \end{cases}$$

13. $\int \frac{x}{ax^2+bx+c}\mathrm{d}x = \frac{1}{2a}\ln|ax^2+bx+c| - \frac{b}{2a}\int \frac{\mathrm{d}x}{ax^2+bx+c}$.

A2　无理函数的积分

14. $\int \sqrt{a^2-x^2}\,\mathrm{d}x = \frac{x}{2}\sqrt{a^2-x^2} + \frac{a^2}{2}\arcsin\frac{x}{a} + C \quad (|x| \leqslant a)$.

15. $\int x^2\sqrt{a^2-x^2}\,dx=\frac{x}{8}(2x^2-a^2)\sqrt{a^2-x^2}+\frac{a^4}{8}\arcsin\frac{x}{a}+C\quad(|x|\leqslant a)$.

16. $\int\frac{dx}{\sqrt{a^2-x^2}}=\arcsin\frac{x}{a}+C\quad(|x|<a)$.

17. $\int\frac{x^2}{\sqrt{a^2-x^2}}dx=-\frac{x}{2}\sqrt{a^2-x^2}+\frac{a^2}{2}\arcsin\frac{x}{a}+C\quad(|x|<a)$.

18. $\int\frac{x^2}{\sqrt{(a^2-x^2)^3}}dx=\frac{x}{\sqrt{a^2-x^2}}-\arcsin\frac{x}{a}+C\quad(|x|<a)$.

19. $\int\frac{dx}{x\sqrt{a^2-x^2}}=\frac{1}{a}\ln\frac{a-\sqrt{a^2-x^2}}{|x|}+C\quad(|x|<a)$.

20. $\int\frac{dx}{x^2\sqrt{a^2-x^2}}=-\frac{\sqrt{a^2-x^2}}{a^2x}+C\quad(|x|<a)$.

21. $\int\sqrt{a^2+x^2}\,dx=\frac{x}{2}\sqrt{a^2+x^2}+\frac{a^2}{2}\ln(x+\sqrt{a^2+x^2})+C$.

22. $\int\sqrt{(x^2+a^2)^3}\,dx=\frac{x}{8}(2x^2+5a^2)\sqrt{x^2+a^2}+\frac{3}{8}a^4\ln(x+\sqrt{x^2+a^2})+C$.

23. $\int x^2\sqrt{x^2+a^2}\,dx=\frac{x}{8}(2x^2+a^2)\sqrt{x^2+a^2}-\frac{a^4}{8}\ln(x+\sqrt{x^2+a^2})+C$.

24. $\int\frac{\sqrt{x^2+a^2}}{x}dx=\sqrt{x^2+a^2}+a\ln\frac{\sqrt{x^2+a^2}-a}{|x|}+C$.

25. $\int\frac{\sqrt{x^2+a^2}}{x^2}dx=-\frac{\sqrt{x^2+a^2}}{x}+\ln(x+\sqrt{x^2+a^2})+C$.

26. $\int\frac{dx}{\sqrt{x^2+a^2}}=\ln(x+\sqrt{x^2+a^2})+C$.

27. $\int\frac{dx}{\sqrt{(x^2+a^2)^3}}=\frac{x}{a^2\sqrt{x^2+a^2}}+C$.

28. $\int\frac{x^2}{\sqrt{x^2+a^2}}dx=\frac{x}{2}\sqrt{x^2+a^2}-\frac{a^2}{2}\ln(x+\sqrt{x^2+a^2})+C$.

29. $\int\frac{dx}{x\sqrt{x^2+a^2}}=\frac{1}{a}\ln\frac{\sqrt{x^2+a^2}-a}{|x|}+C$.

30. $\int\frac{dx}{x^2\sqrt{x^2+a^2}}=-\frac{\sqrt{x^2+a^2}}{a^2x}+C$.

31. $\int\sqrt{x^2-a^2}\,dx=\frac{x}{2}\sqrt{x^2-a^2}-\frac{a^2}{2}\ln|x+\sqrt{x^2-a^2}|+C\quad(|x|\geqslant a)$.

32. $\int\sqrt{(x^2-a^2)^3}\,dx=\frac{x}{8}(2x^2-5a^2)\sqrt{x^2-a^2}+\frac{3}{8}a^4\ln|x+\sqrt{x^2-a^2}|+C\quad(|x|\geqslant a)$.

33. $\int x^2\sqrt{x^2-a^2}\,dx=\frac{x}{8}(2x^2-a^2)\sqrt{x^2-a^2}-\frac{a^4}{8}\ln|x+\sqrt{x^2-a^2}|+C\quad(|x|\geqslant a)$.

34. $\int\frac{\sqrt{x^2-a^2}}{x}dx=\sqrt{x^2-a^2}-a\arccos\frac{a}{|x|}+C\quad(|x|\geqslant a)$.

35. $\int\frac{\sqrt{x^2-a^2}}{x^2}dx=-\frac{\sqrt{x^2-a^2}}{x}+\ln|x+\sqrt{x^2-a^2}|+C\quad(|x|\geqslant a)$.

36. $\int \frac{\mathrm{d}x}{\sqrt{ax^2+bx+c}} = \frac{1}{\sqrt{a}}\ln\left|2ax+b+2\sqrt{a}\sqrt{ax^2+bx+c}\right|+C.$

37. $\int \sqrt{ax^2+bx+c}\,\mathrm{d}x = \frac{2ax+b}{4a}\sqrt{ax^2+bx+c}+\frac{4ac-b^2}{8\sqrt{a^3}}\ln\left|2ax+b+2\sqrt{a}\sqrt{ax^2+bx+c}\right|+C.$

38. $\int \frac{x}{\sqrt{ax^2+bx+c}}\mathrm{d}x = \frac{1}{a}\sqrt{ax^2+bx+c}-\frac{b}{2\sqrt{a^3}}\ln\left|2ax+b+2\sqrt{a}\sqrt{ax^2+bx+c}\right|+C.$

39. $\int \frac{\mathrm{d}x}{\sqrt{c+bx-ax^2}} = -\frac{1}{\sqrt{a}}\arcsin\frac{2ax-b}{\sqrt{b^2+4ac}}+C.$

40. $\int \sqrt{c+bx-ax^2}\,\mathrm{d}x = \frac{2ax-b}{4a}\sqrt{c+bx-ax^2}+\frac{b^2+4ac}{8\sqrt{a^3}}\arcsin\frac{2ax-b}{\sqrt{b^2+4ac}}+C.$

41. $\int \frac{x}{\sqrt{c+bx-ax^2}}\mathrm{d}x = -\frac{1}{a}\sqrt{c+bx-ax^2}+\frac{b}{2\sqrt{a^3}}\arcsin\frac{2ax-b}{\sqrt{b^2+4ac}}+C.$

42. $\int \sqrt{\frac{x+a}{x+b}}\,\mathrm{d}x = \sqrt{(x+a)(x+b)}+(a-b)\ln(\sqrt{x+a}+\sqrt{x+b})+C.$

43. $\int \sqrt{\frac{x-a}{x-b}}\,\mathrm{d}x = (x-b)\sqrt{\frac{x-a}{x-b}}+(b-a)\ln(\sqrt{|x-a|}+\sqrt{|x-b|})+C.$

44. $\int \sqrt{\frac{b-x}{x-a}}\,\mathrm{d}x = \sqrt{(x-a)(b-x)}+(b-a)\arcsin\sqrt{\frac{x-a}{b-a}}+C\quad(a<b).$

45. $\int \sqrt{\frac{x-a}{b-x}}\,\mathrm{d}x = -\sqrt{(x-a)(b-x)}+(b-a)\arcsin\sqrt{\frac{x-a}{b-a}}+C\quad(a<b).$

46. $\int \frac{\mathrm{d}x}{\sqrt{(x-a)(b-x)}} = 2\arcsin\sqrt{\frac{x-a}{b-a}}+C\quad(a<b).$

A3 含有三角函数的积分

47. $\int \sin x\,\mathrm{d}x = -\cos x+C.$

48. $\int \cos x\,\mathrm{d}x = \sin x+C.$

49. $\int \tan x\,\mathrm{d}x = -\ln|\cos x|+C.$

50. $\int \cot x\,\mathrm{d}x = \ln|\sin x|+C.$

51. $\int \sec x\,\mathrm{d}x = \ln|\sec x+\tan x|+C = \ln\left|\tan\left(\frac{\pi}{4}+\frac{x}{2}\right)\right|+C.$

52. $\int \csc x\,\mathrm{d}x = \ln|\csc x-\cot x|+C = \ln\left|\tan\frac{x}{2}\right|+C.$

53. $\int \sec^2 x\,\mathrm{d}x = \tan x+C.$

54. $\int \csc^2 x\,\mathrm{d}x = -\cot x+C.$

55. $\int \sec x\tan x\,\mathrm{d}x = \sec x+C.$

56. $\int \csc x\cot x\,\mathrm{d}x = -\csc x+C.$

57. $\int \sin^2 x\,\mathrm{d}x = \frac{x}{2}-\frac{1}{4}\sin 2x+C.$

58. $\int \cos^2 x\,\mathrm{d}x = \frac{x}{2}+\frac{1}{4}\sin 2x+C.$

59. $\int \sin^n x\,\mathrm{d}x = -\frac{1}{n}\sin^{n-1}x\cos x+\frac{n-1}{n}\int\sin^{n-2}x\,\mathrm{d}x.$

60. $\int \cos^n x\,\mathrm{d}x = \frac{1}{n}\cos^{n-1}x\sin x+\frac{n-1}{n}\int\cos^{n-2}x\,\mathrm{d}x.$

61. $\int \frac{dx}{\sin^n x} = -\frac{1}{n-1}\frac{\cos x}{\sin^{n-1} x} + \frac{n-2}{n-1}\int \frac{dx}{\sin^{n-2} x}$.　　62. $\int \frac{dx}{\cos^n x} = \frac{1}{n-1}\frac{\sin x}{\cos^{n-1} x} + \frac{n-2}{n-1}\int \frac{dx}{\cos^{n-2} x}$.

63. $$\begin{aligned}\int \cos^m x \sin^n x\,dx &= \frac{1}{m+n}\cos^{m-1} x \sin^{n+1} x + \frac{m-1}{m+n}\int \cos^{m-2} x \sin^n x\,dx \\ &= -\frac{1}{m+n}\cos^{m+1} x \sin^{n-1} x + \frac{n-1}{m+n}\int \cos^m x \sin^{n-2} x\,dx.\end{aligned}$$

64. $\int \sin ax \cos bx\,dx = -\frac{1}{2(a+b)}\cos(a+b)x - \frac{1}{2(a-b)}\cos(a-b)x + C \quad (a^2 \neq b^2)$.

65. $\int \sin ax \sin bx\,dx = -\frac{1}{2(a+b)}\sin(a+b)x + \frac{1}{2(a-b)}\sin(a-b)x + C \quad (a^2 \neq b^2)$.

66. $\int \cos ax \cos bx\,dx = \frac{1}{2(a+b)}\sin(a+b)x + \frac{1}{2(a-b)}\sin(a-b)x + C \quad (a^2 \neq b^2)$.

67. $$\int \frac{dx}{a+b\sin x} = \begin{cases} \dfrac{2}{\sqrt{a^2-b^2}}\arctan\dfrac{a\tan\frac{x}{2}+b}{\sqrt{a^2-b^2}} + C, & a^2 > b^2, \\ \dfrac{1}{\sqrt{b^2-a^2}}\ln\left|\dfrac{a\tan\frac{x}{2}+b-\sqrt{b^2-a^2}}{a\tan\frac{x}{2}+b+\sqrt{b^2-a^2}}\right| + C, & a^2 < b^2. \end{cases}$$

68. $$\int \frac{dx}{a+b\cos x} = \begin{cases} \dfrac{2}{a+b}\sqrt{\dfrac{a+b}{a-b}}\arctan\left(\sqrt{\dfrac{a-b}{a+b}}\tan\dfrac{x}{2}\right) + C, & a^2 > b^2, \\ \dfrac{1}{a+b}\sqrt{\dfrac{a+b}{b-a}}\ln\left|\dfrac{\tan\frac{x}{2}+\sqrt{\frac{a+b}{b-a}}}{\tan\frac{x}{2}-\sqrt{\frac{a+b}{b-a}}}\right| + C, & a^2 < b^2. \end{cases}$$

69. $\int x\sin ax\,dx = \frac{1}{a^2}\sin ax - \frac{1}{a}x\cos ax + C$.

70. $\int x^2\sin ax\,dx = -\frac{1}{a}x^2\cos ax + \frac{2}{a^2}x\sin ax + \frac{2}{a^3}\cos ax + C$.

71. $\int x\cos ax\,dx = \frac{1}{a^2}\cos ax + \frac{1}{a}x\sin ax + C$.

72. $\int x^2\cos ax\,dx = \frac{1}{a}x^2\sin ax + \frac{2}{a^2}x\cos ax - \frac{2}{a^3}\sin ax + C$.

A4　含有反三角函数的积分(其中 $a > 0$)

73. $\int \arcsin\frac{x}{a}\,dx = x\arcsin\frac{x}{a} + \sqrt{a^2-x^2} + C$.

74. $\int x\arcsin\frac{x}{a}\,dx = \left(\frac{x^2}{2}-\frac{a^2}{4}\right)\arcsin\frac{x}{a} + \frac{x}{4}\sqrt{a^2-x^2} + C$.

75. $\int x^2\arcsin\frac{x}{a}\,dx = \frac{x^3}{3}\arcsin\frac{x}{a} + \frac{1}{9}(x^2+2a^2)\sqrt{a^2-x^2} + C$.

76. $\int \arccos\frac{x}{a}\,dx = x\arccos\frac{x}{a} - \sqrt{a^2-x^2} + C$.

77. $\int x\arccos\frac{x}{a}\,dx = \left(\frac{x^2}{2}-\frac{a^2}{4}\right)\arccos\frac{x}{a} - \frac{x}{4}\sqrt{a^2-x^2} + C$.

78. $\int x^2\arccos\frac{x}{a}\mathrm{d}x=\frac{x^3}{3}\arccos\frac{x}{a}-\frac{1}{9}(x^2+2a^2)\sqrt{a^2-x^2}+C.$

79. $\int\arctan\frac{x}{a}\mathrm{d}x=x\arctan\frac{x}{a}-\frac{a}{2}\ln(a^2+x^2)+C.$

80. $\int x\arctan\frac{x}{a}\mathrm{d}x=\frac{1}{2}(a^2+x^2)\arctan\frac{x}{a}-\frac{a}{2}x+C.$

81. $\int x^2\arctan\frac{x}{a}\mathrm{d}x=\frac{x^3}{3}\arctan\frac{x}{a}-\frac{a}{6}x^2+\frac{a^3}{6}\ln(a^2+x^2)+C.$

A5　含有指数函数的积分

82. $\int a^x\mathrm{d}x=\frac{1}{\ln a}a^x+C.$

83. $\int \mathrm{e}^{ax}\mathrm{d}x=\frac{1}{a}\mathrm{e}^{ax}+C.$

84. $\int x\mathrm{e}^{ax}\mathrm{d}x=\frac{1}{a^2}(ax-1)\mathrm{e}^{ax}+C.$

85. $\int x^n\mathrm{e}^{ax}\mathrm{d}x=\frac{1}{a}x^n\mathrm{e}^{ax}-\frac{n}{a}\int x^{n-1}\mathrm{e}^{ax}\mathrm{d}x.$

86. $\int xa^x\mathrm{d}x=\frac{x}{\ln a}a^x-\frac{1}{(\ln a)^2}a^x+C.$

87. $\int x^na^x\mathrm{d}x=\frac{1}{\ln a}x^na^x-\frac{n}{\ln a}\int x^{n-1}a^x\mathrm{d}x.$

88. $\int \mathrm{e}^{ax}\sin bx\mathrm{d}x=\frac{1}{a^2+b^2}\mathrm{e}^{ax}(a\sin bx-b\cos bx)+C.$

89. $\int \mathrm{e}^{ax}\cos bx\mathrm{d}x=\frac{1}{a^2+b^2}\mathrm{e}^{ax}(b\sin bx+a\cos bx)+C.$

A6　含有对数函数的积分

90. $\int\ln x\mathrm{d}x=x\ln x-x+C.$

91. $\int\frac{\mathrm{d}x}{x\ln x}=\ln|\ln x|+C.$

92. $\int x^n\ln x\mathrm{d}x=\frac{x^{n+1}}{n+1}\left(\ln x-\frac{1}{n+1}\right)+C.$

93. $\int(\ln x)^n\mathrm{d}x=x(\ln x)^n-n\int(\ln x)^{n-1}\mathrm{d}x.$

94. $\int x^m(\ln x)^n\mathrm{d}x=\frac{x^{m+1}}{m+1}(\ln x)^n-\frac{n}{m+1}\int x^m(\ln x)^{n-1}\mathrm{d}x.$

A7　定积分

95. $\int_{-\pi}^{\pi}\cos nx\mathrm{d}x=\int_{-\pi}^{\pi}\sin nx\mathrm{d}x=0.$

96. $\int_{-\pi}^{\pi}\cos mx\sin nx\mathrm{d}x=0.$

97. $\int_{-\pi}^{\pi}\cos mx\cos nx\mathrm{d}x=\begin{cases}0, & m\neq n;\\ \pi, & m=n.\end{cases}$

98. $\int_{-\pi}^{\pi}\sin mx\sin nx\mathrm{d}x=\begin{cases}0, & m\neq n;\\ \pi, & m=n.\end{cases}$

99. $\int_0^{\pi}\sin mx\sin nx\mathrm{d}x=\int_0^{\pi}\cos mx\cos nx\mathrm{d}x=\begin{cases}0, & m\neq n;\\ \frac{\pi}{2}, & m=n.\end{cases}$

100. $I_n=\int_0^{\frac{\pi}{2}}\sin^n x\mathrm{d}x=\int_0^{\frac{\pi}{2}}\cos^n x\mathrm{d}x.\qquad I_n=\frac{n-1}{n}I_{n-2},\ I_1=1,\ I_0=\frac{\pi}{2}.$

$$I_n=\begin{cases}\frac{n-1}{n}\cdot\frac{n-3}{n-2}\cdot\cdots\cdot\frac{4}{5}\times\frac{2}{3}\times1, & n\text{ 为奇数且 }n>1,\\ \frac{n-1}{n}\cdot\frac{n-3}{n-2}\cdot\cdots\cdot\frac{3}{4}\times\frac{1}{2}\times\frac{\pi}{2}, & n\text{ 为正偶数}.\end{cases}$$

注　由于篇幅所限，本书仅选编了100个常用的积分公式.需要时，可找一般的数学手册或专门的积分表查阅.

附录B 极坐标简介

B1 极坐标的概念

在平面内取一个定点 O，由点 O 出发引一条射线 Ox，并取定一个长度单位；再选定度量角度的单位(通常取为弧度)及其正、负方向(通常取逆时针方向为正向，顺时针方向为负向)，这样就建立了**极坐标系**.定点 O 称为**极点**，射线 Ox 称为**极轴**.

设点 M 是平面内异于极点 O 的任意一点，则称点 M 到极点 O 的距离 $|MO|$ 为点 M 的**极径**，常记作 ρ；称以极轴 Ox 为始边、射线 OM 为终边的角 $\angle MOx$ 为点 M 的**极角**，常记作 θ. 有序实数组 (ρ, θ) 称为点 M 的**极坐标**.这时点 M 可简记为 $M(\rho, \theta)$，见附图 1.

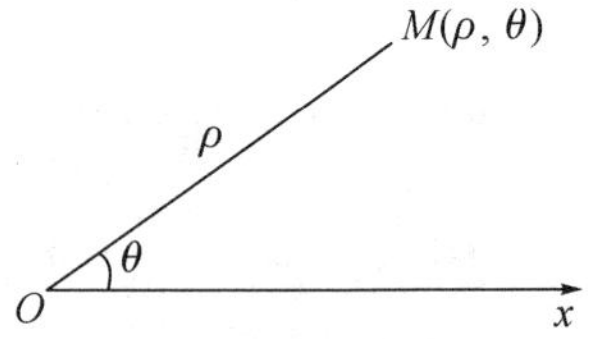

附图 1

在极点 O 处，$\rho = 0$，θ 可以是任意实数.

在极坐标系中，若给定一组实数 $\rho(\rho \neq 0)$ 和 θ 的值，则可唯一确定一点 M；反之，给定平面内任意一个异于极点的点 M，它的极坐标可以有无数多个.但是，如果限定 $\rho \geqslant 0, 0 \leqslant \theta \leqslant 2\pi$ (或 $\rho \geqslant 0, -\pi \leqslant \theta \leqslant \pi$)，那么，点 M (除极点外)的极坐标是唯一确定的.

B2 直角坐标与极坐标的关系

在平面直角坐标系中，取极点与坐标原点重合，极轴与 x 轴的正半轴重合，并取相同的长度单位，从而也就建立了极坐标系.

设平面上任意一点 M 的直角坐标为 (x, y)，极坐标为 (ρ, θ)，则由附图 2 易知，点 M 的直角坐标与极坐标之间有如下的关系：

$$x = \rho\cos\theta, \quad y = \rho\sin\theta;$$

$$\rho^2 = x^2 + y^2, \quad \tan\theta = \frac{y}{x}.$$

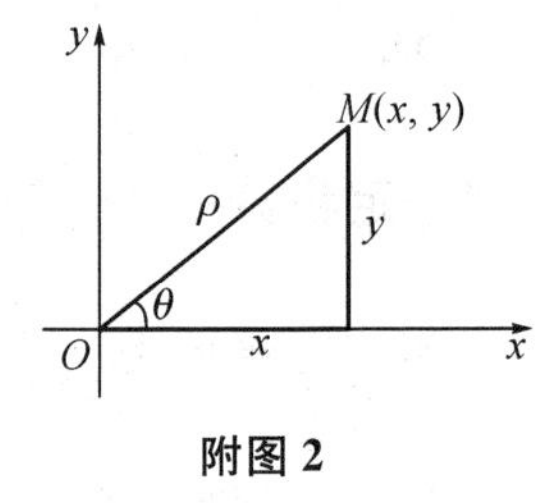

附图 2

利用上述关系式，可以把平面上曲线的直角坐标方程与极坐标方程互化.经常用到的是把曲线的直角坐标方程化为极坐标方程.

参考文献

[1] 同济大学数学系.高等数学[M].7版.北京：高等教育出版社，2014.
[2] 刘浩荣，郭景德.高等数学[M].上海：同济大学出版社，2014.
[3] 汪子莲，丁珂.经济数学[M].西安：西安交通大学出版社，2017.
[4] 赵树嫄.微积分[M].4版.北京：中国人民大学出版社，2016.
[5] 牛燕影，王增富.微积分[M].上海：上海交通大学出版社，2012.